U0255798

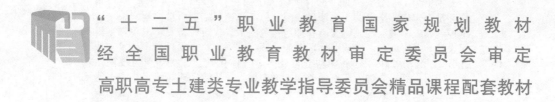

"十二五"职业教育国家规划教材

经全国职业教育教材审定委员会审定

高职高专土建类专业教学指导委员会精品课程配套教材

建筑设备安装工程
施工组织与管理

第 2 版

张东放　梁吉志　编

李元希　主审

机械工业出版社

本书为"十二五"职业教育国家规划教材，经全国职业教育教材审定委员会审定。全书共5个项目，内容包括绪论、施工质量控制、施工成本控制、施工进度控制、安全管理与绿色施工、建筑设备安装工程施工组织设计。书中内容对接职业标准和职业资格证书。每个项目均设计了工作任务，便于分小组以任务驱动进行教学做一体化教学，将知识与技能培养、职业素养提高融入工作任务中。书中编入了综合楼建筑给水排水、建筑电气、空调工程及智能建筑工程施工组织设计实例，并在每个项目中编入了案例分析练习题。

本书可作为高等职业院校建筑设备工程技术专业、建筑电气工程技术专业、楼宇智能化工程技术专业、给排水工程技术专业、供热通风与空调工程技术专业的教材，也可作为建筑施工企业培训、建设监理单位及建设单位从事施工管理工作的工程技术人员的参考书及培训教材。

为方便教学，本书配有电子课件、习题答案、二维码相关资源，凡使用本书作为教材的教师可登录机械工业出版社教育服务网www.cmpedu.com注册下载。咨询邮箱：cmpgaozhi@sina.com。咨询电话：010-88379375。

图书在版编目（CIP）数据

建筑设备安装工程施工组织与管理/张东放，梁吉志编 . —2 版 . —北京：机械工业出版社，2016.4（2023.1 重印）
"十二五"职业教育国家规划教材
ISBN 978 - 7 - 111 - 53328 - 3

Ⅰ.①建…　Ⅱ.①张…②梁…　Ⅲ.①建筑安装工程 – 施工组织 – 高等职业教育 – 教材②建筑安装工程 – 施工管理 – 高等职业教育 – 教材　Ⅳ.①TU758

中国版本图书馆 CIP 数据核字（2016）第 061525 号

机械工业出版社（北京市百万庄大街22号　邮政编码100037）
策划编辑：覃密道　责任编辑：覃密道　郭克学
封面设计：张　静　责任校对：程俊巧
责任印制：刘　媛
涿州市京南印刷厂印刷
2023 年 1 月第 2 版·第 8 次印刷
184mm×260mm · 14 印张·1 插页·335 千字
标准书号：ISBN 978 - 7 - 111 - 53328 - 3
定价：35.00 元

第 2 版前言

本书是根据目前高职院校建筑设备工程技术专业的教学标准要求，结合编者的教学及实践经验编写而成的。

针对本学科实践性和综合性较强的特点，在编写过程中，充分体现了高等职业教育的特点，和以职业岗位实际工作任务所需的知识、能力、素质要求为基础。本书汲取了当前建筑安装企业施工现场组织和管理的方法，紧扣现行规范、法规和标准，注重实用性和可操作性。本书在第 1 版的基础上进行了修改完善，不但对教材内容进行了更新，而且在组成架构上采用了"任务驱动"的编写形式；根据教学规律和职业岗位精心提炼出工作任务，每个任务包括任务描述、实现目标、任务分析、教学方法建议、相关知识、任务实施和提交成果，便于分小组以任务驱动进行教学做一体化教学，将知识与技能培养、职业素养提高融入工作任务中。书中编入了应用性较强且较完整的综合楼建筑给水排水、建筑电气、空调工程及智能建筑工程施工组织设计实例，既方便教学使用，又能够通过实例提高学生建筑设备安装工程施工组织管理的综合能力。同时，为了丰富学习形式、拓展知识，本书还通过嵌入二维码的形式，提供部分相关内容的教师授课视频以及一些辅助图片、案例等资源，建议在 wifi 状态下扫描阅读，非视频资源需要下载到手机方可阅读（点击屏幕右上方 ）

本书绪论、项目二、项目三任务 2 和任务 3、项目四、项目五由广东建设职业技术学院张东放编写，项目一和项目三任务 1 由广东工业设备安装公司梁吉志编写。全书由一级建造师李元希任主审，由张东放负责全书统稿及修改。

本书在编写过程中，虽经反复推敲核证，仍难免有不妥和疏漏之处，敬请读者批评指正。

编　者

目　　录

绪　　论

建筑设备安装工程包括建筑给水排水及采暖、建筑电气、智能建筑、通风与空调、电梯工程，是多工种、多专业、高技术、综合复杂的系统工程，是许多施工过程的组合体，每一个施工过程可采用不同的方法和机械完成。施工中由于施工条件的限制和影响，即使同一施工过程，施工速度也不同。建筑设备安装工程施工组织与管理就是针对施工条件的复杂性，来研究建筑设备安装工程的统筹安排和系统管理客观规律的一门学科。具体地说，就是通过分析建筑设备安装工程的规模、工期、劳动力、机械、材料等因素，寻求最合理的施工组织与施工方法。建筑设备安装工程的施工组织与管理对于提高工程质量、降低工程成本、缩短工程工期、实现安全绿色施工具有重要意义。

一、建设工程项目管理的内涵及类型

1. 建设工程项目管理的内涵

建设工程项目管理的内涵是自项目开始至项目完成，通过项目策划和项目控制，以使项目的费用目标、进度目标和质量目标得以实现。

自项目开始至项目完成是指项目的实施期；费用目标对业主而言是投资目标，对施工方而言是成本目标。项目实施期管理的主要任务是通过管理使项目的目标得以实现。

2. 建设工程项目管理的类型

按建设工程项目不同参与方的工作性质和组织特征划分，项目管理有以下五种类型：

（1）业主方的项目管理　业主方的项目管理服务于业主的利益，其项目管理的目标包括项目的投资目标、进度目标和质量目标。业主方的项目管理工作涉及项目实施的全过程，即设计前的准备阶段、设计阶段、施工阶段、使用前准备阶段和保修期。其主要任务是安全管理、投资控制、进度控制、质量控制、合同管理、信息管理的组织和协调。

（2）设计方的项目管理　设计方作为项目建设的一个参与方，其项目管理主要服务于项目的整体利益和设计方本身的利益。其项目管理的目标包括设计的成本目标、设计的进度目标和设计的质量目标，以及项目的投资目标。设计方项目管理的任务包括与设计工作有关的安全管理、设计成本控制和与设计工作有关的工程造价控制、设计进度控制、设计质量控制、设计合同管理、设计信息管理、与设计工作有关的组织和协调。

（3）供货方的项目管理　供货方作为项目建设的一个参与方，其项目管理主要服务于项目的整体利益和供货方本身的利益。其项目管理的目标包括供货方的成本目标、供货的进度目标和供货的质量目标。供货方项目管理的主要任务包括供货方的安全管理、供货方的成本控制、供货的进度控制、供货的质量控制、供货合同管理、供货信息管理、与供货有关的组织与协调。

（4）建设项目总承包方的项目管理　建设项目总承包方作为项目建设的一个参与方，其项目管理主要服务于项目的整体利益和建设项目总承包方本身的利益。其项目管理的目标包括项目的总投资目标和总承包方的成本目标、项目的进度目标和项目的质量目标。其项目管理的主要任务包括安全管理、投资控制和总承包方的成本控制、进度控制、质量控制、合同管理、信息管理、与建设项目总承包方有关的组织和协调。

（5）施工方的项目管理　施工方作为项目建设的一个参与方，其项目管理主要服务于项目的整体利益和施工方本身的利益。其项目管理的目标包括施工的成本目标、施工进度目标、施工质量目标和施工安全目标。施工方项目管理工作主要在施工阶段进行，其项目管理的任务包括：施工安全管理、施工成本控制、施工进度控制、施工质量控制、施工合同管理、施工信息管理、与施工有关的组织与协调。

二、建筑工程施工合同管理概述

1. 建筑工程施工合同的概念

建筑工程施工合同即建筑安装工程承包合同，是发包人和承包人为完成商定的建筑安装工程，明确相互权利、义务关系的合同。施工合同是建设工程合同的一种，它与其他建设工程合同一样，是一种经济合同。

2. 施工合同文本

施工合同示范文本由协议书、通用条款和专用条款三部分组成，并附有三个附件：附件一是承包人承揽工程项目一览表，附件二是发包人供应材料设备一览表，附件三是工程质量保修书。

协议书是施工合同文本中总纲性的文件，规定了合同当事人双方最主要的权利、义务，规定了组成合同的文件及合同当事人对履行合同义务的承诺，并且合同当事人在这份文件上签字盖章，具有最高的法律效力。

通用条款是根据合同法、建筑法、建设工程施工合同管理办法等法律、法规对承发包双方的权利、义务做出的规定，除双方协商一致对其中的某些条款做了修改、补充或取消的以外，双方都必须履行。

考虑到建设工程的内容各不相同，工期、造价也随之变动，承包、发包方各自的能力、施工现场的环境和条件也各不相同，通用条款不能完全适用于各个具体工程，因此配之以专用条款对其做必要的修改和补充，使通用条款和专用条款成为双方统一意愿的体现。

施工合同文件的组成，除了协议书、通用条款和专用条款外，一般还包括中标通知书、投标书及其附件、有关的标准和规范及技术文件、图纸、工程量清单、工程报价单或预算书等。

3. 建筑工程施工合同双方的责任与义务

（1）发包方的责任与义务

1）提供具备施工条件的施工现场和施工用地。

2）提供其他施工条件，包括将施工所需的水、电、电信线路从施工场地外部接至专用条款约定地点，并保证施工期间的需要，开通施工场地与城乡公共道路的通道，以及专用条款约定的施工场地内的主要道路，满足施工运输的需要，保证施工期间的畅通。

3）提供有关水文地质勘探资料和地下管线资料，提供现场测量基准点、基准线和水准点及有关资料，以书面形式交给承包方，并进行现场交验，提供图纸等其他与合同工程有关的资料。

4）组织承包人和设计单位进行图纸会审和设计交底。

5）协调处理施工场地周围地下管线和邻近建筑物、构筑物、古树名木的保护工作，并承担有关费用。

6）按合同规定支付合同价款。

7）按合同规定及时向承包方提供所需指令、批准等。

8）按合同规定主持和组织工程的验收。

发包方可以将上述部分工作委托承包方办理，具体内容双方在专用条款内约定，其费用由发包方承担。发包方不按合同约定完成以上义务，导致工期延误或给承包方造成损失的，应赔偿承包方的有关损失，延误的工期相应顺延。

（2）承包方的责任与义务

1）按合同要求的质量完成施工任务。

2）按合同要求的工期完成并交付工程。

3）施工期间遵守政府有关主管部门的管理规定。

4）负责保修期内的工程维修。

5）接受发包方工程师或其代表的指令。

6）负责工地安全，看管进场材料、设备和未交工工程。

7）负责对分包工程的管理，并对分包方的行为负责。

8）安全施工，保证施工人员的安全和健康。

9）保持现场整洁，按时参加各种检查和验收。

4. 施工合同的履行

施工合同的履行是指工程建设项目的发包方和承包方根据合同规定的时间、地点、方式、内容和标准等要求，各自完成合同义务的行为。合同的履行，是合同当事人双方都应尽的义务。任何一方违反合同约定，不履行合同义务，或者未完全履行合同义务，给对方造成损失时，都应当承担赔偿责任。

合同签订以后，合同中各项任务的执行要落实到项目经理部或项目参与人员，承包单位作为履行合同义务的主体，必须对合同执行者的履行情况实行跟踪、监督和控制，确保合同义务的完全履行。

施工合同跟踪是指承包单位的合同管理职能部门对合同执行者的履行情况进行的跟踪和合同执行者本身对合同计划的执行情况进行的跟踪、检查和对比。

合同跟踪的内容有：工程施工的质量（包括材料、构件、制品和设备等的质量，以及施工或安装质量）是否符合合同要求；工程进度是否在预定期限内施工，工期有无延长，延长的原因等；工程数量是否按合同要求全部完成，有无合同规定以外的施工任务等；如果将工程施工任务分解交由不同工程小组或发包给专业分包完成，必须对工程小组或分包人及其所负责的工程进行跟踪检查，协调关系，提出意见、建议，保证工程的总体质量和进度；对于专业分包人负责的工作，总承包商负有协调和管理的责任，并承担由此造成的损失，所以专业分包人负责的工作必须纳入总承包工程的控制中，防止因分包人管理失误而影响整个工程项目；业主是否及时完整地提供工程施工的实施条件，是否及时给予指令、答复和确认，是否及时并足额支付应付的工程款项。

通过合同跟踪，会发现合同实施中存在的偏差，应该及时进行偏差原因分析、偏差责任分析、合同实施趋势分析，采取措施，纠正偏差，避免损失。根据合同实施偏差分析的结果，承包商应采取相应的调整措施，调整措施包括组织措施、技术措施、经济措施和合同措施。

5. 施工合同变更管理

（1）工程变更的原因　工程变更一般有以下几个方面的原因：

1）设计变更。

2）工程环境的变化，预定的工程条件不准确，要求实施方案或实施计划变更。

3）由于业主指令及业主责任的原因造成承包方施工方案的改变。

4）政府部门对工程有新的要求。

5）由于合同实施出现问题，必须调整合同目标或修改合同条款。

（2）工程变更的程序　工程变更一般按照提出工程变更、批准工程变更、发出及执行工程变更指令的程序进行。

（3）工程变更的责任分析与补偿要求　由于业主要求、政府部门要求、环境变化、不可抗力、原设计错误等导致的设计修改，应该由业主承担责任，由此造成的施工方案变更以及工期的延长和费用的增加应向业主索赔；由于承包人的施工过程、施工方案出现错误、疏忽而导致设计的修改，应该由承包人承担责任。

合同变
更案例

三、建筑设备安装工程的施工

1. 建筑设备安装工程的施工特点

1）施工对象是固定的，生产过程和劳动力是流动的，安装工程分散。

2）建筑设备安装工程比土建工程施工周期短，专业工种多，工程批量小。

3）建筑设备安装工程的标准化和定型化程度低于土建工程。

4）对从事建筑设备安装工作的技术人员要求高。

5）施工作业空间范围广，材料品种多。

6）手工作业多，工序复杂。

7）工程质量直接影响生产运行及人身安全。

8）对象种类多，涉及范围广，技术复杂。

2. 建筑设备安装工程的施工程序

（1）承接施工任务、签订施工合同　施工单位的施工任务主要是通过投标而中标承接，承接施工任务后，建设单位与施工单位应根据合同法的有关规定签订合同。

（2）全面统筹安排、做好施工项目管理规划

1）接到任务，首先对任务进行摸底工作，了解工程概况、建设规划、特点、期限，调查建设地区的自然、经济和社会情况等，在此基础上拟定管理规划或施工组织总设计。

2）施工项目管理规划分为大纲和实施规划。大纲是由企业管理层在投标前编制的旨在作为投标的依据。实施规划是开工前由项目经理主持编制并贯彻前者的相关精神，对前者制订的目标和决策做出更具体的安排，指导实施阶段的项目管理。

3）大纲的主要内容包括项目概况、项目实施条件分析、施工项目管理目标、施工项目组织构架、质量目标规划和主要施工方案、工期目标规划和施工总进度计划、施工预算和成本目标规划、施工风险预测和安全目标规划、施工平面图和现场管理规划、文明施工及环境保护规划。

4）实施规划的主要内容包括工程概况、施工部署、组织构架、施工方案、施工进度计

划、资源配置计划、施工准备工作计划、施工平面管理、技术组织措施、项目风险管理、项目信息管理、技术经济指标分析、部署施工力量。

（3）落实施工准备、提出开工报告　施工准备工作主要包括以下内容：

1）调查研究与收集资料。建筑设备安装工程的施工受当地自然条件、技术经济条件的影响较大。在施工前，必须做好调查研究：主要包括建设地区自然条件的调查，交通运输、机械设备和材料、劳动力与生活条件的调查等方面。将调查资料进行分析，为编制施工组织设计提供科学的依据。

2）组织准备

①组建项目管理机构。应根据建筑设备安装工程项目的规模、特点和复杂程度，确定项目部规模和项目部组成人员。

②组织安排施工班组。施工班组应考虑专业、工种的配合，以合理精干为原则。按照开工日期和劳动力配置计划，组织劳动力进场。开工前，必须对施工人员进行必要的质量和安全教育。

3）技术准备

①熟悉和会审施工图纸。施工前，应认真熟悉施工图纸，在了解设计意图、技术要求的情况下，建设单位（监理单位）组织施工单位、设计单位进行图纸会审，解决图纸存在的问题，为按图施工创造条件。

②编制施工组织设计（施工方案）。施工组织设计是指导施工全过程的经济、技术文件。施工前，应做好施工组织设计，为组织和指导施工创造条件。

③编制施工图预算和施工预算。施工图预算是按照施工图确定的工程量，是套用安装工程预算定额及取费标准编制的经济文件，是施工单位签订承包合同、进行工程结算的依据。施工预算是施工单位根据施工图预算、施工图纸、施工组织设计、施工定额等文件进行编制的，是施工企业内部控制成本、编制资金使用计划的依据。

④技术交底。技术交底是在开工前，由各级负责人将有关施工的各项技术要求逐级向下传达，直至班组第一线的技术活动。通过技术交底，使参与建筑设备安装工程项目的技术人员及工人熟悉设计意图、施工计划、施工技术要点等，保证施工的顺利进行。

4）施工现场准备。对于建筑设备安装工程，施工现场准备主要包括搭设临时设施，冬、雨期施工准备等。

5）物资准备。物资准备主要包括各种材料、施工机具、安全与消防用品的准备等。

具备开工条件后提出开工报告，经审查批准后，方可正式开工。

（4）精心组织施工　开工报告批准后，即可进行全面施工。施工前期为与土建工程的配合阶段，要按设计要求将需要预留的孔洞、预埋件等设置好。施工时，各类管线设备安装，系统的安全性能、使用功能试验及调试应按图纸及规范要求进行，并符合施工质量验收标准、规范的各项要求。施工过程中应严格履行合同义务，合理安排施工顺序，着重对进度、质量、成本和安全进行科学的监督、检查和控制。

BIM在管线设备安装中的运用

（5）竣工验收、交付使用　竣工验收前，施工单位内部应进行预验收，检查各分部分项工程的施工质量，整理各项交工验收的技术经济资料，绘制竣工图，协同建设单位、设计单位、监理单位共同完成验收工作。验收合格后，双方签订交接验收证书，办理工程移交，并根据合同规定办理工程结算手续。

项目一 施工质量控制

建设工程项目的施工质量控制有两个方面的含义：一是指建设工程项目施工单位的施工质量控制，包括总承包、分包单位，综合的和专业的施工质量控制；二是指广义的施工阶段建设工程项目质量控制，即除了施工单位的施工质量控制外，还包括业主、设计单位、监理单位以及政府质量监督机构，在施工阶段对建设工程项目施工质量所实施的监督管理和控制职能。本项目侧重施工单位的施工质量控制。

任务1 制订质量管理计划

【任务描述】

制订建筑设备安装工程主要施工管理计划——质量管理计划。

【实现目标】

通过制订建筑设备安装工程质量管理计划，熟悉质量管理计划的主要内容，掌握质量控制的途径和方法，能够为实现项目管理目标采取恰当合理的实施性管理措施。

【任务分析】

施工管理计划是《建筑施工组织设计规范》中的提法，目前多数施工组织设计中用管理与技术措施来编制。质量管理计划是施工组织设计主要施工管理计划中的重要内容，可参照《质量管理体系要求》（GB/T19001），在施工单位质量管理体系的框架内编制。按照项目具体要求确定质量目标，建立项目质量管理的组织机构并明确职责。制订符合项目特点的技术保障和资源保障措施，通过可靠的预防控制措施，保证质量目标的实现。建立质量过程检查制度，并对质量事故的处理做出相应的规定。

【教学方法建议】

虚拟建筑设备安装工程项目部各成员，分组讨论完成。

【相关知识】

一、质量控制概述

1. 质量和质量管理

质量是指一组固有特性满足要求的程度。就工程质量而言，其固有特性通常包括使用功能、寿命以及可靠性、安全性、经济性等，这些特性满足要求的程度越高，质量就越好。

质量管理是在质量方面指挥和控制组织协调的活动。这些活动通常包括制订质量方针和质量目标,以及质量策划、质量控制、质量保证和质量改进等一系列工作。组织必须通过建立质量管理体系实施质量管理,其中:质量方针是组织最高管理者的质量宗旨、经营理念和价值观的反映;在质量方针的指导下,制订组织的质量手册、程序性管理文件和质量记录,进而落实组织制度,合理配置各种资源,明确各级管理人员在质量活动中的责任分工和权限界定等,形成组织质量管理体系的运行机制,保证整个体系的有效运行,从而实现质量目标。

2. 质量控制

质量控制是质量管理的一部分,是致力于满足质量要求的一系列相关活动。由于建设工程项目的质量要求是由业主(或投资者、项目法人)提出的,因此,建设工程项目质量控制在工程勘察设计、招标采购、施工安装、竣工验收等各个阶段,项目参与各方均应围绕着致力于满足业主要求的质量总目标而努力。

质量控制活动涵盖作业技术活动和管理活动。产品或服务质量的产生,归根结底是由作业过程直接形成的。因此,作业技术方法的正确选择和作业技术能力的充分发挥,是质量控制的致力点;而组织或人员具备相关的作业技术能力,只是生产出合格的产品或提供服务的前提。在社会化大生产的条件下,只有通过科学的管理,对作业技术活动过程进行科学的组织和协调,才能使作业技术能力得到充分发挥,实现预期的质量目标。

质量控制是质量管理的一部分而不是全部,是在明确的质量目标和具体的条件下,通过行动方案和资源配置的计划、实施、检查和监督,进行质量目标的事前预控、事中控制和事后纠偏控制,实现预期质量目标的系统过程。

3. 全面质量管理的思想

我国从 20 世纪 80 年代开始引进和推广全面质量管理方法,这种方法的基本原理就是强调在企业或组织最高管理者的质量方针指引下,实行全面、全过程和全员参与的质量管理。

(1)全面质量管理 建设工程项目的全面质量管理是指建设工程项目参与各方所进行的工程项目质量管理的总称,其中包括工程质量和工作质量的全面管理。工作质量是产品质量的保证,工作质量直接影响产品质量的形成。业主、监理单位、勘察单位、设计单位、施工总承包单位、施工分包单位、材料供应商等,任何一方、任何环节的疏忽或质量责任不到位都会造成对建设工程质量的不利影响。

(2)全过程质量管理 全过程质量管理是指根据工程质量的形成规律,从源头抓起,全过程推进。要控制的主要过程有:项目策划和决策过程、勘察设计过程、施工采购过程、施工组织与准备过程、检测设备控制与计量过程、施工生产的检验试验过程、工程质量的评定过程、工程竣工验收与交付过程、工程回访维修服务过程等。

(3)全员参与质量管理 根据全面质量管理的思想,组织内部的每个部门和工作岗位都承担着相应的质量职能,组织的最高管理者确定了质量的方针和目标,就应组织和动员全体员工参与到实施质量方针的系统活动中去,发挥自己的角色作用。开展全员参与质量管理的重要手段就是运用目标管理的方法,将组织的质量总目标逐级进行分解,使之形成自上而下的质量目标分解体系和自下而上的质量目标保证体系,发挥组织系统内部每个工作岗位、部门或团队在实现质量总目标过程中的作用。

4. 质量管理的 PDCA 循环

从长期的生产实践和理论研究中形成的 PDCA 循环,是建立质量体系和进行质量管理的基本方法。每一循环都围绕实现预期的目标，进行计划、实施、检查和处置活动，随着存在问题的解决与改进，在一次一次的循环中不断增强质量能力，不断提高质量水平。

（1）计划 P（Plan） 计划是由目标和实现目标的手段组成的。建设工程项目的质量计划是由项目参与各方根据其在项目实施中所承担的任务、责任范围和质量目标，分别制订质量计划而形成的质量计划体系。其中，建设单位的工程项目质量计划，包括确定和论证项目总体的质量目标，提出项目质量管理的组织、制度、工作程序、方法和要求。项目其他参与方，则根据工程合同规定的质量标准和责任，在明确各自质量目标的基础上，制订实施相应范围质量管理的行动方案，同时需对其实现预期目标的可行性、有效性、经济合理性进行分析论证，并按规定的程序和权限，经过审批后执行。

（2）实施 D（Do） 实施职能在于将质量的目标值，通过生产要素的投入、作业技术活动和产出过程，转换为质量的实际值。在质量活动的实施过程中，应严格执行计划的行动方案，规范行为，把质量管理计划的各项规定和安排落实到具体的资源配置和作业技术活动中去。

（3）检查 C（Check） 检查是指对计划实施过程进行的各种检查，包括作业者的自检、互检和专职管理者专检。各类检查也都包含两大方面：一是检查是否严格执行了计划的行动方案，实际条件是否发生了变化，不执行计划的原因；二是检查计划执行的结果，即产出的质量是否达到标准的要求，对此进行确认和评价。

（4）处置 A（Action） 处置是指对于质量检查所发现的质量问题或质量不合格，及时进行原因分析，采取必要的措施，予以纠正，保持工程质量形成过程的受控状态。处置分为纠偏和预防改进两个方面：纠偏是指采取有效措施，解决当前的质量偏差、问题或事故；预防改进是指将目前质量状况信息反馈到管理部门，反思问题症结或计划的不周，确定改进目标和措施。

5. 施工企业质量管理体系的建立和运行

施工企业质量管理体系是企业为实施质量管理而建立的管理体系，通过第三方质量认证机构的认证，为该企业的工程承包经营和质量管理奠定基础。

（1）质量管理体系的建立 企业质量管理体系的建立，是在确定市场和顾客需求的前提下，制订企业质量方针、质量目标、质量手册、程序文件及质量记录等体系文件，并将质量目标分解落实到相关层次、相关岗位的职能和职责中，形成企业质量管理体系执行系统。企业质量管理体系的建立还包含组织企业不同层次的员工进行培训，需提供实现质量目标和持续改进所需的资源。

（2）质量管理体系的运行 企业质量管理体系的运行是在生产和服务的全过程中，按质量管理体系文件所制订的程序、标准、工作要求及目标分解的岗位职责进行运作。在企业质量管理体系运行的过程中，按各类体系文件的要求，监视、测量和分析过程的有效性和效率，做好文件规定的质量记录，持续收集、记录并分析过程的数据和信息。按文件规定的办法进行质量管理评审和考核，落实质量管理体系内部审核程序，有组织有计划地开展内部质量审核活动，并对审核发现的问题采取纠正措施。

6. 建设工程项目质量的影响因素

建设工程项目质量的影响因素，主要是指在建设工程项目质量目标策划、决策和实现过程中影响质量的各种客观因素和主观因素，包括人的因素、技术因素、管理因素、环境因素和社会因素。

（1）人的因素 人的因素对建设工程项目质量所造成的影响，取决于两个方面：一是指直接履行建设工程项目质量职能的决策者、管理者和作业者个人的质量意识和质量活动能力；二是指承担建设工程项目策划、决策或实施的建设单位、勘察设计单位、咨询服务机构、工程承包企业等实体组织的质量管理体系及其管理能力。我国实行建筑业企业经营资质管理制度、市场准入制度、执业资格注册制度、作业及管理人员持证上岗制度等，从本质上说，都是对从事建设工程活动的人的素质和能力进行必要的控制。

（2）技术因素 影响建设工程项目质量的技术因素涉及的内容十分广泛，包括直接的工程技术和辅助的工程技术，主要是通过技术工作的组织与管理，优化技术方案，发挥技术因素对建设工程项目质量的保证作用。

（3）管理因素 影响建设工程项目质量的管理因素，主要是决策因素和组织因素。其中，决策因素首先是业主方的建设工程项目决策者；其次是建设工程项目实施过程中，实施主体的各项技术决策和管理决策。组织因素包括建设工程项目实施的管理组织和任务组织。管理组织是指建设工程项目管理的组织架构、管理制度及其运行机制，三者的有机联系构成了一定的组织管理模式，其各项管理职能的运行情况，直接影响着建设工程项目质量目标的实现。任务组织是指对建设工程项目实施的任务及其目标进行分解、发包、委托，以及对实施任务所进行的计划、指挥、协调、检查和监督等一系列工作过程。从建设工程项目质量控制的角度来看，建设工程项目管理组织系统是否健全、实施任务的组织方式是否科学合理，对质量目标控制产生重要影响。

（4）环境因素 直接影响建设工程项目质量的环境因素，一般是指建设工程项目所在地点的水文、地质和气象等自然环境；施工现场的通风、照明、安全卫生防护设施等劳动作业环境；以及由多单位、多专业交叉协同施工的管理关系、组织协调方式、质量控制系统等构成的管理环境。对这些环境条件的认识和把握，是保证建设工程项目质量的重要工作环节。

（5）社会因素 影响建设工程项目质量的社会因素表现在：建设法律法规的健全程度及其执法力度；建设工程项目法人或业主的理性化程度以及建设工程经营者的经营理念；建筑市场包括建设工程交易市场和建筑生产要素的发育程度及交易行为的规范程度；政府的工程质量监督及行业管理的成熟程度；建设咨询服务业的发展程度及其服务水平的高低；廉政建设及行风建设的状况等。

7. 施工质量控制的基本环节

施工质量控制应贯彻全面、全过程质量管理的思想，运用动态控制原理，进行质量的事前控制、事中控制和事后控制。

（1）事前质量控制 事前质量控制即在正式施工前进行的主动质量控制，通过编制施工质量计划，明确质量目标，制订施工方案，设置质量控制点，落实质量责任，分析可能导致质量目标偏离的各种影响因素，针对影响因素制订有效的预防措施。

（2）事中质量控制 事中质量控制指在施工质量形成过程中，对影响施工质量的各种因素进行全面的动态控制。事中质量控制又称作业活动过程质量控制，包括质量活动主体的自我控制和他人监控的控制方式。事中质量控制的目标是确保工序质量合格，杜绝质量事故发生；控制的关键是坚持质量标准。

（3）事后质量控制　事后质量控制又称事后质量把关，以使不合格的工序或最终产品不流入下道工序、不进入市场。事后质量控制包括对质量活动结果的评价、认定；对工序质量偏差的纠正；对不合格产品进行整改和处理。控制的重点是发现施工质量方面的缺陷，并通过分析提出施工质量改进的措施，保持质量处于受控状态。

以上三大环节不是互相独立的，它们共同构成有机的系统过程，实际就是质量管理 PD-CA 循环的具体化，在每一次循环中不断提高，达到质量管理和质量控制的持续改进。

二、质量控制的主要内容

1. 施工准备工作的质量控制

（1）施工技术准备工作的质量控制　施工技术准备是指在正式开展施工作业活动前进行的技术准备工作。这类工作内容繁多，主要在室内进行。技术准备工作的质量控制，主要是对技术准备工作成果的复核审查，检查其是否符合设计图纸和相关技术规范、规程的要求；完善质量控制措施，针对质量控制点，明确质量控制的重点对象和控制方法。

（2）现场施工准备的质量控制

1）计量控制。施工过程中的计量，包括施工生产时的投料计量、施工测量、监测计量及对项目或过程进行的测试、试验等。开工前，要建立完善施工现场计量管理制度；明确计量控制责任者和配置必要的计量人员；严格按规定对计量器具进行维修和校验；统一计量单位，保证量值统一。

2）测量控制。施工单位在开工前应编制测量控制方案，经项目技术负责人批准后实施。对建设单位提供的原始坐标点、基准线和水准点等测量控制点进行复核，并将复核结果上报监理工程师审核，批准后施工单位才能建立施工测量控制网，进行工程定位和标高基准的控制。

3）施工平面图控制。施工单位要严格按照批准的施工平面布置图，科学合理地使用施工场地，正确安装设置施工机械设备和其他临时设施，维护现场施工道路畅通无阻和通信设施完好，合理控制材料的进场和堆放，保证充分的给水和供电。建设（监理）单位应会同施工单位制订严格的施工场地管理制度、施工纪律和相应的奖惩措施，严禁乱占场地和擅自断水、断电，及时制止和处理各种违纪行为，并做好施工现场的质量检查记录。

（3）工程质量检查验收的项目划分　为了便于控制、检查、评定和监督每个工序和工种的工作质量，需要把整个项目逐级划分为若干个子项目，并分级进行编号，在施工过程中据此来进行质量控制和检查验收。这是进行施工质量控制的一项重要准备工作，应在项目施工开始前进行。项目划分越合理、明细，越有利于分清质量责任，便于施工人员进行质量自控和监督人员检查验收，也有利于质量记录等资料的填写、整理和归档。

1）单位（子单位）工程的划分。具备独立施工条件并能形成独立使用功能的建筑物或构筑物为一个单位工程。建筑规模较大的单位工程，可将其能形成独立使用功能的部分划分为若干个子单位工程。

2）分部（子分部）工程的划分。分部工程的划分应按专业性质、建筑部位确定。当分部工程较大或较复杂时，可按材料种类、施工特点、施工程序、专业系统及类别等划分为若干个子分部工程。

3）分项工程的划分。分项工程应按主要工种、材料、施工工艺、设备类别等进行划

施工平面布置图

分。分项工程可由一个或若干个检验批组成，检验批可根据施工及质量控制和专业验收需要按楼层、施工段、变形缝等进行划分。

4）室外工程的划分。室外工程可根据专业类别和工程规模划分单位（子单位）工程。一般室外单位工程可划分为室外建筑环境工程和室外安装工程。

2. 工序施工质量控制

工序是人、材料、机械设备、施工方法和环境因素对工程质量综合起作用的过程，所以对施工过程的质量控制，必须以工序作业质量控制为基础和核心。因此，工序的质量控制是施工阶段质量控制的重点。只有严格控制工序质量，才能确保施工项目的整体质量。进行工序质量控制时，应着重于以下四方面的工作。

（1）严格遵守工艺规程　施工工艺和操作规程是进行施工操作的依据和法规，是确保工序质量的前提，任何人都必须严格执行，不得违犯。

（2）主动控制工序活动条件的质量　工序活动条件包括的内容较多，主要是指影响质量的五大因素，即施工操作者、材料、施工机械设备、施工方法和施工环境等。只要将这些因素切实有效地控制起来，使它们处于被控制状态，确保工序投入品的质量，避免系统性因素变异发生，就能保证每道工序质量正常、稳定。

（3）及时检验工序活动效果的质量　工序活动效果是评价工序质量是否符合标准的尺度。为此，必须加强质量检验工作，对质量状况进行综合统计与分析，及时掌握质量动态。一旦发现质量问题，随即研究处理，自始至终使工序活动效果的质量满足规范和标准的要求。

（4）设置工序质量控制点　工序质量控制点是指为了保证工序质量而需要进行控制的重点、关键部位或薄弱环节，以便在一定时期内、一定条件下进行强化管理，使工序处于良好的控制状态。

3. 施工作业质量的自控程序

施工作业质量的自控过程是由施工作业组织的成员进行的，其基本的控制程序包括：作业技术交底、作业活动的实施和作业质量的自检自查、互检互查以及专职管理人员的质量检查等。

（1）施工作业技术交底　技术交底是施工组织设计和施工方案的具体化，施工作业技术交底的内容必须具有可行性和可操作性。从建设工程项目的施工组织设计到分部分项工程的作业计划，在实施之前都必须逐级进行交底，其目的是使管理者的计划和决策意图为实施人员所理解。施工作业交底是最基层的技术和管理交底活动，施工总承包方和工程监理机构都要对施工作业交底进行监督。作业交底的内容包括作业范围、施工依据、作业程序、技术标准和要领、质量目标以及其他与安全、进度、成本、环境等目标管理有关的要求和注意事项。

（2）施工作业活动的实施　施工作业活动是由一系列工序所组成的。为了保证工序质量的受控，首先要对作业条件进行再确认，即按照作业计划检查作业准备状态是否落实到位，其中包括对施工程序和作业工艺顺序的检查确认，在此基础上，严格按作业计划的程序、步骤和质量要求展开工序作业活动。

（3）施工作业质量的检验　施工作业的质量检验是贯穿整个施工过程的最基本的质量控制活动，包括施工单位内部的工序作业质量自检、互检、专检和交接检查，以及现场监理机构的旁站检查、平行检验等。施工作业质量检验是施工质量验收的基础,已完工的检验批及分部分项工程的施工质量,必须在施工单位完成质量自检并确认合格之后,才能报请现场监理机构进行检查验收。前道工序作业质量验收合格后,才能进入下道工序施工。

4. 施工作业质量的监控

(1) 施工作业质量的监控主体 我国《建设工程质量管理条例》规定,国家实行建设工程质量监督管理制度。建设单位、监理单位、设计单位及政府的工程质量监督部门,在施工阶段依据法律法规和工程施工承包合同,对施工单位的质量行为和质量状况实施监督控制。

设计单位应当就审查合格的施工图纸设计文件向施工单位做出详细说明,应当参与建设工程质量事故分析,并对因设计造成的质量事故提出相应的技术处理方案。

建设单位在领取施工许可证或者开工报告前,应当按照国家有关规定办理工程质量监督手续。

项目监理机构在施工作业实施过程中,根据其监理规划与实施细则,采取现场旁站、巡视、平行检验等形式,对施工作业质量进行监督检查。

施工质量的自控主体和监控主体,在施工过程中相互依存、各尽其责,共同实现工程项目的质量总目标。

(2) 现场质量检查 现场质量检查是施工作业质量监控的主要手段。质量检查的内容包括开工前的检查、工序交接检查、隐蔽工程的检查、停工后复工的检查、分项分部工程完工后的检查、成品保护的检查。

现场质量检查的方法有目测法、量测法和试验法。目测法即用观察、触摸等感观方式进行的检查,可以采用"看、摸、敲、照"的检查操作方法。量测法即使用测量器具进行具体的量测,获得质量特性数据,分析判断质量状况及偏差情况的检查方式,常用"量、靠、吊、套"的检查操作方法。试验法是指通过必要的试验手段对质量进行判断的检查方法,包括理化试验和无损检测。

(3) 技术核定与见证取样送检 在建设工程项目施工过程中,施工方因图纸内部存在某些矛盾,或工程材料调整与代用,改变管线位置或走向等,需要通过设计单位明确或确认的,施工方必须以技术核定单的方式向监理工程师提出,报送设计单位核准确认。

为了保证建设工程质量,我国规定对工程所使用的主要材料、半成品、构配件以及施工过程留置的试块、试件等应实行现场见证取样送检。见证人员由建设单位及工程监理机构中相关专业人员担任,送检的试验室必须具备国家或地方工程检验检测主管部门核准的相关资质。

5. 隐蔽工程验收与成品质量保护

(1) 隐蔽工程验收 隐蔽工程是指凡被后续施工所覆盖的分项工程。因隐蔽工程在项目竣工时不易被检查,为确保工程质量,隐蔽工程施工过程应及时进行质量检查,并在其施工结果被覆盖前做好隐蔽工程验收,办理验收签证手续。

1) 隐蔽工程在隐蔽前应由施工单位通知有关单位进行验收,并应形成验收文件。

2) 隐蔽工程的施工质量验收应按规定的程序和要求进行,即施工单位必须先进行自检,包括施工班组自检和专业质量管理人员的检查,自检合格后,开具"隐蔽工程验收单",提前24h或按合同规定通知驻场监理工程师到场进行全面质量检查,并共同验收签

隐蔽工程图片

证。必要时或合同有规定时应按同样的时间要求，提前约请工程设计单位参与验收。

3）隐蔽工程验收是施工质量验收的一种特定方式，其验收的范围、内容应严格执行相关专业的施工验收标准，应保证验收单的验收范围与内容和实际查验的范围与内容相一致。检查不合格需整改纠偏的内容，必须在整改纠偏后，经重新查验合格，才能进行验收签证。

（2）施工成品质量保护　建设工程项目已完工的成品保护，其目的是避免已完工成品受到来自后续施工及其他方面的污染或损坏。已完工的成品保护问题和相应措施，在工程施工组织设计与计划阶段就应该从施工顺序上进行考虑，防止施工顺序不当或交叉作业造成干扰、污染和损坏；成品形成后应采取防护、封闭等措施进行保护。

【任务实施】

质量管理
计划案例

保证工程质量的关键是明确质量目标，建立质量保证体系，对工程对象经常发生的质量通病制订防范措施。制订质量管理计划，可以从整个单位工程的质量要求提出，也可以按照各主要分项工程的施工质量要求提出。对采用的新技术、新工艺、新材料和新结构，必须制订有针对性的技术措施。质量管理计划可参照《质量管理体系要求》的规定，在施工单位质量管理体系的框架内，按项目的具体要求编制。

1）确定质量目标并进行分解。施工单位作为建筑设备安装工程产品的生产者，应根据施工合同的任务范围和质量要求，确定自己的质量目标，不得低于施工合同的要求。通过全过程、全面的施工质量自控，最终交付满足施工合同及设计文件所规定的质量标准的建设工程产品。

2）建立项目质量管理的组织机构，画出组织机构图，明确职责，认真贯彻。建立项目质量管理的组织机构，应根据工程项目的规模、工程的复杂程度等认真分析后确定。对于建筑设备安装工程，其组织机构图可采用线性组织结构。此外，还应明确工作任务的分工，将职责详细列出。

3）制订保证质量的技术保障和资源保障措施，通过可靠的预防措施，保证质量目标的实现。技术保障措施包括项目所用规范、标准、图集等有效技术文件清单的确认；三级质量检验制度；图纸会审、编制施工方案和技术交底；成品保护；预埋预留质量保证措施；工程资料管理等。资源保障措施包括保证材料设备质量措施、保证施工人员技术素质措施等。

4）建立质量过程检查制度，并对质量事故的处理做出相应的规定。

➢案例：

1. 质量目标

本工程质量符合国家规范和标准的要求，工程质量一次交验合格率为100%；安装工程质量优良率为95%以上，主要分部工程优良。

2. 质量管理的组织机构及职责

（1）质量管理的组织机构　质量管理的组织机构如图1-1所示。

（2）管理机构成员岗位职责　略。

3. 保证质量的技术保障和资源保障措施

通过可靠的保障措施，保证质量目标的实现。技术保障措施包括建立技术管理责任制；项目所用规范、标准、图集等有效技术文件清单的确认；图纸会审、编制施工方案和技术交底；试验管理；工程资料管理等。

（1）严格执行施工质量验收规范和标准

◆《建筑给水排水及采暖工程施工质量验收规范》（GB 50242—2002）

◆《通风与空调工程施工质量验收规范》（GB 50243—2002）

◆《建筑工程施工质量验收统一标准》（GB 50300—2013）

◆《建设工程项目管理规范》（GB/T 50326—2006）

◆《建设工程文件归档规范》（GB/T 50328—2014）

◆《建筑电气工程施工质量验收规范》（GB 50303—2002）

◆国家建筑标准图集

（2）坚持施工全过程的质量控制

1）施工前进行图纸会审。项目经理组织技术人员对施工文件进行内部审核及参加业主组织的图纸会审。

2）编制施工组织设计及质量计划。项目经理部负责按照 ISO9001 质量保证体系文件要求进行编制和报批《施工组织设计》，并负责将审批后的《施工组织设计》对专业施工组进行交底。

3）保证施工依据的有效性。项目部资料员负责工程所需的标准、规程规范、图纸、工艺等文件符合国家标准和本工程要求，并负责对所有施工中用到的文件（包括施工图

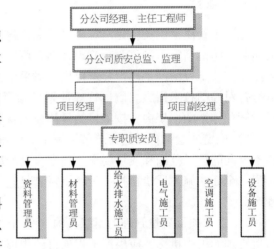

图 1-1   质量管理的组织机构

纸设计修改等外来文件）按《文件和资料控制程序》的规定办好登记、发放、回收手续。

4）制订施工方案。专业施工组必须制订关键工艺、关键工序的施工方案，如果施工班组在一般工序施工中没有作业指导书则不能达到质量要求的，专业施工组必须另外编写作业指导书，并进行现场跟班作业指导。

5）质量技术交底。施工员对班组长交付工作任务前，必须编写《单位工程施工质量技术交底卡》，经项目经理批准后，对班组长进行质量技术、安全要求交底，并对其负责区域的配合情况等现场要求进行交底，同时要求施工员对班组长进行现场交底。

6）开展班前活动。班组长必须坚持每天的班前活动，上班开工前对本组成员进行施工内容、质量要求、现场安全注意事项交底，让组员有充分的思想准备。

7）召开质量安全会议。每周对施工人员召开质量安全会议，指出现场施工质量存在的问题，落实责任人及整改期限，同时检查落实上一次会议提出的整改情况。

（3）做好产品保护措施   工程产品保护是确保工程质量、降低工程成本和按期竣工的重要环节。产品的主要防护措施如下：

1）对全体驻场员工进行职业道德和产品保护知识的教育，加强产品保护意识。

2）设备安装前由材料员负责管理，材料设备要堆放整齐有序，露天放置的产品，必须采用一定的措施进行防雨、防尘、防晒。

3）合理安排施工工艺，避免工程产品对后续工序造成妨碍，减少工程产品的损伤和污

染，贵重的终端产品在施工阶段的最后安装。

4）材料设备安装后由施工班组负责防护，对于如水泵、机组等设备安装后必须采用彩条布、薄膜等进行覆盖，防止设备的外观污染及外壳损坏，并对该区域进行上锁封闭管理。

5）做好已完工产品在交付前的防水、防火、防盗、防震、防尘、防腐等防护措施，区域完工及时通知业主方，采取必要的保安措施。

6）施焊或油漆作业时，做好围蔽工作，防止飞溅物溅落到完成面上或设备上。

7）管道试压要安排好系统放水的排放点。

（4）预埋预留质量保证措施

1）在混凝土墙内预留孔洞时，主要采用木板制作成木盒，施工时置于钢筋内预埋而成。由于孔洞预留涉及结构钢筋，所以需要土建单位按照设计要求进行钢筋处理配合。

预埋预留
图片集

2）在砖墙上预留的孔洞，应当绘制平面图，可以在土建单位砌砖前，采取现场标识或者以向其提供图纸的形式进行配合，同时采取现场配合的形式保证预埋质量。

3）对于圆形的孔洞，如 PVC 管的管径能够满足要求，一般建议采用 PVC 管代替木板盒，这样可达到环保、简单快捷的目的。

4）木盒及 PVC 管在定位后必须及时固定，对于小口径的孔洞还应填充部分物料，防止过多水泥砂浆填充。

（5）保证材料设备质量

1）项目经理部材料设备组按照《进货检验大纲》负责对所采购的设备材料进行验证或复检，保证用于施工的产品质量符合标准及满足图纸、规范和合同的要求。检验工作结束后，应填写进货检验记录表，由项目经理审核。

2）进货检验期间和检验结束后，项目经理部材料设备组按《检验和试验状态控制程序》进行标识。

3）所有检验和试验记录应由项目经理部工程资料组按《文件与资料档案管理办法》整理、编目、归档、备查。

4）全部材料进场均按照规定向监理公司报验，报验合格通过后方可进场使用。

5）仓管员应根据《仓库管理规定》对全部产品的贮存、保管、领用、维护进行管理。对进入仓库全部材料均要求进行产品标识，对施工班组领用材料均要求有施工员开出的领料单。

（6）施工人员的技术素质

1）加强质量意识教育。所有施工人员都应意识到所从事的活动与工程质量的相关性和重要性，应通过质量意识教育，增强质量观念和责任感，以优质的工作质量创造优质的工程质量。

2）严格执行持证上岗制度。建筑设备安装工程的特点是技术和质量要求高，工种多，需要较高的技术水平，严格控制无技术资质的人员上岗操作。

3）制订项目负责人、施工员、质安员、材料员、班组长的岗位职责，做到职责分明、层层落实、责任到人。

4）对关键工序实行考核，考核合格后方可上岗。引入竞争上岗制度，保证施工人员的质量责任心。

4. 建立质量过程检查制度

（1）定期和不定期监督检查制度　由项目经理组织全体专业施工管理人员、质量员、安全员对本工程施工质量进行定期及不定期检查，及时指出存在的质量隐患，从早从快解决问题。

（2）执行三级质量检验制度　三级质量检验制定工作程序如图1-2所示。

（3）严格执行检查验收　分部、分项工程完工后，经项目部自查自检，确认符合设计要求后，通知监理公司验收。如单位工程竣工，还要经政府的有关部门（如供电局、质监站、消防局、环保局等）做竣工验收。

（4）尊重业主、服从监理监督检查　全部安装工程均接受监理及业主监督检查；如发现在施工过程中出现质量隐患，立即采取纠正措施，限期整改。

（5）坚持质量事故调查制度　对工程施工中出现的质量问题要进行调查，分析其产生的原因，制订改进措施，并追究责任者的责任。

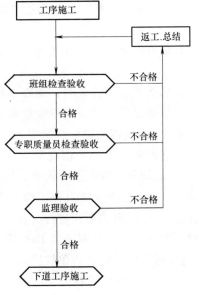

图1-2　三级质量检验制度工作程序

【提交成果】

完成此任务后，需提交质量管理计划文本。

任务2　图纸会审

【任务描述】

根据业主方提供的建筑设备安装工程施工图纸，进行建筑设备安装工程施工图纸会审。

【实现目标】

通过图纸会审，能熟悉图纸会审的程序和内容，提高识读工程施工图的能力，提高分析问题和解决问题的能力，能准确填写图纸会审记录表，培养团结协作精神和表达能力。

【任务分析】

图纸会审是施工准备工作的重要内容之一。认真做好图纸会审，对完善施工图纸内容，提高工程质量，保证施工顺利进行起重要作用。进行图纸会审应认真细致地熟悉施工图纸，了解设计意图与建设单位要求及施工应达到的技术标准，核对图纸、消除差错，协商施工配合事项。同时应明确参与各方的作用和工作内容，以及相互间的协作配合关系，以便更好地完成图纸会审的任务。

【教学方法建议】

学生分小组采用角色扮演法，每小组成员分别扮演建设单位项目负责人、设计人员、施工员、监理人员。

【相关知识】

1. 建筑给水排水工程施工图的组成

（1）平面图 平面图主要表明建筑物给水排水管道、各种卫生器具及附件的平面布置情况。内容包括给水排水、消防给水管道的平面位置，卫生设备及其他用水设备的位置、房间名称、主要轴线号和尺寸线；给水、排水、消防立管位置及编号；底层平面图中还包括给水引入管、污水排出管、检查井、水泵接合器等与建筑物的定位尺寸、穿建筑物外墙及基础的标高。

（2）系统图 系统图主要表明管道与卫生设备的空间位置关系，通常也称为给水排水管道系统轴测图。给水和排水系统图一般应按系统分别绘制。内容包括建筑楼层标高、层数、室内外建筑平面高差；管道走向、管径、仪表及阀门、控制点标高和管道坡度，各系统编号，立管编号，各楼层卫生设备和工艺用水设备的连接点位置；排水立管上检查口、通气帽的位置及标高。

（3）详图 对于给水排水设备及管道较多处，如泵房、水池、水箱间、卫生间、报警阀门、饮水间等，在平面图中因比例关系不能表述清楚时，可绘制局部放大平面图，通常称为大样图。其内容包括设备及管道的平面位置，设备与管道的连接方式，管道走向、管道坡度、管径，仪表及阀门、控制点标高等。常用的卫生器具及设备施工详图可直接套用有关给水排水标准图集。

2. 采暖工程施工图的组成

（1）首页 首页包括设计图纸无法表达的一些问题，如：热源情况和用户要求等设计依据；采暖设计概况；管道的敷设方式、防腐、保温、水压试验要求；图例；设备材料表等内容。简单的工程首页内容可与首层平面放在一张图上。

（2）平面图 平面图包括底层平面图、标准层平面图、顶层平面图等。图中绘出散热器位置并注明片数或长度、立管位置及编号、管道及阀门、放风及泄水、固定卡、伸缩器、入口装置、疏水器、管沟及人孔，管道要注明管径、安装尺寸及起终点标高。采暖入口有两处以上时，应在平面图上分别注明各入口的热量与系统阻力。

（3）轴测图 轴测图按45°或60°轴测投影绘制，比例应与平面图一致。轴测图自入口起，将干、立、支管及散热器、阀门等系统配件全部绘出。轴测图应标注散热器规格、各段管径、起终点标高、伸缩器及固定卡位置等。

（4）详图 凡施工安装图册及国家标准图中未有且需详细交代的内容，均需另绘详图。详图主要表示采暖设备和器具的外形、组成配件、安装位置。

3. 通风与空调工程施工图的组成

（1）设计说明和施工说明 设计说明介绍设计概况和暖通空调室内外设计参数，冷源情况，冷媒参数，空调冷热负荷、冷热量指标，系统形式和控制方法。施工说明介绍系统所使用的材料和附件，系统工作压力和试压要求，施工安装要求及注意事项等。

（2）平面图　平面图主要体现建筑平面功能和暖通空调设备与管道的平面位置、相互关系。风管平面图一般用双线绘制，并在图中标注风管尺寸，主要风管的定位尺寸、标高，各种设备及风口的定位尺寸和编号，消声器、调节阀和防火阀等各种部件的安装位置，风口、消声器、调节阀和防火阀的尺寸。水管平面图一般用单线绘出，并在图中标注水管管径、标高，各种调节阀门、伸缩器等各种部件的安装位置。

（3）剖面图　当平面图不能表达复杂管道的相对关系及竖向位置时，就可以通过剖面图实现。剖面图是以正投影方式给出对应于机房平面图的设备、设备基础、管道和附件，注明设备和附件编号，标注竖向尺寸和标高。

（4）流程图　流程图用于表示复杂的设备与管道连接。流程图的重点是整个冷源系统的组织与原理，通过设备、阀门配件、仪表和介质流向等的绘制表达出设备和管道的连接、设备接口处阀门仪表的配备、系统的工作原理。

（5）详图　对于风管与设备连接交叉复杂的部位，在平面图表达不清时，可通过大样图来体现，详图一般通过平面和剖面来表示风管、设备与建筑梁、板、柱及地面的尺寸关系。

4. 电气工程施工图的组成

（1）图纸目录与设计说明　图纸目录与设计说明包括图纸内容、数量、工程概况、设计依据及图中未能表达清楚的各有关事项，如供电电源的来源、供电方式、电压等级、线路敷设方式、防雷接地、设备安装高度及安装方式、工程主要技术数据和施工注意事项等。

（2）系统图　电气系统图表示配电系统、动力装置、电力拖动和照明系统中电气设备的组成和连接方式，它表示电能输送的路径。在系统图中，电能可以理解为主电流或一次电流。一次电流流经的元件，如发电机、变压器、导线及用电设备称为一次设备。因此，电气系统图也就是一次回路系统图，也称为主结线图。电气系统图多为单线图，即将通常的三相线路用一根粗线表示。它具有简洁、清晰的特点。电气系统图只表示元件的连接关系，不表示元件的形状、安装位置、具体接线方法。电气系统图集中反映了设备的安装容量、配电方式、导线和电缆的型号及敷设方式、开关设备的型号规格等，它是供电规划设计、电气计算、主要设备选择、拟定配电装置的布置和安放位置的主要依据。

（3）平面图　电气平面图表示电气设备与连接线路的具体位置、线路的规格与敷设方式、电气设备的型号规格、各支路的编号以及施工要求，它是电气施工中的主要图纸。电气平面图包括动力、照明、防雷和弱电的平面图。本任务着重讲解照明平面图和动力平面图。

1）照明平面图。照明平面图是表示建筑物照明设备和线路布置的图纸。导线及各种设备的垂直距离和空间位置均采用标注安装标高，必要时可以附以施工说明，而不另用立面图表示。平面图上标画出与电气系统有关的门窗位置、楼梯与房间的布置、建筑物轴线等。照明平面图上，标明配电箱、灯具、开关、插座、线路等的位置，标注线路走向、引入线及进户装置的安装高度，标注线路、灯具、配电设备的容量及型号，对于某些复杂工程还应画出局部平面图或剖面图。对于多层建筑只绘出标准层平面图。有些平面图中，在右下侧列出设备材料表格和加注一些简短说明。

2）动力平面图。动力平面图是表示建筑物内动力和线路布置的图纸。图中表明配电箱、开关柜、起动器箱、线路等的平面布置，并注明编号、型号规格、保护管径、安装高度以及敷设方式。有多个配电箱时，用文字符号加以区别。

（4）控制原理图　控制原理图包括系统中所用电气设备的电气控制原理，用以指导电气设备的安装和控制系统的调试运行工作。

（5）安装接线图　安装接线图包括电气设备的布置与接线，应与控制原理图对照，进行系统的配线和调校。

（6）安装大样图　安装大样图是详细表示电气设备安装方法的图纸，对安装部件的各部位有具体图形和详细尺寸。

图纸会审模拟（视频）

【任务实施】

建筑设备安装工程的施工依据就是施工图纸，要"按图施工"，就必须在施工前熟悉施工图纸中各项设计的技术要求，确保工程施工顺利进行。

1. 图纸会审的组织

一般工程由建设单位组织并主持会议，设计单位交底，施工单位和监理单位参加。重点工程或规模较大及结构、装修较复杂的工程，如有必要可邀请各主管部门、消防与协作单位参加。

会审的程序如下：

1）熟悉施工图纸及相关资料。

2）由建设单位的项目负责人主持会议。

3）由设计单位的设计人员进行设计交底。

4）施工单位对图纸提出问题。

5）有关单位发表意见，与会者讨论、研究、协商，逐条解决问题，达成共识。

6）组织会审的单位汇总成文，各单位会签，形成图纸会审纪要，并列入工程技术档案。

7）监理单位人员对工程施工提出要求和希望。

2. 图纸会审的要求

1）工程项目的设计图纸与设计说明是否齐全。

2）各专业设计图纸本身及相互之间是否有错误和矛盾，图纸和说明之间有无矛盾。

3）有无特殊材料（包括新材料）要求，其品种、规格、数量能否满足要求。

4）设计是否符合施工技术条件，如需采取特殊技术措施时，技术上有无困难，能否保证安全施工。

5）图中所示的主要尺寸、标高、轴线是否有错误和遗漏，说明是否齐全、清楚、准确。

6）给水、排水、通风与空调、照明、动力及智能系统线路、电缆的安装敷设空间有无矛盾。

7）预埋件、预留洞、槽的位置、尺寸是否准确。

【提交成果】

完成此任务后，需提交图纸会审记录表（见附表1、附表2）。

任务3　设备材料进场验收

【任务描述】

根据建筑设备安装工程的设备材料，进行设备材料进场验收。

【实现目标】

通过设备材料进场验收，能熟悉常用建筑设备安装工程设备材料的性能，熟悉设备材料进场验收的程序和内容，能准确填写设备材料进场验收记录表，明确参与施工管理各方的职责，提高协调配合能力。

【任务分析】

设备材料是工程施工的物质条件，设备材料质量是工程质量的基础。加强建筑设备安装工程设备材料的质量控制，是提高工程质量的重要保证。设备材料进场时，建设方、施工方和监理方必须依照国家相关规范规定，按设备材料进场验收程序，认真查阅出厂合格证、质量合格证明等文件的原件，对进场实物与证明文件逐一对应检查。发现材料、设备存在质量缺陷的，应及时处理。

【教学方法建议】

学生分小组采用角色扮演法，各组成员由扮演建设单位（监理单位专业监理工程师）项目专业技术负责人，施工单位施工员、材料员、质量检查员，供应商（厂商）代表组成。

【相关知识】

施工生产要素的质量控制是建设工程项目质量控制的组成部分。施工生产要素是施工质量形成的物质基础，其内容包括：作为劳动主体的施工人员，即直接参与施工的管理者、作业者的素质及其组织效果；作为劳动对象的建筑材料、半成品、工程用品、设备等的质量；作为劳动方法的施工工艺及技术措施的水平；作为劳动手段的施工机械、设备、工具、模具等的技术性能；施工环境——现场水文、地质、气象等自然环境，通风、照明、安全等作业环境以及协调配合的管理环境。

1. 施工人员的质量控制

施工人员的质量包括参与工程施工各类人员的施工技能、文化素养、生理机能、心理行为等方面的个体素质及经过合理组织和激励发挥个体潜能综合形成的群体素质。因此，应通过择优录用、加强思想教育及技能方面的教育培训，合理组织、严格考核，并辅以必要的激励机制，使员工的潜能得到充分的发挥和最好的组合，使施工人员在质量控制系统中发挥主体自控作用。

施工企业必须坚持执业资格注册制度和作业人员持证上岗制度；对所选派的施工项目领导者、组织者进行教育和培训，使其质量意识和组织管理能力满足施工质量控制的要求；对所属施工队伍进行全面培训，加强质量意识的教育和技术训练，提高每个作业者的质量活动能力和自控能力；对分包单位进行严格的资质考核和施工人员的资格考核，其资质、资格必须符合相关法规的规定，与其分包的工程相适应。

2. 材料设备的质量控制

原材料、半成品及工程设备是工程实体的构成部分，其质量是工程项目实体质量的基础。加强原材料、半成品及工程设备的质量控制，不仅是提高工程质量的必要条件，也是实现工程项目投资目标和进度目标的前提。

对原材料、半成品及工程设备进行质量控制的主要内容如下：

1）控制材料设备的性能、标准、技术参数与设计文件的相符性。

2）控制材料、设备各项技术性能指标、检验测试指标与标准规范要求的相符性。

3）控制材料、设备进场验收程序的正确性及质量文件资料的完备性。

4）控制优先采用节能低碳的新型建筑材料和设备，禁止使用国家明令禁用或淘汰的建筑材料和设备。

施工单位应在施工过程中贯彻执行企业质量程序文件中关于材料和设备封样、采购、进场检验、抽样检测及质保资料提交等方面明确规定的一系列控制标准。

3. 工艺方面的质量控制

施工工艺的先进合理是直接影响工程质量、工程进度及工程造价的关键因素，施工工艺的合理可靠也直接影响到工程施工安全。因此在工程项目质量控制系统中，制订和采用技术先进、经济合理、安全可靠的施工技术工艺方案，是工程质量控制的重要环节。施工工艺方面的质量控制主要包括以下内容：

1）深入正确地分析工程特征、技术关键及环境条件等资料，明确质量目标、验收标准、控制的重点和难点。

2）制订合理有效的有针对性的施工技术方案和组织方案，前者包括施工工艺、施工方法，后者包括施工区段划分、施工流向及劳动组织等。

3）合理选用施工机械设备和施工临时设施，合理布置施工总平面图和各阶段施工平面图。

4）编制工程所采用的新材料、新技术、新工艺的专项技术方案和质量管理方案。

5）针对工程具体情况，分析气象、地质等环境因素对各施工的影响，制订应对措施。

4. 施工机械的质量控制

施工机械是施工过程中使用的各类机械设备，包括起重运输设备、人货两用电梯、加工机械、操作工具、测量仪器、计量器具以及专用工具和施工安全设施等。施工机械设备是所有施工方案和工法得以实施的重要物质基础，合理选择和正确使用施工机械设备是保证施工质量的重要措施。

1）对施工所用的机械设备，应根据工程需要从设备选型、主要性能参数及使用操作要求等方面加以控制，符合安全、适用、经济、可靠和节能、环保等方面的要求。

2）按现行施工管理制度要求，工程所用的施工机械、模板、脚手架，特别是危险性较大的现场安装的起重设备，不但要对其安装方案进行审批，而且安装完毕交付使用前必须经专业管理部门验收，合格后方可使用。同时，在使用过程中尚需落实相应的管理制度，以确保其安全正常使用。

5. 施工环境因素的控制

环境因素主要包括施工现场自然环境因素、施工质量管理环境因素和施工作业环境因素。环境因素对工程质量的影响，具有复杂多变和不确定性的特点。要消除其对施工质量的不利影响，主要是采取预测预防的控制方法。

1）对施工现场自然环境因素的控制。对地质、水文等方面的影响因素，应根据设计要求，分析工程岩土地质资料，预测不利因素，并会同设计等方面制订相应的措施，采用如基坑降水、排水、加固围护等技术控制方案。对天气气象方面的影响因素，应在施工方案中制订专项预案，明确在不利条件下的施工措施，落实人员、器材等方面的准备以紧急应对，从而控制其对施工质量的不利影响。

2）对各施工质量管理环境因素的控制。施工质量管理环境因素主要是指施工单位质量保证体系、质量管理制度和各参建施工单位之间的协调等。要根据工程承发包的合同结构，理顺管理关系，建立统一的现场施工组织系统和质量管理的综合运行机制，确保质量保证体系处于良好的状态，创造良好的质量管理环境和氛围，使施工顺利进行，保证施工质量。

3）对施工作业环境因素的控制。施工作业环境因素主要是指施工现场的给水排水条件，各种能源介质供应，施工照明、通风、安全防护设施，施工场地空间条件和通道，以及交通运输和道路条件等。要认真实施经过审核的各施工组织设计和施工方案，落实保证措施，严格执行相关管理制度和施工纪律，保证上述环境条件良好，使施工顺利进行以及施工质量得到保证。

【任务实施】

设备和材料的质量是工程质量的基础，其质量不符合要求，工程质量也就不可能符合标准。因此，加强工程设备和材料的质量控制，是提高工程质量的重要保证，也是创造正常施工条件的前提。设备材料进场验收由供货单位按照合同约定，与建设单位、施工单位协商设备、材料进场时间，然后由监理方、施工方、建设方现场验收，监理方审查出厂证明、质保单等证明资料并签证是否符合要求。如需检验的材料，由施工方在监理方鉴证下取样送检，需送往符合资质规定的单位进行检测、试验，检测、试验报告单经监理方、建设方签证后分别存档。建筑设备安装工程设备材料检验的内容如下：

1. 建筑电气工程

建筑电气设备和材料进货检查与验收，依据设备和材料的质量标准，项目经理部物资管理部门负责组织进货检验，邀请监理方参加检验并确认，确保检验不合格的物资不入库或进场，保证投入使用物资质量的可靠性。

1）主要设备、材料、成品和半成品，进场验收时，必须出具出厂合格证、设备装箱清单、生产许可证、检验报告或"CCC"认证标志和认证证书复印件。

2）主要设备、材料、成品和半成品的进场检验结论应有记录，确认符合产品质量标准，才能在施工中应用。

3）如有异议需送往有资质的试验室进行检测，试验室应出具检测报告，确认符合产品质量标准要求，才能在工程中应用。

4）依法定程序批准进入市场的新电气设备、器具和材料进场验收，应提供安装、使用、维修和试验要求等技术文件。

5）进口电气设备、器具和材料进场验收，应提供商检证明和中文的质量合格证明文件、规格、型号、性能检测报告以及中文的安装、使用、维修和试验要求等技术文件。

2. 建筑给水排水及采暖工程

1）建筑给水、排水及采暖工程所使用的主要材料、成品、半成品、配件、器具和设备必须具有中文质量合格证明文件、规格、型号及性能检测报告，并应符合国家技术标准或设计要求。

2）材料进场时应对品种、规格、外观等进行验收，包装应完好，表面无划痕及外力冲击破损，并经监理工程师核查确认。

3）主要器具和设备必须有完整的安装使用说明书。在运输、保管和施工过程中，应采取有效措施防止损坏或腐蚀。

4）对需进行强度和严密性试验的配件、器具和设备，应按技术文件要求进行试验，并经监理工程师核查确认。

5）材料设备的进场验收、开箱验收和试验应做好记录，并经建设单位（或监理单位）、设计单位和施工单位的代表签字生效。

3. 通风与空调工程

1）制作风管的材料品种、规格必须符合设计要求及施工质量验收规范的规定，并有产品合格证。工程中所选用的外购风管，必须提供相应的产品合格证或进行强度和严密性验证合格。

2）通风机的型号、规格应符合设计要求，具有产品质量合格证书、产品性能检测报告、安装使用说明书和装箱清单，进口通风机还应具有商检合格的证书文件。通风机安装前应进行开箱检查。通风机的开箱检查应符合下列规定：参加人员为建设、监理、施工和厂商单位的代表；根据设备装箱清单，核对叶轮、机壳和其他部位的主要尺寸，进风口、出风口的位置等应与设计相符；旋转方向应符合设备技术文件的规定；进风口、出风口应有盖板遮盖，各切削加工面、机壳和转子不应有变形和锈蚀、碰损等缺陷。

3）通风与空调设备应有装箱清单、设备说明书、产品合格证书和产品性能检测报告等随机文件，进口设备还应具有商检部门检验合格的证明文件。设备安装前，应进行开箱检查，并形成验收文字记录。设备的开箱检查应符合下列规定：应按装箱清单核对设备的型号、规格及附件数量；设备的外观应规则、平直，圆弧形表面应平整无明显偏差，结构应完整，焊缝应饱满，无缺损和孔洞；金属设备的构件表面应做除锈和防腐处理，外表面的色调应一致，且无明显的划伤、锈斑、气泡和剥落现象；非金属设备的构件材质应符合使用场合的环境要求，表面保护涂层应完整；设备的进出口应封闭良好，随机的零部件应齐全无缺损。安装过程中所使用的各类型材、垫料、五金用品应有出厂合格证或有关证明文件。法兰连接使用的垫料应按照设计要求选用，并满足防火、防潮、耐腐蚀性能的要求。

4）制冷设备、制冷附属设备的型号、规格和技术参数必须符合设计要求，并具有产品合格证书、产品性能检验报告。制冷设备的开箱检查：根据设备装箱清单说明书、合格证、检验记录、必要的装配图和其他技术文件，核对型号、规格及全部零件、部件、附属材料和专用工具；主体和零部件表面有无缺损和锈蚀等情况；设备充填的保护气体应无泄漏，油封应完好；开箱检查后应采取保护措施，不宜过早或任意拆除，以免设备受损。所采用的管道和焊接材料应符合设计规定,并具有出厂合格证明或质量鉴定文件。制冷系统的各类阀门必须采用专用产品,并有出厂合格证。

4. 智能建筑工程

1)必须按照合同技术文件和工程设计文件的要求,对设备、材料和软件进行进场验收。进场验收应有书面记录和参加人签字,并经监理工程师或建设单位验收人员签字。未经进场验收合格的设备、材料和软件不得在工程上使用和安装。经进场验收的设备和材料应按产品的技术要求妥善保管。

2)设备及材料的进场验收应填写设备材料进场检验表,具体要求如下:

①保证外观完好,产品无损伤、无瑕疵,品种、数量、产地符合要求。

②硬件设备及材料的质量检查重点应包括安全性、可靠性及电磁兼容性等项目,可靠性检测可参考生产厂家出具的可靠性检测报告。

③软件产品质量应按下列内容检查:商业化的软件,如操作系统、数据库管理系统、应用系统软件、信息安全软件和网管软件等应做好使用许可证及使用范围的检查;由系统承包商编制的用户应用软件、用户组态软件及接口软件等应用软件,除进行功能测试和系统测试外,还应根据需要进行容量、可靠性、安全性、可恢复性、兼容性、自诊断等多项功能测试,并保证软件的可维护性;所有自编软件均应提供完整的文档(包括软件资料、程序结构说明、安装调试说明、使用和维护说明书等)。

④依规定程序获得批准使用的新材料和新产品,尚应提供主管部门规定的相关证明文件。

进口产品应提供原产地证明和商检证明,配套提供的质量合格证明、检测报告及安装、使用、维护说明书等文件资料应为中文文本。

5. 电梯工程

1)电梯出厂合格证是否齐全。合格证上标示的型号、层站、速度、载重量等参数是否相符,是否有产品检验合格章及检验员盖章。

2)审查门锁装置、限速器、安全钳及缓冲器的形式试验证书复印件中各安全参数是否符合标准,是否有出具试验证书机构名称,是否具备相应资格。

3)检查装箱单、安装及使用维护说明书、动力电路和安全电气的电气原理图、液压系统原理图是否齐全,内容是否符合要求。

4)设备开箱检查应包括以下内容:安装单位应会同建设单位或监理单位进行设备开箱验收;开箱验收应做好开箱验收记录,经建设方(或监理方)、供货方、施工方代表签字有效;开箱验收应根据电梯设备清单及有关技术资料清点箱数,核对箱内零部件及安装材料、备品备件是否齐全,设备外观是否存在明显的损坏及锈蚀等缺陷。

【提交成果】

完成此任务后,需提交设备开箱检查记录表、分部工程设备及主要材料产品质量证明文件汇总表和分部(子分部)工程设备及主要材料进场监理检查记录表(见附表3、附表4、附表5)。

任务4　填写施工日志

【任务描述】

根据给定的施工现场当日所有施工活动，填写施工日志。

【实现目标】

通过填写施工日志，能熟悉施工日志的内容，掌握填写的要求和方法，培养根据当日施工情况正确填写施工日志的能力。

【任务分析】

施工日志是指单位工程在施工中按日填写的有关施工活动的综合原始记录，是专业施工员的重要工作内容之一。在填写的过程中，应根据施工现场当日的施工活动情况，将各项内容准确地填写在施工日志表的相应位置，填写过程中要求详略得当，满足填写的要求。

【教学方法建议】

学生分小组采用角色扮演法，扮演施工单位施工员。

【相关知识】

施工日志又称施工日记，是在建筑工程整个施工阶段的施工组织管理、施工技术等有关施工活动和现场情况变化的真实的综合性记录，也是处理施工问题的备忘录和总结施工管理经验的基本素材，是工程竣工验收资料的重要组成部分，是专业施工员的重要工作内容之一。

施工日志的主要内容有：

1）天气情况。

2）施工内容。

3）预检情况。

4）验收情况。

5）设计变更、洽商情况。

6）原材料进场记录。

7）技术交底、技术复核记录。

8）归档资料交接。

9）原材料、试件、试块编号及见证取样送检记录。

10）外部会议或内部会议记录。

11）上级单位领导或部门到工地现场检查指导情况。

12）质量、安全、设备事故（或未遂事故）发生的原因、处理意见和处理方法。

13）其他特殊情况。

【任务实施】

1. 施工日志填写的要求

1）施工日志是重要的工程施工技术履历档案，应按单位工程或单项工程分别单独填写，并纳入竣工文件，不得将几项工程混合或交叉填写。

2）施工日志记录应详略得当，突出重点，着重记录与工程质量形成过程有关的内容，确保工程质量具有可追溯性，与工程施工和质量形成无关的内容不得写入其中。

3）记录时间：从开工到竣工验收为止。

4）按时、真实、详细记录，中途发生人员变动，应当办理交接手续，保持施工日志的连续性、完整性。

5）施工日志应每天按时填写，尽量避免事后补记，定期提交负责人审查，日志的记录人应签名。

6）记录问题时对问题的描述要清楚，处理措施和处理结果要跟踪记录完整，不得有头无尾。

7）施工日志应书写工整，用语规范，措辞严谨，记录应尽量采用专业术语，不用过多的修饰词语，更不要夸大其词，涉及数字的地方，应记录准确的数字。

2. 施工日志填写的主要内容分析

1）天气情况。应填写日期、星期、气象、平均温度。平均温度可记为××℃～××℃，气象按上午和下午分别记录。

2）施工内容。写清楚分项工程名称、层段位置、工作班组及工作人数、进度情况。

3）预检情况。包括质量自检、互检和交接检存在的问题及改进措施等。

4）验收情况。写明参加单位、人员、部位、存在的问题、验收结论等。

5）设计变更、洽商情况。写明设计变更、洽商结果的通知及执行情况。

6）原材料进场记录。应写明数量、产地、标号、合格证份数及进场材料验收情况，以后补上送检后的检验结果。

7）技术交底、技术复核记录。应写明技术交底、技术复核的对象及内容摘要。

8）归档资料交接。写明档案资料交接的对象及主要内容。

9）原材料、试件、试块编号及见证取样送检记录。应写明试块名称、楼层、轴线、试块组数及送检机构。

10）外部会议或内部会议记录。写明会议的主题和主要内容梗概。

11）上级单位领导或部门到工地现场检查指导情况。写明对工程施工技术、质量安全方面的检查意见和决定，以及对工程的建议。

12）质量、安全、设备事故（或未遂事故）发生的原因、处理意见和处理方法。

13）其他特殊情况。写明停电、停水、停工、窝工等情况（停水、停电一定要记录清楚起止时间，是否造成损失），施工机械故障及处理情况，冬雨期施工准备及措施执行情况，施工中涉及的特殊措施和新技术的推广使用情况等。

【提交成果】

完成此任务后，需提交施工日志记录表（见附表6）。提交的训练成果应书写工整、填写准确、完善。

任务5 施工作业技术交底

【任务描述】

根据建筑设备安装工程施工组织设计及施工方案的内容，进行施工作业技术交底。

【实现目标】

通过完成施工作业技术交底，了解技术交底的重要性，熟悉质量检验评定标准和施工操作要领，合理选择技术交底的内容，培养进行施工作业技术交底的能力，并提高语言表达能力和沟通能力。

【任务分析】

技术交底是施工组织设计和施工方案的具体化，施工作业技术交底是最基层的技术和管理交底活动，施工总承包方和工程监理机构都要对施工作业交底进行监督。施工作业技术交底的内容必须具有可行性和可操作性，可选择施工图中应注意的问题、各项技术指标要求、具体实施的各项技术措施、有关项目的详细施工方法和程序、工种之间配合、工序间搭接和安全操作要求，设计修改和变更的具体内容以及施工有关的规范、规程、质量要求等。技术交底的内容应填写技术交底记录，相关人员签名后，作为施工管理档案资料存档。

【教学方法建议】

学生分小组采用角色扮演法，各组成员由施工单位施工员和施工作业人员组成。

【相关知识】

1. 施工质量控制点的设置

施工质量控制点是施工质量控制的重点对象。质量控制点应选择技术要求高、施工难度大、对工程质量影响大或是发生质量问题时危害大的对象。一般选择下列部位或环节作为质量控制点。

1）对工程质量形成过程产生直接影响的关键部位、工序、环节及隐蔽工程。

2）施工过程中的薄弱环节，或者质量不稳定的工序、部位或对象。

3）对下道工序有较大影响的上道工序。

4）采用新技术、新工艺、新材料的部位或环节。

5）施工质量无把握的、施工条件困难的或技术难度大的工序或环节。

6）用户反馈指出的和有过返工的不良工序。

对于建筑设备安装工程，建筑物防雷检测、消防系统调试检测、空调系统调试、风管连接、风机软接头、管道穿越楼板套管、水泵安装、冷水机组安装等均可作为质量控制点，进行重点预控和监控，从而有效地控制和保证施工质量。

2. 施工质量控制点的管理

设置了质量控制点，质量控制的目标及工作重点就更加明晰。质量控制点的管理可采取以下几个方面措施：

1）做好施工质量控制点的事前质量预控工作，包括明确质量控制的目标与控制参数、编制作业指导书和质量控制措施、确定质量检查检验方式及抽样的数量与方法、明确检查结果的判断标准及质量记录与信息反馈要求等。

2）向作业班组进行认真交底，使每一个控制点上的作业人员明白施工作业规程及质量检验评定标准，掌握施工操作要领；在施工过程中，相关技术管理和质量控制人员要在现场进行重点指导和检查验收。

3）做好施工质量控制点的动态设置和动态跟踪管理。所谓动态设置，是指在工程开工前、设计交底和图纸会审时，可确定项目的一批质量控制点，随着工程的展开、施工条件的变化，随时或定期进行控制点的调整和更新。动态跟踪是应用动态控制原理，落实专人负责跟踪和记录控制点质量控制的状态和效果，并及时向项目管理组织的高层管理者反馈质量控制的信息，保持施工质量控制点处于受控状态。

4）对于危险性较大的分部分项工程或特殊施工过程，除按一般过程质量控制的规定执行外，还应由专业技术人员编制专项施工方案或作业指导书，经施工单位技术负责人、项目总监理工程师、建设单位项目负责人签字后执行。作业前施工员做好交底和记录，使操作人员在明确工艺标准、质量要求的基础上进行作业。

5）实施建设工程监理的施工项目，应根据现场工程监理机构的要求，对施工作业质量控制点，按照不同的性质和管理要求，细分为"见证点"和"待检点"进行施工质量的监督和检查。

【任务实施】

为保证工程质量的产出或形成过程能达到预期的结果，在各项质量活动实施前，要根据质量管理计划进行行动方案的部署和交底；交底的目的在于使具体的作业者和管理者明确计划的意图和要求，掌握质量标准及其实现的程序与方法。

技术交底内容示例

施工作业技术交底主要面向施工作业人员，内容应包括作业范围、施工依据、作业程序、技术标准和要领、质量目标以及其他与安全、进度、成本、环境等目标管理有关的要求和注意事项等。

施工作业技术交底的程序如下：

1）熟悉进行技术交底的建筑设备安装工程的内容及有关建筑设备安装工程规范和标准。

2）选择进行技术交底的分项工程，确定施工作业技术交底的内容。

3）填写分项工程技术交底卡，要求填写施工单位名称和工程名称，明确交底部位，内容应条理清晰，相关人员应签名。

4）由施工员对施工作业人员进行技术交底。

➤风管安装技术交底内容案例：

风管安装时根据施工现场情况，可以在地面连成一定的长度，然后采用吊装的方法就位；也可以把风管一节一节地放在支架上逐节连接。一般安装顺序是先干管后支管。

（1）风管接长吊装 风管接长吊装是将在地面上连接好的风管（一般可接长至 10～20m 左右）用倒链或滑轮升至吊架上的方法。风管吊装步骤如下：

1）首先应根据现场具体情况，在梁柱上选择两个可靠的吊点，然后挂好倒链或滑轮。

2）用麻绳将风管捆绑结实。塑料风管如需整体吊装时，绳索不得直接捆绑在风管上，应用长木板托住风管的底部，四周应有软性材料做垫层，方可起吊。

3）起吊时，当风管离地 200～300mm 时，应停止起吊，仔细检查倒链式滑轮受力点和捆绑风管的绳索，绳扣是否牢靠，风管的重心是否正确。没问题后，再继续起吊。

4）风管放在支、吊架后，将所有托盘和吊杆连接好，确认风管稳固好，才可以解开绳扣。

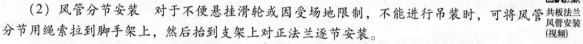
共板法兰
风管安装
（视频）

（2）风管分节安装 对于不便悬挂滑轮或因受场地限制，不能进行吊装时，可将风管分节用绳索拉到脚手架上，然后抬到支架上对正法兰逐节安装。

（3）风管安装注意的安全问题

1）起吊时，严禁人员在被吊风管下方，风管上严禁站人。

2）应检查风管内、上表面有无重物，以防起吊时，坠物伤人。

3）对于较长风管，起吊应同步进行，首尾呼应，防止由于一头过高，中段风管法兰受力大而造成风管变形。

4）抬到支架上的风管应及时安装，不能放置太久。

5）对于暂时不安装的孔洞不要提前打开；暂停施工时，应加盖板，以防坠人坠物事故发生。

6）使用梯子不得缺挡，不得垫高使用，梯子的上端要扎牢，下端采取防滑措施。

7）送风支管与总管采用直管形式连接时，插管接口处应设导流装置。

【提交成果】

完成此任务后，需提交分项工程质量技术交底记录（见附表7）。

任务6 施工过程质量验收

【任务描述】

根据在建的建筑设备安装工程施工现场的实际工程项目，进行建筑设备安装工程检验批质量验收。

【实现目标】

通过建筑设备安装工程质量验收，能熟悉建筑设备安装工程质量验收的方法，熟悉建筑设备安装工程质量验收规范的内容，增强质量意识，培养质量评定的能力，并培养分析问题、解决问题的能力，培养团结协作配合精神和科学严谨的工作态度。

【任务分析】

进行建筑设备安装工程检验批质量验收，应掌握检验批划分的原则，熟悉验收依据和质量验收记录表的内容，做好验收的各项准备工作，严格按规范规定的内容和方法进行验收，按照各自代表的单位，填写记录表的内容和结论，必须做到科学公正。

【教学方法建议】

学生分小组采用角色扮演法，各组成员由监理工程师（建设单位项目专业技术负责人）、施工单位项目专业质量（技术）负责人组成。

【相关知识】

一、施工过程质量验收

"验收"是指建筑工程在施工单位自行质量检查评定的基础上，参与建设活动的有关单位共同对检验批、分项、分部、单位工程的质量进行抽样复验，根据相关标准以书面形式对工程质量达到合格与否做出确认。正确地进行工程项目质量的检查评定和验收，是施工质量控制的重要手段。

1. 施工过程质量验收的分类

施工过程质量验收主要是指检验批和分项、分部工程的质量验收，通过验收后留下完整的质量验收记录和资料，为工程项目竣工质量验收提供依据。检验批和分项工程是质量验收的基本单元；分部工程是在所含全部分项工程验收的基础上进行验收的，在施工过程中随完工随验收，并留下完整的质量验收记录和资料；单位工程作为具有独立使用功能的完整的建筑产品，进行竣工质量验收。

（1）检验批质量验收　所谓检验批，是指按同一生产条件或按规定的方式汇总起来供检验用的，由一定数量样本组成的检验体。检验批可根据施工及质量控制和专业验收需要，按楼层、施工段、变形缝等进行划分。检验批是工程验收的最小单位，是分项工程乃至整个建筑工程质量验收的基础。

1）检验批应由监理工程师（建设单位项目专业技术负责人）组织施工单位项目专业质量（技术）负责人等进行验收。

2）检验批质量验收合格应符合下列规定：主控项目和一般项目的质量经抽样检验合格；具有完整的施工操作依据、质量检查记录。主控项目是指对检验批的基本质量起决定性作用的检验项目。因此，主控项目的验收必须从严要求，不允许有不符合要求的检验结果，主控项目的检查具有否决权。除主控项目以外的检验项目称为一般项目。

（2）分项工程质量验收　分项工程的质量验收在检验批验收的基础上进行，是将有关的检验批汇集构成分项工程。

1）分项工程应由监理工程师（建设单位项目专业技术负责人）组织施工单位项目专业质量（技术）负责人进行验收。

2）分项工程质量验收合格应符合下列规定：分项工程所含的检验批均应符合合格质量的规定；分项工程所含的检验批的质量验收记录应完整。

（3）分部工程质量验收　分部工程的验收在其所含各分项工程验收的基础上进行，对涉及安全、卫生和使用功能的重要部位进行抽样检验和检测。

1）分部工程质量验收由监理工程师（建设单位项目专业技术负责人）组织施工单位项目负责人、专业项目负责人等进行验收。

2）分部工程质量验收合格应符合下列规定：所含分项工程的质量均应验收合格；质量控制资料应完整；分部工程有关安全、使用功能、节能、环境保护的检验和抽样检验结果应符合有关规定；观感质量验收应符合要求。

2. 竣工质量验收

施工项目竣工质量验收是施工质量控制的最后一个环节，是对施工过程质量控制成果的全面检验。未经验收或验收不合格的工程，不得交付使用。

（1）竣工验收的标准　单位工程是工程项目竣工质量验收的基本对象。建设项目单位工程质量验收合格应符合下列规定：

1）单位工程所含分部（子分部）工程质量验收均应合格。

2）质量控制资料应完整。

3）单位工程所含分部工程有关安全和功能的检验资料应完整。

4）主要功能项目的抽查结果应符合相关专业质量规范的规定。

5）观感质量验收应符合规定。

（2）竣工质量验收的程序　竣工质量验收可分为验收准备、竣工预验收和正式验收三个环节。整个验收过程涉及建设单位、设计单位、监理单位及施工总分包各方的工作，必须按照工程项目质量控制系统的职能分工，以监理工程师为核心进行竣工验收的组织协调。

1）竣工验收准备。施工单位按照合同规定的施工范围和质量标准完成施工任务后，应自行组织有关人员进行质量检查评定。自检合格后，向现场监理机构提交工程竣工预验收申请报告，要求组织工程竣工预验收。施工单位的竣工验收准备包括工程实体的验收准备和相关工程档案资料的验收准备，应使之达到竣工验收的要求。其中设备和管道安装工程等，应包括试压、试车和系统联动试运行检查记录。

2）竣工预验收。监理单位收到施工单位的工程竣工预验收申请报告后，应就验收的准备情况和验收条件进行检查，对工程质量进行竣工预验收。对工程实体质量及档案资料存在的缺陷，及时提出整改意见，并与施工单位协商整改方案，确定整改要求和完成时间。当完成建设工程设计和合同约定的各项内容，有完整的技术档案和施工管理资料，有工程使用的主要材料、构配件和设备的进场试验报告，有工程勘察、设计、施工、监理等单位分别签署的质量合格文件，有施工单位签署的工程保修书时，由施工单位向建设单位提交工程竣工验收报告，申请工程竣工验收。

3）正式竣工验收。建设单位收到工程竣工验收报告后，应由建设单位（项目）负责人组织施工、设计、勘察、监理等单位负责人进行单位工程验收。

①建设、勘察、设计、施工、监理单位分别汇报工程合同履约情况及工程施工各环节满足设计要求，质量符合法律、法规和强制性标准的情况。

②检查审核设计、勘察、施工、监理单位的工程档案资料及质量验收资料。

③实地检查工程外观质量，对工程的使用功能进行抽查。

④对工程施工质量管理各环节工作、对工程实体质量及质保资料情况进行全面评价，形

成经验收组人员共同确认签署的工程竣工验收意见。

⑤竣工验收合格，建设单位应及时提出工程竣工验收报告。验收报告应附有工程施工许可证、设计文件审查意见、质量检测功能性试验资料、工程质量保修书等法规所规定的其他文件。

⑥工程质量监督机构应对工程竣工验收工作进行监督。

3. 工程回访及工程保修

（1）工程回访

1）工程回访的内容。了解工程使用情况，使用或生产后工程质量的变异；听取各方面对工程质量和服务的意见；了解所采用的新技术、新材料、新工艺或新设备的使用效果；向建设单位提出保修期后的维护和使用等方面的建议和注意事项；处理遗留问题；巩固良好协作关系。

2）工程回访的参加人员和回访时间。工程回访参加人员由项目负责人，技术、质量、经营等有关方面人员组成。工程回访时间一般在保修期内进行，除实现上述回访内容外，也可根据需要随时进行回访。

3）工程回访的方式。包括季节性回访、技术性回访、保修期满前的回访，采用邮件、电话、传真或电子信箱等信息传递，或由建设单位组织座谈会或意见听取会，察看安装工程使用或生产后的运转情况。

4）工程回访要求及用户投诉的处理。回访过程必须认真实施，做好回访记录，必要时写出回访纪要。回访中发现施工质量缺陷，如在保修期内要迅速处理；如已超过保修期，应协商处理。对用户投诉应迅速、友好地解释和答复。

（2）工程保修

1）保修的责任范围。质量问题确实是由于施工单位的施工责任或施工质量不良造成的，施工单位负责质量修理，并承担修理费用；问题是由双方的责任造成的，应协商解决，商定各自的经济责任，由施工单位负责修理；质量问题是由于建设单位提供的设备、材料等质量不良造成的，应由建设单位承担修理费用，施工单位协助修理；质量问题的发生是因建设单位（用户）责任，修理费用由建设单位负担；涉外工程的修理按合同规定执行，经济责任按以上原则处理。

2）保修时间。自竣工验收完毕之日的第二天计算。

二、施工质量不合格的处理

1. 工程质量不合格、质量问题和质量事故定义

（1）工程质量不合格　根据我国质量管理体系标准的规定，凡工程产品没有满足某个规定的要求，就称之为质量不合格；而未满足某个与预期或规定用途有关的要求，称为质量缺陷。

（2）质量问题和质量事故　凡是工程质量不合格，影响使用功能或工程结构安全，造成永久质量缺陷或存在重大质量隐患，甚至直接导致工程倒塌或人身伤亡，必须进行返修、加固或报废处理的，按照由此造成直接经济损失的大小分为质量问题和质量事故。

2. 工程质量事故分类

（1）按事故造成损失的程度分级　国家现行对工程质量通常采用按造成损失严重程度

进行分类，其基本分类如下：

1）特别重大事故。特别重大事故是指造成 30 人以上死亡，或者 100 人以上重伤（包括急性工业中毒，下同），或者 1 亿元以上直接经济损失的事故。

2）重大事故。重大事故是指造成 10 人以上 30 人以下死亡，或者 50 人以上 100 人以下重伤，或者 5000 万元以上 1 亿元以下直接经济损失的事故。

3）较大事故。较大事故是指造成 3 人以上 10 人以下死亡，或者 10 人以上 50 人以下重伤，或者 1000 万元以上 5000 万元以下直接经济损失的事故。

4）一般事故。一般事故是指造成 3 人以下死亡，或者 10 人以下重伤，或者 100 万元以上 1000 万元以下直接经济损失的事故。

（2）按事故责任分类

1）指导责任事故。指导责任事故是指由于工程实施指导或领导失误而造成的质量事故。例如，由于工程负责人片面追求施工进度，放松或不按质量标准进行控制和检验，降低施工质量标准等。

2）操作责任事故。操作责任事故是指在施工过程中，由于实施操作者不按规程和标准实施操作，而造成的质量事故。

3）自然灾害事故。自然灾害事故是指由于突发的严重自然灾害等不可抗力造成的质量事故。这些事故虽然不是人为责任直接造成，但灾害事故造成的损失也往往与人们事前采取有效的预控措施有关。

3. 施工质量事故的预防

（1）施工质量事故发生的原因　施工质量事故发生的原因大致有以下四类：

1）技术原因。技术原因是指引发的质量事故是由于在工程项目设计、施工中技术上的失误造成的。例如，采用了不适合的施工方法或施工工艺引发的质量事故。

2）管理原因。管理原因是指引发的质量事故是由于管理上的不完善或失误造成的。例如，施工单位或监理单位的质量管理体系不完善、检验制度不严密、质量控制不严格、质量管理措施落实不力等原因引起的质量事故。

3）社会、经济原因。社会、经济原因是指由于经济因素及社会上存在的弊端和不正之风，造成建设中的错误行为，从而导致出现质量事故。

4）人为事故和自然灾害原因。人为事故和自然灾害原因是指由于人为的设备事故、安全事故，导致连带发生质量事故，以及严重的自然灾害等不可抗力造成的质量事故。

（2）施工质量事故预防的具体措施

1）严格按照基本建设程序办事。做好可行性论证，杜绝无证设计、无图施工，禁止任意修改设计和不按图纸施工，不经验收不得交付使用。

2）认真做好工程地质勘察。地质勘察时要适当布置钻孔位置和设定钻孔深度，地质勘察报告必须详细、准确。

3）科学地加固处理好地基。对于软弱土、杂填土、湿陷性黄土等不均匀地基要进行科学的加固处理。要根据不同地基的工程特性，从地基处理与设计措施、结构措施、防水措施、施工措施等方面综合考虑。

4）进行必要的设计审查复核。要请具有合格专业资质的审图机构对施工图进行审查复核，防止因设计考虑不周、设计计算错误等原因，导致质量事故的发生。

5）严格把好建筑材料及制品的质量关。要从采购订货、进场验收、质量复检、存储和使用等环节，严格控制建筑材料及制品的质量，防止不合格或损坏的材料和制品用到工程上。

6）对施工人员进行必要的技术培训。要通过技术培训使施工人员掌握基本的专业知识，增强质量意识，从而在施工中按规范施工，不违章操作。

7）加强施工过程的管理。施工人员首先熟悉图纸，对工程的难点和关键工作、关键部位编制专项施工方案并严格执行。施工中必须按图纸和施工验收规范、操作规程进行。技术组织措施要正确，严格按制度检查验收。

8）做好应对不利施工条件和各种灾害的预案。要根据当地气象资料的分析和预测，事先针对可能出现的风、雨、高温、雷电等不利施工条件，制订相应的施工技术措施，还要制订应急预案，并有相应的物资储备。

9）加强施工安全和环境管理。施工安全和环境事故往往会连带质量事故，加强施工安全和环境管理，也是预防施工质量事故的重要措施。

4. 施工质量事故的处理

（1）施工质量事故处理的依据

1）质量事故的实况资料：包括质量事故发生的时间、地点，质量事故状况的描述，质量事故的观测记录、事故现场照片或录像，事故调查组获得的第一手资料。

2）有关合同及合同文件：包括工程承包合同、设计委托合同、设备与器材购销合同、监理合同及分包合同等。

3）有关的技术文件和档案：主要是有关的设计文件，与施工有关的技术文件、档案和资料。

4）相关的建设法规：主要包括建筑法和与工程质量及质量事故处理有关的法规，以及勘察、设计、施工、监理等单位资质管理方面的法规，从业者资格管理方面的法规，建筑施工方面的法规等。

（2）施工质量事故处理的程序

施工质量事故处理的一般程序如图1-3所示。

（3）施工质量事故处理的基本方法

1）修补处理。当工程某些部分的质量虽未达到规定的规范、标准或设计的要求，存在一定的缺陷，但经修补后可以达到要求的质量标准，又不影响使用功能或外观的要求时，可采取修补处理的方法。

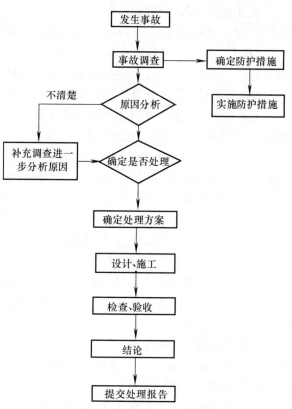

图1-3 施工质量事故处理的一般程序

2）加固处理。加固处理主要是针对危及承载力的质量缺陷的处理。通过对缺陷的加固处理，提高承载力，重新满足结构安全性与可靠性的要求。

3）返工处理。当工程质量缺陷经过修补处理后仍不能满足规定的质量标准要求，或不具备补救可能性时，则必须采取返工处理。

4）限制使用。当工程质量缺陷按修补方法处理后无法保证达到规定的使用要求和安全要求，而又无法返工处理的情况下，不得已时可做出限制使用的决定。

5）不做处理。某些工程质量问题虽然达不到规定的要求或标准，但其情况不严重，对工程或结构的使用和安全影响很小，后道工序可以弥补，经法定检测单位分析、论证、鉴定和设计单位等认可后可不做专门处理。

三、质量通病的防治

1. 数理统计方法在施工质量管理中的应用

（1）因果分析图法的应用　因果分析图法又称质量特性要因分析法，其基本原理是对每一个质量特性或问题，采用图1-4所示的方法，逐层深入排查可能原因，然后确定其中的最主要原因，进行有针对性的处置和管理。

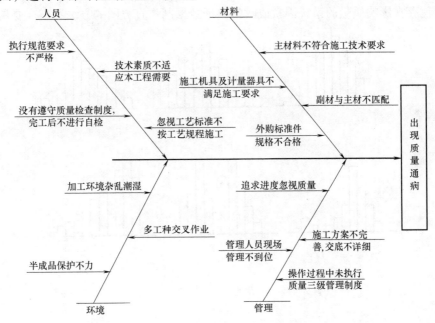

图1-4　质量通病因果分析图

因果分析图法应用时应注意以下几个方面：

1）一个质量特性或一个质量问题使用一张图分析。

2）通常采用QC小组活动的方式进行，集思广益，共同分析。

3）必要时可以邀请小组以外的有关人员参与，广泛听取意见。

4）分析时要充分发表意见，层层深入，排除所有可能的原因。

5）在充分分析的基础上，由各参与人员采用投票或其他方式，从中选择1~5项多数人达成共识的最主要原因。

（2）排列图法的应用　在质量管理的过程中，通过抽样检查或检验试验所得到的质量问题、偏差、缺陷、不合格等统计数据，以及造成质量问题的原因分析统计数据，均可采用排列图方法进行状况描述，它具有直观、主次分明的特点。

累计频率在 0% ~ 80% 区间的问题定为 A 类问题，即主要问题，进行重点管理；累计频率在 80% ~ 90% 区间的问题定为 B 类问题，即次要问题，作为次重点管理；将其余累计频率在 90% ~ 100% 区间的问题定为 C 类问题，即一般问题，按照常规适当加强管理。以上方法称为 ABC 分类管理法。

（3）直方图法的应用　应用直方图进行施工质量控制，主要通过观察分析生产过程质量是否处于正常、稳定和受控状态，以及质量水平是否保持在公差允许的范围内。

1）通过分布形状观察分析。所谓形状观察分析，是指将绘制好的直方图形状与正态分布图的形状进行比较分析，一看形状是否相似，二看分布区间的宽窄。直方图的分布形状及分布区间宽窄是由质量特性统计数据的平均值和标准偏差所决定的。

正常直方图呈正态分布，其形状特征是中间高、两边低、成对称，如图 1-5a 所示。正常直方图反映生产过程质量处于正常、稳定状态。异常直方图呈偏态分布，常见的异常直方图有折齿型、缓坡型、孤岛型、双峰型、峭壁型，如图 1-5b ~ f 所示。出现异常的原因可能是生产过程存在影响质量的系统因素或收集整理数据制作直方图的方法不当，要具体分析。

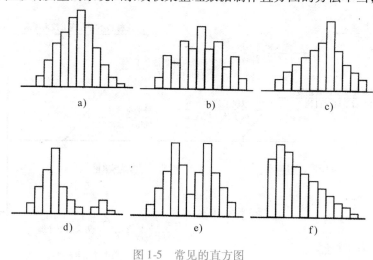

图 1-5　常见的直方图

a）正常型　b）折齿型　c）缓坡型　d）孤岛型　e）双峰型　f）峭壁型

2）通过分布位置观察分析。所谓位置观察分析，是指将直方图的分布位置与质量控制标准的上下限范围进行比较分析，如图 1-6 所示。

生产过程的质量正常、稳定、受控，还必须在公差标准上下限范围内达到质量合格的要求。只有这样的正常、稳定和受控才是经济合理的受控状态，如图 1-6a 所示。

图 1-6b 的质量特性数据分布偏下限，易出现不合格，在管理上必须提高总体能力。图 1-6c 的质量特性数据分布宽度边界达到质量标准的上下界限，其质量能力处于临界状态，易出现不合格，必须分析原因，采取措施。图 1-6d 的质量特性数据分布居中且边界与质量标准的上下界限有较大的距离，说明其质量能力偏大，不经济。图 1-6e、f 的数据分布均已超出质量标准的上下界限，这些数据说明生产过程存在质量不合格，需要分析原因和采取措

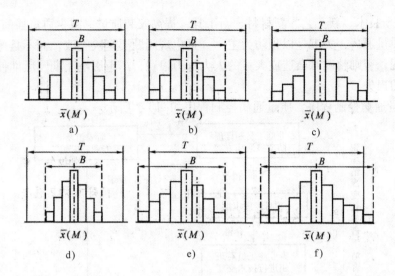

图 1-6　直方图与质量标准上下限

施进行纠偏。

2. 质量通病的防治

质量通病是建筑设备安装工程施工中经常发生的且多次重复发生的施工缺陷，由于施工时不重视或忽视而影响整个工程的质量。

（1）质量通病原因分析　建筑设备安装工程施工中质量通病的原因如图 1-4 所示。

（2）预防质量通病的措施

1）要防治质量通病，必须在思想上予以重视，制订相应的措施并严格执行。尽可能预防质量通病的发生，严格按规范对质量通病进行检查及监督，查到的质量通病应及时改正，并根据情节轻重处以相应的惩罚。

2）对有关质量人员（项目经理、施工员、质安员、材料员、技术工人等）进行预防及消除质量通病方面知识及技能的培训，使有关质量人员的素质进一步提高，加强项目部预防及消除质量通病的能力。

3）加强预防及消除质量通病的宣传力度，提高有关质量人员的意识，从意识上予以重视。

4）针对质量通病，完善检查监督程序。对工序上各个质量控制点分别制订相应的质量通病卡片，发放到班组每个人，让班组每完成一道工序后按质量通病卡片进行检查，及时发现并消除，不让产生的隐患带入下一道工序。

5）加强技术交底制度，在施工前，均由管理人员下达严格的单项技术交底，把预防并消除质量通病的责任落实到具体每个人。

6）设立专职的质量员，负责对工程质量进行检查监督。质量员每天进行检查，对班组施工时可能发生质量通病的行为予以及时制止，发现的质量通病及时提出整改措施，并要求项目部限期执行完成。

7）对发生质量通病的有关责任人予以坚决处理，对在消除质量通病方面做得比较好的予以表扬奖励。

8）采用新技术、新工艺、新材料、新工具，提高安装质量，减少质量通病。

要消除质量通病，关键是以预防为主，一旦出现问题要坚决整改，而不是等到单项工程结束后才发现，否则整改时会造成大量的人力物力浪费，严重影响工期及后期使用效果，造成业主利益的损失。

（3）质量通病控制程序　质量通病控制程序如图1-7所示。

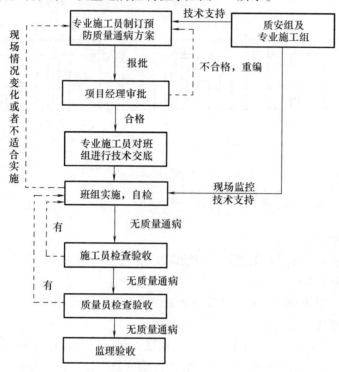

图1-7　质量通病控制程序

【任务实施】

1. 建筑给水排水及采暖分部（子分部）工程质量验收

（1）建筑给水排水及采暖工程的分部工程质量验收　应按检验批、分项、分部（子分部）、单位工程的程序进行，并应在施工单位自检合格的基础上进行检查验收，同时做好记录。建筑给水排水及采暖工程检验批的划分，应根据分项工程的大小，按一个设计系统或设备组别，以楼层或单元划分。如一个30层楼的室内给水系统，可按每5层或每10层为一个检验批；一个5层楼的室内排水系统，可按每单元为一个检验批。

水泵安装图片

1）检验批、分项工程的质量验收应全部合格。检验批质量验收表由施工单位项目专业质量检查员填写，检验批、分项工程的质量验收均由监理工程师（建设单位项目专业技术负责人）组织施工单位项目质量（技术）负责人等进行验收，并在验收表中填写验收结论。

2）分部（子分部）工程的验收，必须在分项工程验收通过的基础上，对涉及安全、卫生和使用功能的重要部位进行抽样检验和检测。子分部工程质量验收由监理工程师（建设单位项目专业技术负责人）组织施工单位项目负责人、专业项目负责人、设计单位项目负责人进行验收。分部工程质量验收表由施工单位填写，验收结论由监理（建设）单位填写。

综合验收结论由参加验收各方共同商定，建设单位填写，填写内容应对工程质量是否符合设计和规范要求及总体质量做出评价。

（2）建筑给水排水及采暖工程的检验和检测 建筑给水排水及采暖工程的检验和检测应包括以下主要内容：

1）承压管道系统和设备及阀门水压试验。

2）排水管道灌水、通球及通水试验。

3）雨水管道灌水及通水试验。

4）给水管道通水试验及冲洗、消毒检测。

5）卫生器具通水试验，具有溢流功能的器具满水试验。

6）地漏及地面清扫口排水试验。

7）消火栓系统测试。

8）采暖系统冲洗及测试。

9）安全阀及报警联动系统动作测试。

10）锅炉48h负荷试运行。

（3）工程质量验收文件和记录 工程质量验收文件和记录中应包括以下主要内容：

1）开工报告。

2）图纸会审记录、设计变更及洽商记录。

3）施工组织设计或施工方案。

4）主要材料、成品、半成品、配件、器具和设备出厂合格证及进场验收单。

5）隐蔽工程验收及中间试验记录。

6）设备试运转记录。

7）安全、卫生、使用功能检验和检测记录。

8）检验批、分项、子分部、分部工程质量验收记录。

9）竣工图。

2. 建筑电气分部（子分部）工程质量验收

1）建筑电气分部工程检验批的划分。当进行建筑电气分部工程施工质量检验时，检验批的划分应符合下列规定：

①室外电气安装工程中的检验批，依据庭院大小、投运时间先后、功能区块不同划分。

②变配电室安装工程中分项工程的检验批，主变配电室为1个检验批；有数个分变配电室，且不属于单位工程的子分部工程，各为1个检验批，其验收记录汇入所有变配电室有关分项工程的验收记录中；如各分变配电室属于各子单位工程的子分部工程，所属分项工程各为1个检验批，其验收记录应为一个分项工程验收记录，经子分部工程验收记录汇入分部工程验收记录中。

③供电干线安装工程分项工程的检验批，依据供电区段和电气线缆竖井的编号划分。

④电气动力和电气照明安装工程中分项工程及建筑物等电位联结分项工程的检验批，其划分的界线与建筑土建工程一致。

⑤备用和不间断电源安装工程中分项工程各自成为1个检验批。

⑥防雷及接地装置安装工程中分项工程检验批，人工接地装置和利用建筑物基础钢筋的接地体各为1个检验批；大型基础按区块划分成几个检验批；避雷引下线安装6层以下的建

筑为1个检验批；高层建筑依均压环设置间隔的层数为1个检验批；接闪器安装同一屋面为1个检验批。

2）核查质量控制资料。验收建筑电气工程时，应核查下列各项质量控制资料，且分项工程质量验收记录和分部（子分部）工程质量验收记录应正确，责任单位和责任人签章齐全。

①建筑电气工程施工图设计文件、图纸会审记录及洽商记录。

②主要设备、器具、材料的合格证和进场验收记录。

③隐蔽工程记录。

④电气设备交接试验记录。

⑤接地电阻、绝缘电阻测试记录。

⑥空载试运行和负荷试运行记录。

⑦建筑照明通电运行记录。

⑧工序交接合格等施工安装记录。

3）根据单位工程实际情况，检查建筑电气分部（子分部）工程所含分项工程的质量验收记录，应无遗漏缺项。

4）当进行单位工程质量验收时，建筑电气分部（子分部）工程实物质量的抽检部位如下：

①大型公共建筑的变配电室，技术层的动力工程，供电干线的竖井，建筑顶部的防雷工程，重要的或大面积活动场所的照明工程，以及5%自然间的建筑电气动力、照明工程。

②一般民用建筑的配电室和5%自然间的建筑电气照明工程，以及建筑顶部的防雷工程。

③室外电气工程以变配电室为主，且抽检各类灯具的5%。

5）核查各类技术资料，应齐全，且符合工序要求，有可追溯性，各责任人均应签单确认。

6）为了方便检测验收，高低压配电装置的调整试验应提前通知监理和有关监督部门，实行旁站确认。变配电室通电后可抽测的项目主要有：各类电源自动切换或通断装置、馈电线路的绝缘电阻、接地或接零的导通状态、开关插座的接线正确性、漏电保护装置的动作电流和时间、接地装置的接地电阻和由照明设计确定的照度等。

7）检验方法。检验方法应符合下列规定：

①电气设备、电缆和继电保护系统的调整试验结果，查阅试验记录或试验时旁站。

②空载试运行和负荷试运行结果，查阅试运行记录或试运行时旁站。

③绝缘电阻、接地电阻、接地或接零导通状态及插座接线正确性的测试结果，查阅测试记录或测试时旁站或用适配仪表进行抽测。

④漏电保护装置动作数据值，查阅测试记录或用适配仪表进行抽测。

⑤负荷试运行时大电流节点温升测量用红外线遥测温度仪抽测或查阅负荷试运行记录。

⑥螺栓坚固程序用适配工具做拧动试验；有最终拧紧力矩要求的螺栓用扭力扳手抽测。

⑦需吊芯、抽芯检查的变压器和大型电动机，吊芯、抽芯时旁站或查阅吊芯、抽芯记录。

⑧需做动作试验的电气装置，高压部分不应带电试验，低压部分无负荷试验。

⑨水平度用铁水平尺测量，垂直度用线锤吊线尺量，盘面平整度拉线尺量，各种距离的

尺寸用塞尺、游标卡尺、钢尺、塔尺或采用其他仪器仪表等测量。

⑩外观质量情况目测检查。

⑪设备规格型号、标志及接线，对照工程设计图纸及变更文件检查。

3. 通风与空调工程质量验收

当通风与空调工程作为建筑工程的分部工程施工时，其子分部与分项工程的划分应按相关的规定执行。当通风与空调工程作为单位工程独立验收时，子分部上升为分部，分项工程的划分同上。

（1）检验批的划分　一般按一个设计系统或设备组别划分为一个检验批。

（2）通风与空调分部工程的检验批质量验收记录　由施工项目专业质量检查员填写，监理工程师（建设单位项目专业技术负责人）组织项目专业质量检查员等进行验收，并按各个分项工程的检验批质量验收表的要求记录。

空调安装图片

（3）通风与空调工程的竣工验收　通风与空调工程的竣工验收是在工程施工质量得到有效监控的前提下，施工单位通过整个分部工程的无生产负荷系统联合试运转与调试和观感质量的检查，将质量合格的分部工程移交建设单位的验收过程。

1）通风与空调工程的竣工验收，应由建设单位负责组织施工、设计、监理等单位共同进行，合格后即办理竣工验收手续。

2）通风与空调工程的验收分为竣工验收与综合效能试验两个阶段。通风与空调工程施工完毕后，应对各系统做外观检查和无生产负荷的联合试运转测定及调试。通风与空调工程各系统的外观可按下列项目检查：风管表面平整、无破损、接管合理；风管连接处以及风管与设备或调节装置的连接处无明显缺陷；空气洁净系统的风管、静压箱等内表面应清洁、无积尘；各类调节装置的制作和安装应正确牢固，调节灵活，操作方便；防火排烟阀关闭严密，动作可靠；风口表面应平整、颜色一致，安装位置正确，风口的可调节部件应能正常动作；管道、阀门及仪表安装位置应正确、无水气渗漏；通风机、制冷机、水泵安装的精度，其偏差应符合通风与空调工程施工及验收规范有关条文的规定；风管、部件及管道支吊架形式、位置及间距应符合规范要求；除尘器、集尘室安装应牢固，接口严密；组合式空调机组外表平整，接缝严密，组装顺序正确，喷水室无渗漏；风管、部件管道及支架的油漆应附着牢固，漆膜厚度均匀，油漆颜色与标志符合设计要求；绝热层的材质、厚度应符合设计要求，表面平整、无断裂和松弛；室外防潮层或保护壳应顺水搭接，无渗漏；消声器安装方向正确，外表面应平整无破损；风管、管道的软性接管位置应符合设计要求，接管自然，无强扭。通风与空调系统的无生产负荷联合试运转的测定和调试应由施工单位负责，设计单位、建设单位参与配合。

3）通风与空调工程竣工验收时，应提供下列文件和记录：图纸会审记录、设计变更通知书和竣工图；主要材料、设备、成品、半成品和仪表的出厂合格证明及进场检（试）验报告；隐蔽工程验收记录和中间验收记录；工程设备、风管系统、管道系统安装及检验记录；管道试验记录；设备单机试运转记录；系统无生产负荷联合试运转与调试记录；分部（子分部）工程质量验收记录；观感质量综合检查记录；安全和功能检验资料的核查记录。

4）综合效能的测定与调整。通风与空调工程交工前，应进行系统带生产负荷的综合效能试验测定与调整。通风与空调工程带生产负荷的综合效能试验与调整，应在已具备生产试运行的条件下进行，由建设单位负责，设计、施工单位配合。通风、空调系统带生产负荷的综合效能试验测定与调整的项目，应由建设单位根据工程性质、工艺和设计的要求进行确定。通风、除尘系统综合效能试验可包括下列项目：室内空气中含尘浓度或有害气体浓度与排放浓度的测定；吸气罩罩口气流特性的测定；除尘器阻力和除尘效率的测定；空气油烟、酸雾过滤装置净化效率的测定。

5）空调系统综合效能试验可包括下列项目：送回风口空气状态参数的测定与调整；空气调节机组性能参数的测定与调整；室内噪声的测定；室内空气温度和相对湿度的测定与调整；对气流有特殊要求的空调区域做气流速度的测定。

6）恒温恒湿空调系统除应包括空调系统综合效能试验项目外，尚可增加下列项目：室内静压的测定和调整；空调机组各功能段性能的测定和调整；室内温度、相对湿度场的测定和调整；室内气流组织的测定。

7）净化空调系统除应包括恒温恒湿空调系统综合效能试验项目外，尚可增加下列项目：生产负荷状态下室内空气洁净度等级的测定；室内浮游菌和沉降菌的测定；室内自净时间的测定；空气洁净度高于 5 级的洁净室，除应进行净化空调系统综合效能试验项目外，尚应增加设备泄漏控制、防止污染扩散等特定项目的测定；洁净度等级高于等于 5 级的洁净室，可进行单向气流流线平行度的检测，在工作区内气流流向偏离规定方向的角度不大于15°。

8）防排烟系统综合效能试验的测定项目为模拟状态下安全区正压变化测定及烟雾扩散试验等。

9）净化空调系统的综合效能检测单位和检测状态，宜由建设、设计和施工单位三方协商确定。

4. 智能建筑工程质量验收

（1）智能建筑工程质量验收顺序　智能建筑工程质量验收应按"先产品，后系统；先各系统，后各系统集成"的顺序进行。

（2）分部（子分部）工程验收　各系统验收应包括以下内容：

1）工程实施及质量控制检查。

2）系统检测合格。

3）运行管理队伍组建完成，管理制度健全。

4）运行管理人员已完成培训，并具备独立上岗能力。

5）文件资料完整。

6）系统检测项目的抽检和复核应符合设计要求。

7）观感质量验收应符合要求。

8）根据《智能建筑设计标准》的规定，智能建筑的等级应符合设计的等级要求。

（3）验收结论与处理

1）验收结论分为合格和不合格。

2）各系统验收合格，为智能建筑工程验收合格。

3）当验收发现不合格的系统或子系统时，建设单位应责成责任单位限期整改，直到重新验收合格；整改后仍无法满足安全使用要求的系统不得通过竣工验收。

5. 电梯安装工程质量验收

（1）电梯安装工程质量验收　分项工程质量验收均应在电梯安装单位自检合格的基础

上进行；分项工程质量应分别按主控项目和一般项目检查验收；隐蔽工程应在电梯安装单位检查合格后，于隐蔽前通知有关单位（监理单位、建设单位）验收，并形成验收文件。

（2）电梯安装工程质量验收资料　电梯安装工程质量验收资料包括：安装工艺及企业标准；设备进场验收记录；与建筑结构交接验收记录；隐蔽工程验收记录；安全保护验收记录；限速器安全联动试验记录；层门及轿门试验记录；空载、超载125%试运行记录。

【提交成果】

完成此任务后，需提交室内消火栓系统安装工程检验批质量验收记录表，卫生器具及给水配件安装工程检验批质量验收记录表，成套配电柜、控制柜和动力、照明配电箱安装检验批质量验收记录表，开关、插座、风扇安装检验批质量验收记录表（见附表8、附表9、附表10、附表11）。

练 习 题

1.1【背景材料】

某建筑给水排水系统的水泵安装已完成。

【问题】

试对水泵的安装质量进行检验，填写质量验收记录表。

1.2【背景材料】

某公共建筑给水工程，预埋在墙体内的给水管道已安装完成。

【问题】

试对给水管道进行隐蔽工程验收，填写隐蔽工程验收记录表。

1.3【背景材料】

某建筑电气系统安装工程的主要材料和设备已到现场。

【问题】

设备和材料到货后的开箱检验包括哪些内容？

1.4【背景材料】

某建筑消防系统施工中，承包单位准备对其所安装设备和系统进行调试。

【问题】

调试工作的内容主要有哪些？如何保证调试的质量？

1.5【背景材料】

当直接经济损失达100万元以上（含100万元）、不满1000万元或影响使用功能和工程结构安全，造成永久性质量缺陷的，称为质量事故。

【问题】

工程质量问题产生的原因有哪些？发生施工质量事故时应如何处理？

1.6【背景材料】

质量检查员在防雷系统安装质量检查时发现避雷针焊接处不饱满，焊药处理不干净，漏刷防锈漆。

【问题】

采用哪些对策解决质量问题？

项目二　施工成本控制

施工成本控制是指在施工过程中，对影响施工成本的各种因素加强管理，并采取各种有效措施，将施工中实际发生的各种消耗和支出严格控制在成本计划范围内。通过随时揭示并及时反馈，严格审查各项费用是否符合标准，计算实际成本和计划成本之间的差异并进行分析，进而采取多种措施，消除施工中的损失浪费现象。

任务1　制订施工成本管理计划

【任务描述】

制订建筑设备安装工程主要施工管理计划——施工成本管理计划。

【实现目标】

通过制订建筑设备安装工程成本管理计划，熟悉成本管理计划的主要内容，掌握施工成本管理的任务和措施，掌握编制施工成本计划的方法，掌握施工成本控制的步骤和方法，能够为实现项目成本控制目标采取恰当合理的实施性措施。

【任务分析】

施工管理计划是《建筑施工组织设计规范》中的提法，目前多数施工组织设计中用管理与技术措施来编制。成本管理计划是施工组织设计主要施工管理计划中的重要内容，成本管理计划应以项目施工预算和施工进度计划为依据进行编制。成本管理计划应根据建筑设备安装工程的实际情况，制订科学合理的措施，保证成本目标的实现。

【教学方法建议】

虚拟建筑设备安装工程项目部，分小组讨论完成。

【相关知识】

1. 施工成本控制的任务与措施

（1）施工成本的定义　施工成本是指在建设工程项目的施工过程中所发生的全部生产费用的总和，包括所消耗的原材料、辅助材料、构配件等的费用，周转材料的摊销费或租赁费等，施工机械的使用费或租赁费等，支付给生产工人的工资、奖金、工资性质的津贴等，以及进行施工组织与管理所发生的全部费用支出。工程项目施工成本由直接成本和间接成本组成。

直接成本是指施工过程中耗费的构成工程实体或有助于工程实体形成的各项费用支出，是可以直接计入工程对象的费用，包括人工费、材料费、施工机械使用费和施工措施费等。

间接成本是指为施工准备、组织和管理施工生产的全部费用的支出，是非直接用于也无法直接计入工程对象，但为进行工程施工所必须发生的费用，包括管理人员工资、办公费、差旅交通费等。

（2）施工成本管理的任务 施工成本管理就是要在保证工期和质量满足要求的情况下，采取相关管理措施，把成本控制在计划范围内，并进一步寻求最大程度的成本节约。施工成本管理的任务和环节主要包括：

1）施工成本预测。施工成本预测就是根据成本信息和施工项目的具体情况，对未来的成本水平及其可能发展趋势做出科学的估计，它是在工程施工以前对成本进行的估算。通过成本预测，可以在满足项目业主和本企业要求的前提下，选择成本低、效益好的最佳成本方案，并能够在施工项目成本形成过程中，针对薄弱环节，加强成本控制，提高预见性。施工成本预测通常是对施工项目计划工期内影响其成本变化的各个因素进行分析，比照近期已完工施工项目或将完工施工项目成本，预测这些因素对工程成本中有关项目的影响程度，从而预测出工程的单位成本或总成本。

2）施工成本计划。施工成本计划是以货币形式编制施工项目在计划期内的生产费用、成本水平、成本降低率以及为降低成本所采取的主要措施和规划的书面方案，是建立施工项目成本管理责任制、开展成本控制和核算的基础，是降低成本的指导文件。成本计划的编制是施工成本预控的重要手段，应在工程开工前编制完成。

3）施工成本控制。施工成本控制是指在施工过程中，对影响施工成本的各种因素加强管理，并采取各种有效措施，将施工中实际发生的各种消耗和支出严格控制在成本计划范围内。通过随时提示并及时反馈，严格审查各项费用是否符合标准，计算实际成本和计划成本之间的差异并进行分析，消除施工中的损失浪费现象。

施工成本控制应贯穿于施工项目从投标阶段开始直到项目竣工验收的全过程，它是企业全面成本管理的重要环节。施工成本控制可分为事前控制、事中控制和事后控制。在项目的施工过程中，需按动态控制原理对实际施工成本的发生过程进行有效控制。

4）施工成本核算。施工成本核算包括以下两个基本环节：

①按照规定的成本开支范围对施工费用进行归集和分配，计算出施工费用的实际发生额。

②根据成本核算对象，计算出该施工项目的总成本和单位成本。施工成本管理需要正确及时地核算施工过程中发生的各项费用，计算施工项目的实际成本。施工项目成本核算所提供的各种成本信息，是成本预测、成本计划、成本控制、成本分析和成本考核等各个环节的依据。

5）施工成本分析。施工成本分析是在施工成本核算的基础上，对成本的形成过程和影响成本升降的因素进行分析，以寻求进一步降低成本的途径。施工成本分析贯穿于施工成本管理的全过程，包括有利偏差的挖掘和不利偏差的纠正。

6）施工成本考核。施工成本考核是指在施工项目完成后，对施工项目成本形成中的各责任者，按施工项目成本目标责任制的有关规定，将成本的实际指标与计划、定额、预算进行对比和考核，评定施工项目成本计划的完成情况和各责任者的业绩，并以此给予相应的奖励和处罚。通过成本考核，做到有奖有惩，赏罚分明，才能有效地调动每一位员工在各自施工岗位上努力完成目标成本的积极性。

（3）施工成本控制的措施 施工成本控制的措施可归纳为组织措施、技术措施、经济措施和合同措施四个方面。

1）组织措施。组织措施是从施工成本管理的组织方面采取的措施，其主要内容包括以下三个方面：

①建立成本控制组织机构，明确各级施工成本控制人员的任务、职能分工、权利和责任。图 2-1 为某工程施工成本管理架构，工程管理部中设成本核算组，按照专业设置 4 个专业分部，由专业主管项目副经理负责专业分部成本管理小组。施工成本管理不仅是专业成本管理人员的工作，各级项目管理人员也都负有成本控制责任。

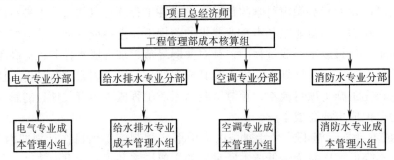

图 2-1　某工程施工成本管理架构

②编制成本控制工作计划，确定合理详细的工作流程。要做好施工采购规划，通过生产要素的优化配置、合理使用，有效控制实际成本。加强施工定额管理和施工任务单管理，控制活劳动和物化劳动的消耗。加强施工调度，避免因施工计划不周和盲目调度造成窝工损失、机械利用率降低、物料积压等而使施工成本增加。

③加强施工定额管理和施工任务单管理，控制活劳动和物化劳动的消耗。加强施工调度，避免因施工计划不周和盲目调度造成窝工损失、机械利用率降低、物料积压等而使施工成本增加。

合理的管理体制，完善的规章制度，稳定的作业秩序，是成本控制取得成效的保证。

2）技术措施。技术措施对于解决施工成本控制中的技术问题及纠正施工成本控制目标偏差具有非常重要的作用。施工过程中降低成本的技术措施主要包括以下几个方面：

①进行技术经济分析，确定最佳施工方案。

②结合施工方法，进行材料使用的比选，在满足功能要求的前提下，降低材料消耗的费用。

③选用合适的施工机械，提高机械设备的利用率。

④依据项目施工组织设计和自然条件，降低材料的库存成本和运输成本。

⑤积极运用先进的施工技术，推广使用新材料，提高工效。

3）经济措施。经济措施是最易于被接受和采用的措施，应包括以下内容：

①管理人员应编制资金使用计划，确定、分解施工成本管理目标。对施工成本管理目标进行风险分析，并制订防范性对策。

②对于各种支出，应认真做好资金的使用计划，并在施工中严格控制各项开支。

③及时准确地记录、收集、整理、核算实际发生的成本。对各种变更，及时做好增减账，及时落实业主签证，及时结算工程款。

④通过偏差分析及预测，发现引起施工成本增加的潜在问题，及时采取预防措施。

4）合同措施。合同措施应贯穿于合同谈判开始到合同终结的全过程。合同措施的主要内容应包括以下几个方面：

①选用合适的合同结构，对各种合同结构模式进行分析、比较，在合同谈判时，争取选用适合于工程规模、性质和特点的合同结构模式。

②在合同条款中，应考虑影响成本和效益的因素，特别是风险因素。

③在合同执行中，要密切关注合同执行的情况，以寻求合同索赔的机会，同时密切关注自己履行合同的情况，以防止被对方索赔。

2. 施工成本计划

（1）施工成本计划的类型　对于一个施工项目，其成本计划是一个不断深化的过程。在这一过程的不同阶段形成深度和作用不同的成本计划，按作用分为三类：

1）竞争性成本计划。竞争性成本计划即工程项目投标及签订合同阶段的估算成本计划。这类成本计划是对本企业完成招标工程所需要支出的全部费用的估算。

2）指导性成本计划。指导性成本计划即选派项目经理阶段的预算成本计划，是项目经理的责任成本目标。它是以合同标书为依据，按照企业的预算定额标准制订的设计预算成本计划，一般情况下只是确定责任总成本目标。

3）实施性成本计划。实施性成本计划即项目施工准备阶段的施工预算成本计划，是以项目实施方案为依据，落实项目经理责任目标为出发点，采用企业的施工定额，通过施工预算的编制而形成的实施性施工成本计划。

（2）施工成本计划的编制依据　编制施工成本计划需要广泛收集相关的资料。施工成本计划的编制依据包括：

1）投标报价文件。

2）企业定额、施工定额。

3）施工组织设计或施工方案。

4）人工、材料、机械台班的市场价。

5）企业颁布的材料指导价、企业内部机械台班价格、劳动力内部挂牌价格。

6）周转设备内部租赁价格、摊销损耗标准。

7）已签订的工程合同、分包合同。

8）结构件外加工计划和合同。

9）有关财务成本核算制度和财务历史资料。

10）施工成本预测资料。

11）其他相关资料。

（3）编制施工成本计划的方法

1）按施工成本组成编制施工成本计划的方法。施工成本可以按成本构成分解为人工费、材料费、施工机械使用费、措施项目费和企业管理费等，编制按施工成本组成分解的施工成本计划，如图 2-2 所示。

2）按施工项目组成编制施工成本计划的方法。大中型建设项目通常由若干个单项工程构成，而每个单项工程包括了多个单位工程，每个单位工程又由若干个分部分项工程构成。因此，将项目总施工成本分解到各个单项工程和单位工程中，再进一步分解到分部工程和分项工程中，如图 2-3 所示。

图 2-2　按施工成本组成分解

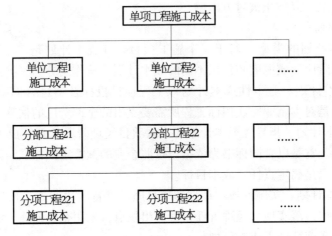

图 2-3　按项目组成分解

3）按施工进度编制施工成本计划的方法。通过对施工成本目标按时间进行分解，在网络计划基础上，可获得项目进度计划的横道图。在此基础上编制成本计划。其表示方式有两种：一种是在时标网络图上按月编制的成本计划，如图 2-4 所示；另一种是利用时间－成本累积曲线（S 形曲线）表示，如图 2-5 所示。

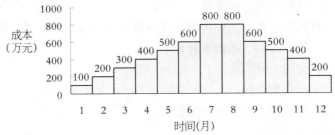

图 2-4　时标网络图上按月编制的成本计划

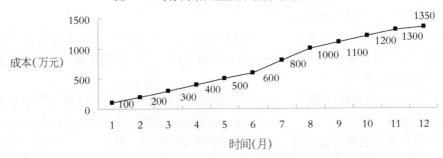

图 2-5　时间-成本累积曲线（S 形曲线）

（4）施工成本控制　详见任务实施。

【任务实施】

1. 施工成本控制的依据

施工成本控制的依据包括以下内容：

（1）工程承包合同　施工成本控制要以工程承包合同为依据，围绕降低工程成本目标，挖掘潜力以获得最大经济效益。

（2）施工成本计划　施工成本计划是根据施工项目的具体情况制订的施工成本控制方案，是施工成本控制的指导文件。

（3）进度报告　进度报告提供了工程实际完成量、工程施工成本实际支付情况等重要信息。通过实际情况与施工成本计划对比，找出差别，分析偏差产生的原因，采取措施改进。进度报告正是施工成本控制的基础内容。

（4）工程变更　工程变更一般包括设计变更、进度计划变更、施工条件变更、技术规范与标准变更、施工次序变更、工程量变更等。一旦出现变更，工程量、工期、成本都会发生变化，从而给施工成本控制带来困难。因此，施工成本管理人员应当对变更中各类数据进行计划、分析，判断变更可能带来的索赔额度等。

2. 施工成本控制的步骤

在确定了施工成本计划后，应采取比较、分析、预测、纠偏、检查等步骤确保施工成本控制目标的实现。

（1）比较　按照某种确定的方式将施工成本计划值与实际值逐项进行比较，以发现施工成本是否超支。

（2）分析　在比较的基础上，对比较的结果进行分析，以确定偏差产生的原因。分析是施工成本控制的核心，主要目的在于找出产生偏差的原因，从而采取有针对性的措施，减少或避免相同原因的再次发生或减少由此造成的损失。

（3）预测　按照项目实施情况估算整个项目完成时的施工成本。预测的目的在于为决策提供支持。

（4）纠偏　当工程项目的实际施工成本出现了偏差，应当根据工程的具体情况、偏差分析和预测的结果，采取适当的措施，尽可能减少施工成本偏差。纠偏是施工成本控制中最具实质性的步骤。只有通过纠偏，才能最终达到有效控制施工成本的目的。纠偏可采用组织措施、经济措施、技术措施和合同措施等。

（5）检查　检查是指对工程的进展进行跟踪和检查，及时了解工程进展状况以及纠偏措施的执行情况和效果，为今后的工作积累经验。

3. 施工成本控制的过程控制方法

施工项目的成本控制应伴随项目建设的进程渐次展开，要注意各个时期的特点和要求。

（1）施工前期的成本控制

1）工程投标阶段

①根据工程概况和招标文件，分析建筑市场和竞争对手的情况，进行成本预测，提出投标决策意见。

②中标以后，应根据项目的建设规模，组建与之相适应的项目经理部，同时以"标书"

为依据确定项目的成本目标，并下达给项目经理部。

2）施工准备阶段

①依据设计图纸和有关技术资料，对施工方法、施工顺序、作业组织形式、机械设备选型、技术组织措施等进行认真的研究分析，制订出科学先进、经济合理的施工方案。

②根据成本目标，以分部分项工程实物工程量为基础，结合劳动定额、材料消耗定额和技术组织措施的节约计划，在优化的施工方案的指导下，编制明细而具体的成本计划，并按照部门、施工队和班组的分工进行分解，并将作业部门、施工队和班组的责任成本落实，为今后的成本控制做好准备。

③间接费用预算的编制与落实。根据项目建设时间的长短和参加建设人数的多少，编制间接费用预算，并进行明细分解，以项目经理部有关部门（或业务人员）责任成本的形式落实下去，为今后的成本控制和绩效考评提供依据。

（2）施工阶段的成本控制　施工阶段是控制工程项目成本发生的主要阶段，其控制方法如下：

1）人工费的控制。人工费的控制可通过加强劳动定额管理、提高劳动生产率、降低工程耗用人工工日等手段来实现。

①制订先进合理的企业内部劳动定额，严格执行劳动定额，并将安全生产、文明施工及零星用工下达到作业队进行控制。全面推行全额计件的劳动管理办法和单项工程集体承包的经济管理办法，以不突破施工图预算人工费指标为控制目标，对各班组实行工资包干制度。认真执行按劳分配的原则，使职工个人所得与劳动贡献相一致，充分调动广大职工的劳动积极性，从根本上杜绝出工不出力的现象。把工程项目的进度、安全、质量等指标与定额管理结合起来，提高劳动者的综合能力。

②提高生产工人的技术水平和作业队的组织管理水平，根据施工进度、技术要求，合理搭配各工种工人的数量，减少和避免无效劳动。不断地改善劳动组织，创造良好的工作环境，改善工人的劳动条件，提高劳动效率。实行科学管理，提高管理效率，简化管理的中间环节。加强各专业的协调配合，避免因工序造成返工，引起人力资源的浪费。

③加强职工的技术培训和多种施工作业技能的培训，不断提高职工的业务技术水平和熟练操作程度，培养一专多能的技术工人，提高作业工效。提倡技术革新和推广新技术，提高技术装备水平，提高劳动生产率。

④实行弹性需求的劳务管理制度。对施工生产各环节的业务骨干和基本的施工力量，要保持相对稳定。对短期需要的施工力量，要做好预测、计划管理，通过企业内部的劳务市场及外部协作队伍进行调剂。严格做到项目部的定员随工程进度要求波动，进行弹性管理。要打破行业、工种界限，提倡一专多能，提高劳动力的利用效率。

2）材料费控制

①材料用量的控制。在保证符合设计要求和质量标准的前提下，合理使用材料，通过定额管理、计量管理等手段有效控制材料物资的消耗，具体方法如下：

a. 定额控制。对于消耗定额的材料，以消耗定额为依据，实行限额发料制度。在规定限额内分期分批领用，超过限额领用的材料，必须先查明原因，经过一定审批手续方可领料。

b. 指标控制。对于没有消耗定额的材料，则实行计划管理和按指标控制的办法。根据以往项目的实际耗用情况，结合具体施工项目的内容和要求，制订领用材料指标，以控制发料。超过指标的材料，必须经过一定的审批手续方可领用。

c. 计量控制。准确做好材料物资的收发计量检查和投料计量检查。

d. 包干控制。在材料使用过程中，对部分小型及零星材料根据工程量计算出所需材料量，将其折算成费用，由作业者包干控制。

②材料价格的控制。材料价格主要由材料采购部门控制。由于材料价格是由买价、运杂费、运输的合理损耗等所组成的，因此控制材料价格主要是通过掌握市场信息，应用招标和询价等方式控制材料、设备的采购价格。

施工项目的材料物资包括构成工程实体的主要材料和结构件，以及有助于工程实体形成的周转使用材料和低值易耗品。从价格角度看，材料物资的供应渠道和管理方式各不相同，所以控制的内容和所采取的控制方法也将有所不同。

3）施工机械使用费的控制。施工机械使用费主要从台班数量和台班单价来进行控制。

①控制台班数量

a. 根据施工方案和现场实际情况，选择适合项目施工特点的施工机械，制订设备需求计划，合理安排施工生产，充分利用现有机械设备，加强内部调配，提高机械设备的利用率。

b. 保证施工机械设备的作业时间，安排好生产工序的衔接，尽量避免停工窝工，尽量减少施工中所消耗的机械台班数量。

c. 核定设备台班定额产量，实行超产奖励办法，加快施工生产进度，提高机械设备单位时间的生产效率和利用率。

d. 加强设备租赁计划管理，减少不必要的设备闲置和浪费，充分利用社会闲置机械资源。

②控制台班单价

a. 加强现场设备的维修、保养工作，降低大修、经常性修理等各项费用的开支，提高机械设备的完好率，最大限度地提高机械设备的利用率。

b. 加强机械操作人员的培训工作，不断提高操作技能，提高施工机械台班的生产效率。

c. 加强配件的管理，建立健全配件领发制度，严格按油料定额控制油料消耗，达到修理有记录，消耗有定额，统计有报表，损耗有分析。通过经常分析总结，提高修理质量，降低配件消耗，减少修理费用的支出。

d. 降低材料成本，严格把关机械配件和工程材料采购关，尽量做到工程项目所进材料质优价廉。

e. 成立设备管理领导小组，负责设备调度、检查、维修、评估等具体事宜。对主要部件及其保养情况建立档案，分清责任，便于尽早发现问题，找到解决问题的方法。

4）施工分包费用的控制。分包工程价格的高低，必然对项目经理部的施工项目成本产生一定的影响。因此，施工项目成本控制的重要工作之一是对分包价格的控制。项目经理应在确定施工方案的初期就要确定分包的工程范围。决定分包范围的因素主要是施工项目的专业性和项目规模。对分包费的控制，主要是做好分包工程的询价、订立平等互利的分包合同、建立稳定的分包关系网络、加强分包验收和分包结算工作。

（3）竣工验收阶段的成本控制

1）精心安排，干净利落地完成工程竣工收尾工作。目前，很多工程一到竣工扫尾阶段，就把主要施工力量抽调到其他在建工程，以致扫尾工作拖拉严重，机械、设备无法转移，成本费用照常发生，使在建设阶段取得的经济效益逐步流失。因此，一定要精心安排，把竣工扫尾时间缩短到最低限度。

2）重视竣工验收工作，顺利交付使用。在验收以前，要准备好验收所需要的各种资料，对验收中提出的意见，应根据设计规范要求和合同内容认真处理。

3）及时办理工程结算。

4）在工程保修期间，应由项目经理指定保修工作的责任者，并责成保修责任者根据实际情况提出保修计划，以此作为控制保修费用的依据。

【提交成果】

完成此任务后，需提交成本管理计划文本。

任务2　施工费用偏差分析

【任务描述】

根据在建的建筑设备安装工程计划的各工作项目单价和计划完成的工作量，以及实际已完成的工作量及实际单价，进行建筑设备安装工程施工费用偏差的分析。

【实现目标】

通过建筑设备安装工程施工费用偏差分析，熟悉施工成本控制赢得值法的基本参数和评价指标，能分析偏差的原因，能运用横道图法、表格法和曲线法进行偏差分析。培养分析问题、解决问题的能力和科学严谨的工作态度。

【任务分析】

赢得值法作为一项先进的项目管理技术，可以克服过去进度、费用分开控制的缺点，可定量地判断进度、费用的执行效果，已被普遍应用于进行工程项目的费用、进度综合分析控制。进行建筑设备安装工程施工费用偏差分析，首先应计算已完工作预算费用、计划工作预算费用和已完工作实际费用等基本参数，在基本参数的基础上，确定赢得值法的四个评价指标，然后运用横道图法、表格法和曲线法表明各项工作的进展及偏差情况。

【教学方法建议】

虚拟建筑设备安装工程项目部各成员，分小组讨论完成。

【相关知识】

1. 偏差原因分析与纠偏措施

在工程项目的实际执行过程中，最理想的状态是已完工作实际费用、计划工作预算费用、已完工作预算费用三条曲线靠得很近、平稳上升，表示项目按预定计划目标进行。如果三条曲线离散度不断增加，则预示可能发生关系到项目成败的重大问题。

（1）偏差原因分析　偏差分析主要是找出引起偏差的原因，从而有可能采取有针对性的措施，减少或避免相同问题的再次发生。在进行偏差分析时，首先应将已经导致和可能导致偏差的各种原因逐一列举出来，对偏差原因进行归纳、总结，为该项目采取控制措施提供依据。

一般来说，产生费用偏差的原因有物价上涨、设计原因、业主原因、施工原因和客观原因，见表 2-1。

表 2-1　费用偏差原因分析表

费用偏差原因	物价上涨	人工涨价、材料涨价、设备涨价、利率汇率变化
	设计原因	设计错误、设计漏项、设计标准变化、设计保守、图纸提供不及时、其他
	业主原因	增加内容、投资规划不当、组织不落实、建设手续不全、协调不佳、未及时提供场地、其他
	施工原因	施工方案不当、材料代用、施工质量有问题、赶进度、工期拖延、其他
	客观原因	自然因素、基础处理、社会原因、法规变化、其他

（2）纠偏措施

1）寻找新的、更好更省的、效率更高的设计方案。

2）购买部分产品，而不是采用完全由自己生产的产品。

3）重新选择供应商，但会产生供应风险，选择需要时间。

4）改变实施过程。

5）变更工作范围。

6）索赔。

2. 施工成本分析

施工成本分析的基本方法包括比较法、因素分析法、差额计算法、比率法。

（1）比较法　比较法又称指标对比分析法，就是通过技术经济指标的对比，检查目标的完成情况，分析产生差异的原因，进而挖掘内部潜力的方法。比较法的应用主要有以下三种形式：

1）将实际指标与目标指标对比。以此检查目标完成情况，分析影响目标完成的积极因素和消极因素，以便及时采取措施，保证成本目标的实现。在进行实际指标与目标指标对比时，还应注意目标本身有无问题。如果目标本身出现问题，则应调整目标，重新正确评价实际工作的成绩。

2）本期实际指标与上期实际指标对比。通过本期实际指标与上期实际指标对比，可以看出各项技术经济指标的变动情况，反映施工管理水平的提高程度。

3）与本行业平均水平、先进水平对比。通过这种对比，可以反映本项目的技术管理与行业的平均水平和先进水平的差距，进而采取措施提高本项目水平。

（2）因素分析法　因素分析法又称连环置换法。这种方法可用来分析各种因素对成本的影响程度。在进行分析时，首先要假定众多因素中的一个因素发生了变化，而其他因素则不变，然后逐个替换，分别比较其计算结果，以确定各个因素的变化对成本的影响程度。因素分析法的计算步骤如下：

1）确定分析对象，并计算出实际与目标数的差异。

2）确定该指标是由哪几个因素组成的，并按其相互关系进行排序。

3）以目标数为基础，将各因素的目标数相乘，作为分析替代的基数。

4）将各个因素的实际数按照上面的排列顺序进行替换计算，并将替换后的实际数保留下来。

5）将每次替换计算所得的结果，与前一次的计算结果相比较，两者的差异即为该因素对成本的影响程度。

6）各个因素的影响程度之和，应与分析对象的总差异相等。

（3）差额计算法　差额计算法是因素分析法的一种简化形式，它利用各个因素的目标值与实际值的差额来计算其对成本的影响程度。

（4）比率法　比率法是指用两个以上指标的比例进行分析的方法。其基本特点是先把对比分析的数值变成相对数，再观察其相互之间的关系。

3. 综合成本的分析方法

综合成本是指涉及多种生产要素，并受多种因素影响的成本费用，如分部分项工程成本、月（季）度成本、年度成本等。做好综合成本分析，将促进项目的生产经营管理，提高项目的经济效益。

（1）分部分项工程成本分析　分部分项工程成本分析是施工项目成本分析的基础。分部分项工程成本分析的对象为已完成分部分项工程，尤其是主要的分部分项工程，必须进行成本分析。分析的方法是进行预算成本、目标成本和实际成本的三算对比，分别计算实际偏差和目标偏差，分析偏差产生的原因，为今后的分部分项工程成本寻求节约途径。

（2）月（季）度成本分析　月（季）度成本分析是施工项目定期的、经常性的中间成本分析。通过月（季）度成本分析，可以及时发现问题，按照成本目标指定的方向进行监督和控制，保证项目成本目标的实现。

（3）年度成本分析　企业成本要求一年结算一次，不得将本年度成本转入下一年度。而项目成本则以项目的寿命周期为结算期，要求从开工到竣工直至保修期结束连续计算，最后结算出成本总量及其盈亏。通过年度成本的综合分析，总结一年来成本管理的成绩和不足，为今后的成本管理提供经验和教训，从而对项目成本进行更有效的管理。

（4）竣工成本分析　凡是有多个单位工程而且是单独进行成本核算的施工项目，其竣工成本分析应以各单位工程竣工成本分析资料为基础，再加上项目经理部的经营效益进行综合分析。如果施工项目只有一个成本核算对象，就以该成本核算对象的竣工成本资料作为成本分析的依据。

【任务实施】

1. 施工成本控制赢得值法

施工成本控制赢得值法是到目前为止，国际上先进的工程公司进行工程项目的费用、进度综合分析普遍采用的控制方法。用赢得值法进行费用、进度综合分析控制，其基本参数有已完工作预算费用、计划工作预算费用和已完工作实际费用三项。

赢得值法费用、进度分析案例

（1）基本参数

1）已完工作预算费用（BCWP）。已完工作预算费用是指在某一时间已经完成的工作（部分工作），以批准认可的预算为标准所需要的资金总额，由于业主正是根据这个值为承包人完成的工作量支付相应的费用，也就是承包人获得（挣得）的金额，故又称赢得值或挣值。

$$已完工作预算费用 = 已完工程量 \times 预算单价$$

2）计划工作预算费用（BCWS）。计划工作预算费用是指根据进度计划，在某一时刻应当完成的工作（部分工作），以预算为标准所需要的资金总额。一般来说，除非合同有变更，否则计划工作预算费用在工程实施过程中应保持不变。

$$计划工作预算费用 = 计划工作量 \times 预算单价$$

3）已完工作实际费用（ACWP）。已完工作实际费用是指到某一时刻为止，已完成的工作（部分工作）所实际花费的总金额。

$$已完工作实际费用 = 已完成工作量 \times 实际单价$$

（2）评价指标

1）费用偏差（CV）。

$$费用偏差 = 已完工作预算费用 - 已完工作实际费用$$

当费用偏差为负值时，即表示项目运行超出预算费用；当费用偏差为正值时，即表示项目运行节支，实际费用没有超出预算费用。

2）进度偏差（SV）。

$$进度偏差 = 已完工作预算费用 - 计划工作预算费用$$

当进度偏差为负值时，即表示实际进度落后于计划进度，进度延误；当进度偏差为正值时，即表示实际进度快于计划进度，进度提前。

3）费用绩效指数（CPI）。

$$费用绩效指数 = 已完工作预算费用/已完工作实际费用$$

当费用绩效指数 <1 时，表示超支，即实际费用高于预算费用。

当费用绩效指数 >1 时，表示节支，即实际费用低于预算费用。

4）进度绩效指数（SPI）。

$$进度绩效指数 = 已完工作预算费用/计划工作预算费用$$

当进度绩效指数 <1 时，表示进度延误，即实际进度比计划进度拖后。

当进度绩效指数 >1 时，表示进度提前，即实际进度比计划进度快。

费用（进度）偏差反映的是绝对偏差，结果直观，有助于费用管理人员了解项目费用出现偏差的绝对数额，并据此采取一定措施，制订或调整费用支出计划和资金筹措计划。但绝对偏差具有局限性，因为费用偏差对于总费用不同的项目而言，严重性是不同的。因此，费用（进度）偏差仅适合于对同一项目做偏差分析。

费用（进度）绩效指数反映的是相对偏差，它不受项目层次的限制，也不受项目实施时间的限制，因而在同一项目和不同项目比较中均可采用。

2. 偏差分析的表达方法

偏差分析常用横道图法、表格法和曲线法表示。

（1）横道图法 用横道图法进行费用偏差分析，是用不同的横道标识已完工作预算费用、计划工作预算费用和已完工作实际费用，横道的长度与其金额成正比，如图 2-6 所示。横道图法形象、直观，能够表达出费用的绝对偏差和偏差的严重性。但这种方法信息量少，一般在项目的较高管理层应用。

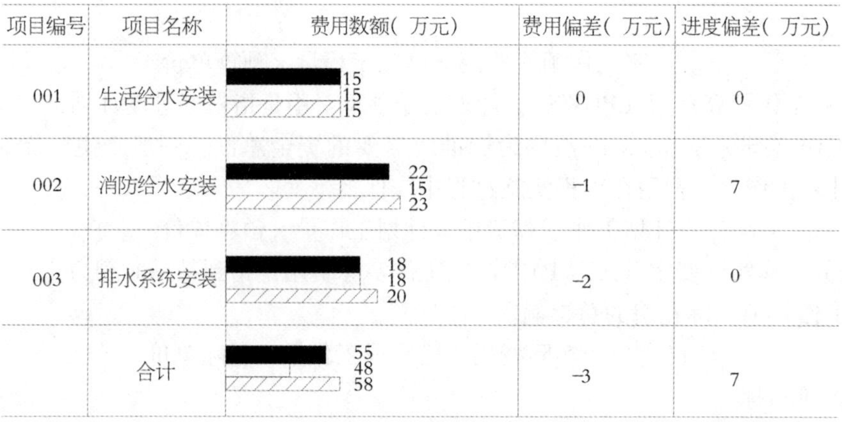

项目编号	项目名称	费用数额（万元）	费用偏差（万元）	进度偏差（万元）
001	生活给水安装	15 / 15 / 15	0	0
002	消防给水安装	22 / 15 / 23	−1	7
003	排水系统安装	18 / 18 / 20	−2	0
	合计	55 / 48 / 58	−3	7

图 2-6　费用偏差分析的横道图法

■—已完工作预算费用　□—计划工作预算费用　▨—已完工作实际费用

（2）表格法　表格法是进行偏差分析最常用的方法，它将项目编号、名称、各费用参数以及费用偏差数综合归纳在一张表格中，并且直接在表格中进行比较，见表 2-2。表格法灵活、适用性强。可根据实际需要，进行增减项。表格中信息量大，有利于费用控制人员采取针对性措施。表格处理可借助于计算机，节约大量数据处理所需人力，并提高数据处理的速度。

表 2-2　费用偏差分析表

项目编号		001	002	003
项目名称	计算方法	生活给水安装	消防给水安装	排水系统安装
计划工作预算费用	(1)	15	15	18
已完工作预算费用	(2)	15	22	18
已完工作实际费用	(3)	15	23	20
费用局部偏差	(4) = (2) − (3)	0	−1	−2
费用绩效指数	(5) = (2)/(3)	1	0.96	0.90
费用累计偏差	(6)		−3	
进度局部偏差	(7) = (2) − (1)	0	7	0
进度绩效指数	(8) = (2)/(1)	1	1.47	1
进度累计偏差	(9)		7	

（3）曲线法

在项目实施过程中，计划工作预算费用、已完工作预算费用、已完工作实际费用三个参数可以绘制成三条曲线，如图 2-7 所示。

图中：CV = 已完工作预算费用 $BCWP$ − 已完工作实际费用 $ACWP$，两项参数之差反映项目进展的费用偏差。

SV = 已完工作预算费用 $BCWP$ − 计划工作预算费用 $BCWS$，两项参数之差能反映项目进展的进度偏差。

BAC 表示项目完工预算，指编计划时预计的项目完工费用。

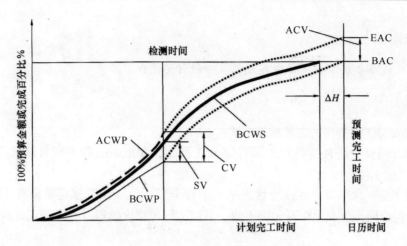

图 2-7　赢得值法评价曲线

EAC 表示预测的项目估算，指计划执行过程中根据当前的进度、费用偏差情况预测的项目完工总费用。

ACV 表示预测项目的费用偏差，ACV = BAC − EAC

【提交成果】

完成此任务后，需提交各项工作的进展及偏差情况的横道图、表格和曲线。

任务 3　工程费用结算

【任务描述】

根据在建的建筑设备安装工程施工合同、施工图及完成的工程量，进行工程费用的结算。

【实现目标】

通过建筑设备安装工程费用结算，熟悉建筑设备安装工程价款的结算方式，熟悉工程价款的结算要求，能根据完成的工程量进行建筑设备安装工程费用的结算。

【任务分析】

建筑安装工程费用的结算是一级建造师的考试内容，进行工程费用结算时，应依据施工合同规定的额度，正确计算工程预付款数额。当合同对工程预付款没有约定时，按照财政部、建设部印发的《建设工程价款结算暂行办法》的规定办理。根据承包商每月实际完成并经监理工程师签证确认的工程量，计算每月的工程价款。承包人应在每个付款周期期末，向发包人递交进度款支付申请，并附相应的证明文件。发包人收到承包人递交的工程进度款支付申请及相应的证明文件后，发包人应在合同约定时间内核对和支付工程进度款。发包人应扣回的工程预付款，与工程进度款同期结算抵扣。

【教学方法建议】

虚拟建筑设备安装工程项目部各成员，分组讨论完成。

【相关知识】

1. 建筑安装工程费用的主要结算方式

（1）按月结算　按月结算即先预付部分工程款，在施工过程中按月结算工程进度款，竣工后进行竣工结算。

（2）竣工后一次结算　建设项目或单项工程全部建筑安装工程建设期在 12 个月以内，或者工程承包合同价值在 100 万元以下的，可以实行工程价款每月月中预支，竣工后一次结算。

（3）分段结算　分段结算即当年开工，当年不能竣工的单项工程或单位工程按照工程形象进度，划分不同阶段进行结算。分段结算可以按月预支工程款。

（4）结算双方约定的其他结算方式。

2. 工程预付款

工程预付款是建设工程施工合同订立后由发包人按照合同约定，在正式开工前预先支付给承包人的工程款。它是施工准备和所需要材料、构件等流动资金的主要来源。在《建设工程施工合同（示范文本）》中，对有关工程预付款做了如下约定："实行工程预付款的，双方应当在专用条款内约定发包人向承包人预付工程款的时间和数额，开工后按约定的时间和比例逐次扣回。预付时间应不迟于约定的开工日期前 7 天。发包人不按约定预付，承包人在约定预付时间 7 天后向发包人发出要求预付的通知，发包人收到通知后仍不能按要求预付，承包人可在发出通知后 7 天停止施工，发包人应从约定应付之日起向承包人支付应付款的贷款利息，并承担违约责任。"

工程预付款的额度，主要保证施工所需材料和构件的正常储备。发包人根据工程的特点、工期长短、市场行情、供求规律等因素，招标时在合同条件中约定工程预付款的百分比。

发包人支付给承包人的工程预付款其性质是预支。随着工程进度的推进，拨付的工程进度款数额不断增加，工程所需主要材料、构件的用量逐渐减少，原已支付的预付款应以抵扣的方式予以扣回。

3. 工程进度款的支付

《建设工程施工合同（示范文本）》关于工程款支付也做了相应的约定："在确认计量结果后 14 天内，发包人应向承包人支付工程款"。"发包人超过约定的支付时间不支付工程款，承包人可向发包人发出要求付款的通知，发包人接到承包人通知后仍不能按要求付款，可与承包人协商签订延期付款协议，经承包人同意后可延期支付。协议应明确延期支付的时间和从计量结果确认后第 15 天起计算应付款的贷款利息。""发包人不按合同约定支付工程款，双方又未达成延期付款协议，导致施工无法进行，承包人可停止施工，由发包人承担违约责任"。

4. 竣工结算

工程竣工验收报告经发包人认可后 28 天内，承包人向发包人递交竣工结算报告及完整的结算资料，双方按照协议书约定的合同价款及专用条款约定的合同价款调整内容，进行工程竣工结算。专业监理工程师审核承包人报送的竣工结算报表；总监理工程师审定竣工结算报表；与发包人、承包人协商一致后，签发竣工结算文件和最终的工程款支付证书。

发包人收到承包人递交的竣工结算报告结算资料后 28 天内进行核实，给予确认或者提出修改意见。发包人确认竣工结算报告后通知经办银行向承包人支付竣工结算价款。承包人收到竣工结算价款后 14 天内将竣工工程交付发包人。

【任务实施】

1）熟悉施工合同的内容。

2）根据合同规定，计算工程预付款。

3）根据承包商每月实际完成并经监理工程师签证确认的工程量，计算每月的工程价款。

4）填写工程款支付申请表。

案例： 某项工程业主与承包商签订了工程施工合同，合同中含两个子项工程，估算工程量甲项为 2300m³，乙项为 3200m³，经协商合同价甲项为 180 元/m³，乙项为 160 元/m³。承包合同规定：

1）开工前业主应向承包商支付合同价 20% 的预付款。

2）业主自第一个月起，从承包商的工程款中，按 5% 的比例扣留滞留金。

3）当子项工程实际工程量超过估算工程量的 10% 时，可进行调价，调整系数为 0.9。

4）根据市场情况规定价格调整系数，平均按 1.2 计算。

5）监理工程师签发付款最低金额为 25 万元。

6）预付款在最后两个月扣除，每月扣 50%。承包商各月实际完成并经监理工程师签证确认的工程量见表 2-3。

表 2-3　承包商每月实际完成并经监理工程师签证确认的工程量

月份	1	2	3	4
甲项/m³	500	800	800	600
乙项/m³	700	900	800	600

第一个月工程量价款为 $(500 \times 180 + 700 \times 160)$ 万元 = 20.2 万元

应签证的工程款为 $[20.2 \times 1.2 \times (1 - 5\%)]$ 万元 = 23.028 万元

由于合同规定监理工程师签发的最低金额为 25 万元，故本月监理工程师不予签发付款凭证。

问题：

（1）预付款是多少？

（2）从第二个月起每月工程价款是多少？监理工程师应签证的工程款是多少？实际签发的付款凭证金额是多少？

解：

（1）预付款金额为 $[(2300 \times 180 + 3200 \times 160) \times 20\%]$ 万元 = 18.520 万元

（2）第二个月：

工程量价款为$(800 \times 180 + 900 \times 160)$万元$= 28.800$万元

应签证的工程款为$[28.800 \times 1.2 \times (1-5\%)]$万元$= 32.832$万元

本月实际签发的付款凭证金额为$(23.028 + 32.832)$万元$= 55.860$万元

（3）第三个月：

工程量价款为$(800 \times 180 + 800 \times 160)$万元$= 27.200$万元

应签证的工程款为$[27.200 \times 1.2 \times (1-5\%)]$万元$= 31.008$万元

该月应支付的净金额为$(31.008 - 18.520 \times 50\%)$万元$= 21.748$万元

由于未达到最低结算金额，故本月监理工程师不予签发付款凭证。

（4）第四个月：

甲项工程累计完成工程量为$2700 \mathrm{m}^3$，较估计工程量$2300 \mathrm{m}^3$差额大于10%。

$[2300 \times (1+10\%)] \mathrm{m}^3 = 2530 \mathrm{m}^3$

超过10%的工程量为$(2700 - 2530) \mathrm{m}^3 = 170 \mathrm{m}^3$

其单价应调整为(180×0.9)元$/\mathrm{m}^3 = 162$元$/\mathrm{m}^3$

故甲项工程量价款为$[(600-170) \times 180 + 170 \times 162]$万元$= 10.494$万元

乙项累计完成工程量为$3000 \mathrm{m}^3$，与估计工程量相差未超过10%，故不予调整。

乙项工程价款为(600×160)万元$= 9.600$万元

本月完成甲、乙两项工程量价款为$(10.494 + 9.600)$万元$= 20.094$万元

应签证的工程款为$[20.094 \times 1.2 \times (1-5\%) - 18.520 \times 50\%]$万元$= 13.647$万元

本月实际签发的付款凭证金额为$(21.748 + 13.647)$万元$= 35.395$万元

【提交成果】

完成此任务后，需提交工程款计算过程和工程款支付申请表（见附表12）。

练 习 题

2.1【背景材料】

某工程项目合同工期为60天。由于该项目急于投入使用，在合同中规定，工期每提前或拖后一天，奖罚5000元。施工单位按时提交了施工方案和施工进度计划（如图2-8所示），并得到建设单位的同意。在实际施工过程中，发生了如下事件：

事件1：在房屋主体施工中，由于机械故障，房屋主体施工延长3天。

事件2：在敷设电缆时，由于施工单位购买的电缆质量不合格，建设单位令施工单位重新购买合格电缆。由此造成敷设电缆施工延长5天，材料损失费为1.0万元。

事件3：鉴于该工程工期较紧，施工单位在安装设备过程中加快了进度，使安装设备施工缩短3天，该项技术措施费为0.8万元。

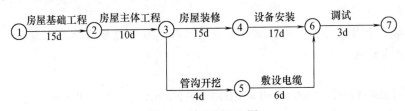

图2-8 练习题2.1图

【问题】

在上述事件中，施工方可以就哪些事件向建设单位提出工期补偿和费用补偿要求？为什么？

2.2【背景材料】

某安装工程项目施工合同价为 500 万元，合同工期为 6 个月，施工合同规定如下：

1）开工前业主向施工单位支付合同价 20% 的预付款。

2）业主自第一个月起，从施工单位的应得工程款中按 10% 的比例扣保留金，保留金限额暂定为合同价的 5%，保留金到第三个月底全部扣完。

3）预付款在最后两个月扣除，每月扣除 50%。

4）工程进度款按月结算，不考虑调价。

5）业主供料价款在发生当月的工程款中扣回。

6）经业主签认的施工进度计划和实际完成产值见表 2-4。

表 2-4 施工进度计划和实际完成产值表

时间（月）	1	2	3	4	5	6
计划完成产值	70	80	90	100	80	80
实际完成产值	70	70	90			
业主供料价款	10	12	15			

该工程进入第四个月时，由于业主资金困难，合同被迫终止。为此施工单位提出以下费用索赔要求：施工现场存有为本工程购买的特殊材料，计 50 万元；因设备撤回基地发生费用 10 万元；人员遣返费用 8 万元。

【问题】

1）该工程的工程预付款为多少万元？应扣留的保留金为多少万元？

2）第一个月至第三个监理工程师各月签证的工程款是多少？应签发的付款凭证金额是多少万元？

3）合同终止后施工单位提出的补偿要求是否合理？业主应补偿多少万元？

2.3【背景材料】

某工程项目施工采用了包工包全部材料的固定价格合同。工程开工后，一个关键工作面上由于以下原因造成临时停工：5 月 12 日至 5 月 18 日承包商的施工设备出现了故障；应于 5 月 15 日交给承包商的后续图纸直到 6 月 2 日才交给承包商；5 月 30 日到 6 月 4 日施工现场下了特大暴雨，造成 6 月 3 日到 6 月 6 日该地区的供电全面中断。

【问题】

由于几种情况的暂时停工，承包商在 6 月 5 日向监理工程师提交了延长工期 28 天，成本损失费 2 万元/天（此费率已经监理工程师批准）和利润损失费 0.2 万元/天的索赔要求，共计索赔款 61.6 万元。承包商的索赔要求是否合理？为什么？

2.4【背景材料】

某工程项目业主与承包商签订了工程施工合同，合同工期为 4 个月，按月结算，合同中结算工程量为 20000m²，合同价为 100 元/m²。承包合同规定：

1）开工前，业主应向承包商支付合同价 20% 的预付款，预付款在合同期的最后两个月扣除,每月扣除50%。

2)保留金为合同价的5%,从第一个月起按结算工程款的10%扣除,扣完为止。

3)当实际累计工程量超过计划工程量的15%时,应对单价进行调价,调整系数为0.9。

4)根据市场情况,调价系数见表2-5。

表2-5　工程调价系数

月份	1	2	3	4
调价	110%	100%	110%	110%

5)各月计划工程量与实际工程量见表2-6,承包商每月实际完成工程量已经监理工程师签证确认。

表2-6　各月计划工程量与实际工程量表

月份	1	2	3	4
计划工程量	5000	5000	6000	4000
实际工程量	4000	5000	6000	5000

【问题】

1)该工程的工程预付款是多少?

2)该工程的保留金是多少?

3)承包商每月获得工程款金额是多少?

2.5【背景材料】

某工程项目进展到第8周后,对前7周的工作进行了统计检查,有关统计情况见表2-7。

表2-7　统计情况表

工作代号	计划完成预算成本/元	已完成工作(%)	实际发生成本/元
A	420000	100	425200
B	308000	80	246800
C	230880	100	254034
D	280000	100	280000

【问题】

1)计算前7周每项工作的已完成工作的预算成本,计算7周末的合计实际发生成本和计划完成预算成本。

2)计算7周末的费用偏差与进度偏差。

3)计算7周末的费用绩效指数与进度绩效指数,并分析成本和进度情况。

项目三　施工进度控制

许多的工程项目，特别是大型重点建设项目，普遍存在工期短、施工方的工程进度压力大的特点。数百天的连续施工、一天两班制，甚至三班制连续施工时有发生。不正常有序地施工，盲目加快施工进度，难免会导致施工质量问题和施工安全问题的发生，并且会增加施工成本。因此，施工进度控制不仅关系到施工进度目标能否实现，还直接关系到工程的质量和成本。在工程实践中，必须坚持在确保工程质量的前提下，控制工程的进度。

任务1　编制施工作业计划、签发施工任务书

【任务描述】

根据建筑设备安装工程的工程量和施工进度计划，编制施工作业计划并签发施工任务书。

【实现目标】

通过完成编制施工作业计划、签发施工任务书，熟悉施工作业计划及施工任务书的内容，能根据施工进度计划编制作业计划，能根据施工作业计划签发施工任务书，能准确填写施工作业计划及施工任务书表格。

【任务分析】

为了实现施工进度计划，将规定的任务结合现场施工条件和施工现场的情况、劳动力和机械等资源条件和施工的实际进度，在施工开始前和施工过程中不断地编制月（旬）作业计划，使施工计划更具体。月（旬）作业计划包括月计划和旬计划。月计划应包括项目月计划表、材料配置计划表和劳动力配置计划表。旬计划只编制详细进度计划。

施工任务书是向班组贯彻作业计划的有效形式。施工任务书是向班组下达任务，实行责任承包、全面管理和原始记录的综合性文件。通过任务书可以把生产计划、质量、安全、降低成本、进度等各种技术经济指标分解为班组指标，并将其落实到班组和个人，达到高速度、高工效、低成本的要求。

【教学方法建议】

分小组采用角色扮演法，各组成员由施工单位施工员、定额员和班组长组成。

【相关知识】

流水施工是应用流水线生产的基本原理，结合建筑设备工程的特点，科学地安排施工生产活动的一种组织方式。建筑设备工程的流水施工与工业生产中的流水线生产虽然相似，但

不同的是，工业生产中各个工件在流水线上，从前一工序向后一工序流动，生产者是固定的；而建筑设备工程施工中各个施工对象是固定的，专业施工班组由前一个施工段向后一个施工段流动，增加了组织管理的复杂性。

一、流水施工的概念

流水施工
知识视频

建筑设备工程施工中，常用的施工组织方式有：依次施工、平行施工和流水施工。现以设备安装为例，采用上述三种方式组织施工进行效果分析。

例如某安装工程，有 4 台型号、规格均相同的设备需要安装，每台设备有 4 个施工过程：二次搬运 12 人 2 天、现场组对 8 人 1 天、安装就位 8 人 3 天、调试运行 5 人 1 天。每一台设备为一个施工段。现分别采用依次施工、平行施工和流水施工方式组织施工。

1. 依次施工

依次施工是各施工段或施工过程依次开工，依次完成的一种施工组织方式。施工时通常有两种安排，一是按设备（或施工段）依次施工，二是按施工过程依次施工。

（1）按设备（或施工段）依次施工　这种方式是在一台设备各施工过程完成后，再依次完成其他设备各施工过程的方式。其进度安排如图 3-1 所示。图中进度表下的曲线为劳动力消耗动态图，其纵坐标为每天施工人数，横坐标为施工进度。

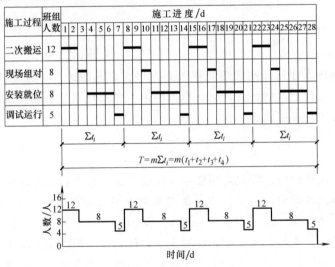

图 3-1　依次施工（按设备或施工段）

若用 t_i 表示完成一台设备某施工过程所需持续时间，则完成该台设备各施工过程所需的时间为 $\sum t_i$，完成 m 台设备所需的时间为

$$T = m \sum t_i \tag{3-1}$$

式中　m——设备台数（或施工段数）；

$\quad t_i$——完成一台设备某施工过程所需时间；

$\quad \sum t_i$——完成一台设备各施工过程所需时间之和；

$\quad T$——完成 m 台设备所需时间。

（2）按施工过程依次施工　这种方式是在完成每台设备的第一个施工过程后，再开始第二个施工过程的施工，直至完成最后一个施工过程的方式。其施工进度安排如图 3-2 所示。按施工过程依次施工方式完成 m 台设备所需总时间与前一种方式相同，但每天所需的劳动力消耗不同。

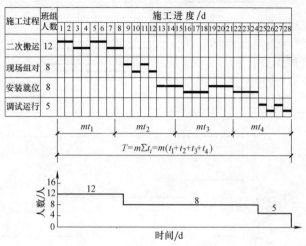

图 3-2 依次施工（按施工过程）

依次施工的优点是单位时间内投入的劳动力和物资资源较少，施工现场管理简单，便于组织和安排。当工程规模较小、施工作业面有限时，可采用此种方式。但这种方式，工期较长，不能充分利用时间和空间，在组织安排上不尽合理，不利于提高工程质量和劳动生产率。

2. 平行施工

平行施工是指全部工程任务的各施工段同时开工、同时完成的一种施工组织方式。其施工进度安排和劳动力消耗曲线如图 3-3 所示。

从图 3-3 可知，完成 4 台设备所需时间等于完成一台设备的时间，即

$$T = \sum t_i \tag{3-2}$$

平行施工的优点是能充分利用工作面，施工工期短。但施工班组数成倍增加，机具设备、材料供应集中，现场临时设施增加，造成组织安排和施工管理困难，增加施工管理费用。工程结束后若没有后续的工程任务，各施工班组可能出现工人窝工现象。平行施工适用于工期要求紧、大规模的建筑群及分期分批组织施工的工程任务。这种方式只有在各方面的资源有保障的前提下才是合理的。

3. 流水施工

流水施工是指所有施工过程按一定的时间间隔依次进行，各个施工过程陆续开工、陆续竣工，使同一施工过程的施工班组保持连续、均衡进行，不同的施工过程尽可能平行搭接施工的方式。图 3-4 为流水施工进度安排及劳动力消耗动态图。

从图 3-4 可知，流水施工所需的总时间比依次施工短，各施工过程投入的劳动力比平行施工少，各施工班组能连续均衡地施工，前后施工过程尽可能平行搭接，比较充分地利用了施工工作面。

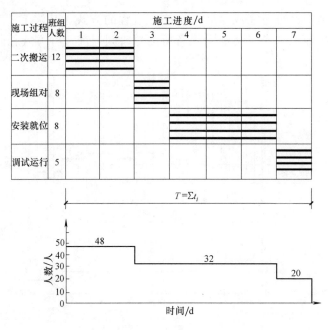

图 3-3　平行施工

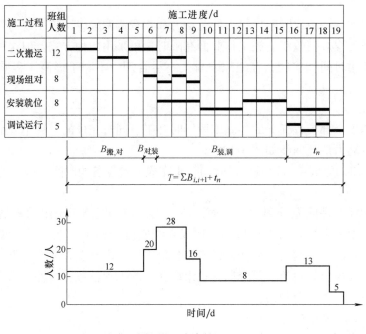

图 3-4　流水施工

二、流水施工的基本参数

流水施工是在研究工程特点和施工条件的基础上，通过一系列的参数来描述施工进度计划的特征。流水施工的主要参数按其性质的不同分为工艺参数、空间参数和时间参数。

1. 工艺参数

工艺参数是指参与流水施工的施工过程数目，以符号"n"表示。

　　施工过程可以是一道工序，也可以是一个分项工程，如照明配电箱的安装、探测器的安装。施工过程划分的数目多少、粗细程度一般与下列因素有关：

　　（1）施工进度计划的性质和作用　当编制控制性施工进度计划时，施工过程划分可粗些，一般只列出分部工程名称，如给水排水及采暖工程、通风与空调工程、建筑电气工程、智能建筑工程和电梯工程等。当编制实施性施工进度计划时，施工过程划分可细一些，将分部工程划分为若干个子分部工程或分项工程，如电气照明安装分解为照明配管、配线、照明配电箱、灯具、开关插座安装等。

　　（2）施工方案及工程结构　通风系统和空调系统风管安装，如同时施工，可合并为一个施工过程；如先后施工，则可划分为两个施工过程。如安装高塔设备，采用空中组对焊接或地面组焊整体吊装的施工方法不同，施工过程的先后顺序、数目也不同。

　　（3）劳动组织与劳动量的大小　施工过程的划分与施工习惯有关。如管道除锈、刷漆施工，可合也可分，因有些班组是混合班组，有些班组是单一工种班组，凡是同一时期由同一班组进行施工的施工过程可合并在一起，否则应分列。施工过程的划分还与劳动量的大小有关，劳动量小的施工过程，组织流水施工有困难，可与其他施工过程合并。如室外排水管道安装时，垫层劳动量较小，可与挖土合并为一个施工过程，便于组织流水施工。

　　（4）劳动内容和范围　施工过程的划分与劳动内容和范围有关。如直接在工程对象上进行的劳动过程，可以划入流水施工过程，而场外劳动内容，如预制加工、运输等，可以不划入施工过程。

　　建筑设备工程常用施工过程及施工工艺流程如图3-5～图3-11所示。

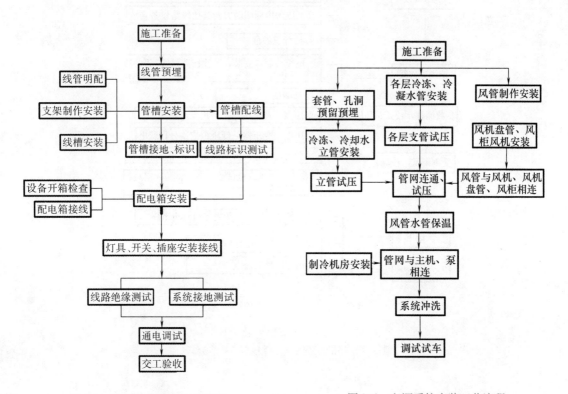

图 3-5　照明系统安装工艺流程　　　　　　图 3-6　空调系统安装工艺流程

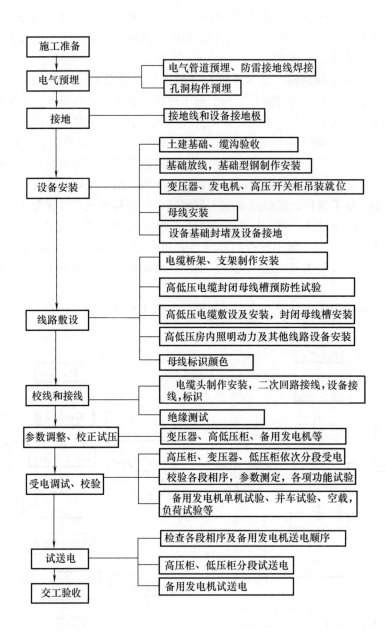

图 3-7　高低压变配电系统安装工艺流程

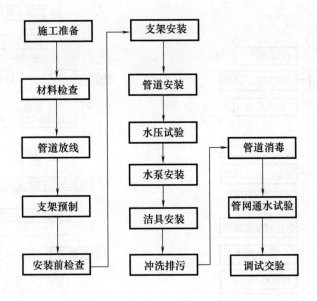

图 3-8 给水系统施工工艺流程

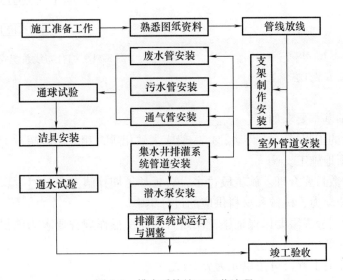

图 3-9 排水系统施工工艺流程

2. 空间参数

空间参数包括施工段和工作面。

（1）施工段 组织流水施工时，拟建工程在平面上或空间上划分成若干个劳动量大致相等的施工区段，称为施工段，用"*m*"表示。

划分施工段的目的是为了组织流水施工，为施工班组确定合理的空间或平面活动的范围，使其依次、连续地完成各施工段的任务，保证不同的施工班组能在不同的施工段上同时进行施工，消除等待、停歇现象，达到缩短工期的目的，又互不干扰。

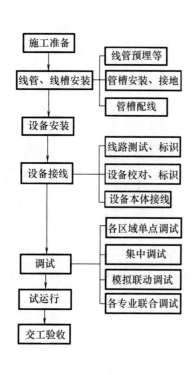

图3-10　公共广播及消防广播
　　　　系统安装工艺流程

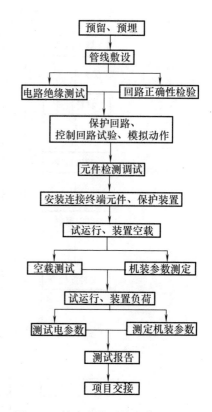

图3-11　综合布线系统安装工艺流程

施工段划分的基本要求如下：

1）各施工段的工程量（或劳动量）一般应大致相等，相差不宜超过15%，以保证各施工班组连续、均衡地施工。

2）施工段的数目要合理。施工段过多，会延长工期；施工段数过少，不利于充分利用工作面，会引起劳动力、机械和材料供应的过分集中。

3）施工段的划分界限要以保证施工质量且不违反操作规程要求为前提。一般可按下述情况划分施工段的部位：

①单元式的住宅工程，可按单元为界分段。

②给水排水管线等按长度方向延伸的工程，可按一定长度作为一个施工段。

③较大型的设备，可以一台设备作为一个施工段。

④多幢同类型建筑，可以一幢房屋作为一个施工段。

（2）工作面　工作面是表明施工对象上可能安置操作人员数量或布置施工机械场所的大小。通常前一个施工过程的结束就为后一个（或几个）施工过程提供了工作面。每个作业人员或每台机械所需工作面的大小是根据相应工种单位时间内的产量定额、建筑安装操作规程、安全规程等要求确定的。

3. 时间参数

时间参数一般有流水节拍、流水步距和工期等。

（1）流水节拍　流水节拍是指从事某一施工过程的施工班组在一个施工段上完成施工任务所需的时间，用符号 t_i 表示（$i=1, 2, 3\cdots$）。

流水节拍的大小直接关系到投入的劳动力、材料和机械的多少，决定着施工进度和节奏。确定流水节拍可按以下方法进行：

1）定额计算法：根据现有能够投入的资源（劳动力、机械台数和材料量）按下式计算确定。

$$t_i = \frac{P_i}{R_i b} = \frac{Q_i}{S_i R_i b} \tag{3-3}$$

或

$$t_i = \frac{P_i}{R_i b} = \frac{Q_i H_i}{R_i b} \tag{3-4}$$

式中　t_i——某施工过程的流水节拍；

$\quad Q_i$——某施工过程在某施工段上的工程量；

$\quad S_i$——某施工过程的每工日（或每台班）产量定额；

$\quad R_i$——某施工过程的施工班组人数或机械台数；

$\quad P_i$——在一个施工段上完成某施工过程所需的劳动量（工日数）或机械台班量（台班数）；

$\quad b$——每天工作班制；

$\quad H_i$——某施工过程采用的时间定额。

2）工期计算法：在规定日期内必须完成的工程项目，可采用此法。具体步骤如下：

①根据工期，按经验估算出各分部工程所需的施工时间。

②根据分部工程估算出的时间确定各施工过程的时间，然后根据式（3-3）或式（3-4）计算出各施工过程所需的人数或机械台数。但该情况下必须检查劳动力和工作面及机械供应的可能性，否则就需要采用增加工作班次的方法来调整解决。

3）确定流水节拍的要点

①施工班组人数应符合施工过程最少劳动组合人数的要求。

②要考虑工作面的大小。

③要考虑各种材料、设备等施工现场堆放量、供应能力及其他相关条件的制约。

④确定一个分部工程各施工过程流水节拍时，首先应考虑主要的、工程量大的施工过程的节拍。

⑤节拍值一般取整数，必要时可保留 0.5 天（台班）的最小数值。

（2）流水步距　流水施工中，相邻两个施工过程（或施工班组）先后开始进入同一施工段施工的时间间隔，称为流水步距。通常用 $B_{i,i+1}$ 表示。流水步距的大小对工期有着较大的影响。在施工段不变的条件下，流水步距越大，工期越长；流水步距越小，则工期越短。流水步距的数目等于（$n-1$）个参加流水施工的施工过程数。

1）确定流水步距的基本要求

①满足技术间歇的要求。有些施工过程完成后，后续施工过程不能立即投入作业，必须有足够的时间间歇，如设备基础施工，在浇筑混凝土后，必须经过一定的养护时间，使基础达到一定强度后才能进行设备安装。技术间歇与材料的性质和施工方法有关。

②满足施工班组连续施工的需要。流水步距的最小长度，必须使主要施工班组进场后，不发生停工、窝工的现象。

③满足组织间歇的需要。某些施工过程完成后要有必要的检查验收或施工过程准备时间，如隐蔽工程验收。

④保证相邻两个施工过程之间工艺上有合理的顺序。不发生前一个施工过程尚未完成，而后一个施工过程便提前介入的现象。有时为了缩短时间，在工艺技术条件许可的情况下，某些次要专业队可搭接施工。

2）确定流水步距的方法

①根据施工班组在各施工段上的流水节拍，求累加数列。

②根据施工顺序，对所求相邻的两累加数列错位相减。

③错位相减结果中数值最大者，即为相邻施工班组之间的流水步距。

（3）工期　工期是指完成一项任务或一个流水施工所需的时间，一般采用下式计算：

$$T = \sum B_{i,i+1} + t_n \tag{3-5}$$

式中　T——流水施工工期；

$\sum B_{i,i+1}$——流水施工中各流水步距的总和；

t_n——最后一个施工过程在各个施工段上流水节拍的总和。

三、流水施工的组织方式

在流水施工中，流水节拍的规律不同，流水施工的步距、施工工期的计算方法也不同，有时甚至影响施工班组数目。由于建筑设备工程的多样性，各分部分项工程量差异较大，各施工过程的流水节拍不一定相等，甚至同一施工过程本身在各施工段上的流水节拍也不相等，因此形成了不同节奏的流水施工。根据流水施工节奏特征的不同，流水施工可分为有节奏流水施工和无节奏流水施工两大类。

1. 有节奏流水施工

（1）固定节拍流水施工　固定节拍流水施工是指各个施工过程的流水节拍全部相等的一种流水施工方式，即各施工过程的流水节拍等于常数，也称为全等节拍流水施工。根据流水步距的不同有下述两种情况：

1）等步距流水施工。等步距流水施工是指各流水步距均相等，各施工过程之间无技术间歇和组织间歇，不安排相邻施工过程在同一施工段上的搭接施工。

等步距流水施工的流水步距为

$$B_{i,i+1} = K_i \tag{3-6}$$

根据工期的计算公式，得

$$T = \sum B_{i,i+1} + t_n = (n-1)K_i + mK_i = (m+n-1)K_i \tag{3-7}$$

2）不等步距流水施工。不等步距流水施工是指各施工过程的流水节拍相等，但各流水步距不相等。通常用于各施工过程之间，需要有技术间歇与组织间歇或需搭接的情况。

工期的计算公式为

$$T = \sum B_{i,i+1} + t_n + \sum t_j - \sum t_d = (m+n-1)K_i + \sum t_j - \sum t_d \tag{3-8}$$

式中 $\sum t_j$——所有间歇时间总和；

$\quad\quad \sum t_d$——所有搭接时间总和。

【例3-1】 某设备安装工程划分为五个施工段组织流水施工。各施工过程在各施工段上的流水节拍及班组人数见表3-1。焊接组装后进行2天的焊接检验，才能进行吊装作业。吊装作业后，预留2天时间为管线施工做准备。试组织流水施工。

表3-1 施工过程在各施工段上的流水节拍及班组人数

序号	施工过程	班组人数	流水节拍	序号	施工过程	班组人数	流水节拍
1	二次搬运	10	4	4	管线施工	12	4
2	焊接组装	8	4	5	调整试车	6	4
3	吊装作业	10	4				

【解】 ①确定流水施工参数。

$m = 5$　$n = 5$　$K_i = 4\text{d}$　$\sum t_j = 4\text{d}$

②计算工期。

$$T = (m+n-1)K_i + \sum t_j - \sum t_d = \left[(5+5-1) \times 4 + 4 - 0 \right]\text{d} = 40\text{d}$$

③绘制流水施工进度图表。

流水施工进度图表如图3-12所示。

（2）成倍节拍流水施工　成倍节拍流水施工是指同一施工过程在各个施工段上的流水节拍相等，不同施工过程之间的流水节拍不完全相等，但各施工过程的流水节拍均为最小流水节拍的整数倍的流水施工方式。

组织成倍节拍流水施工的步骤是：根据工程对象和施工要求，划分若干个施工过程→根据各施工过程的内容、要求和工程量，计算每个施工段所需的劳动量→根据施工班组人数及组成，确定劳动量最少的施工过程的流水节拍→采取调整施工班组人数或其他措施，使其他施工过程的流水节拍值分别等于最小节拍值的整数倍。

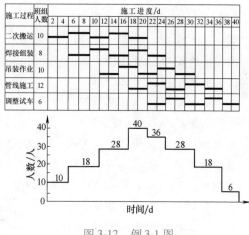

图3-12 例3-1图

为了充分利用工作面，加快施工进度，成倍节拍流水施工中流水节拍大的施工过程应增加工作班组，如果施工过程中无可增加的班组，则无法组织成倍节拍流水施工。成倍节拍流水施工每个施工过程所需班组数可由下式计算：

$$n_i = \frac{K_i}{K_{\min}} \tag{3-9}$$

式中 n_i——某施工过程所需班组数；

$\quad\quad K_i$——某施工过程的流水节拍；

K_{min}——所有流水节拍中最小的流水节拍。

对于成倍节拍流水施工，任何两个相邻施工过程间的流水步距，均等于最小流水节拍，即 $B_{i,i+1}=K_{min}$。

成倍节拍流水施工的工期可按下式计算：

$$T=(m+n'-1)K_{min} \tag{3-10}$$

式中　n'——施工班组总数目，$n'=\sum n_i$。

【例 3-2】　某大厦电缆工程，采用直埋敷设方式，划分为四个施工过程，分四个施工段组织流水施工。每个施工过程在各施工段上的班组人数及流水节拍见表 3-2。试组织成倍节拍流水施工。

表 3-2　每个施工过程在各施工段上的班组人数及流水节拍

序号	施工过程名称	流水节拍	班组人数	施工段数
1	开挖电缆沟	10	8	4
2	预埋电缆保护管	10	10	4
3	敷设电缆	10	10	4
4	铺砂盖砖、回填土	5	12	4

【解】　①确定流水施工参数。

因 $K_{min}=5\text{d}$

则　$n_1=K_1/K_{min}=10/5=2$

$n_2=K_2/K_{min}=10/5=2$

$n_3=K_3/K_{min}=10/5=2$

$n_4=K_4/K_{min}=5/5=1$

施工班组总数目为：$n'=\sum n_i=2+2+2+1=7$

流水步距为：$B_{i,i+1}=K_{min}=5\text{d}$

工期为：$T=(m+n'-1)K_{min}=[(4+7-1)\times 5]\text{d}=50\text{d}$

②绘制流水施工进度图表。

流水施工进度图表如图 3-13 所示。

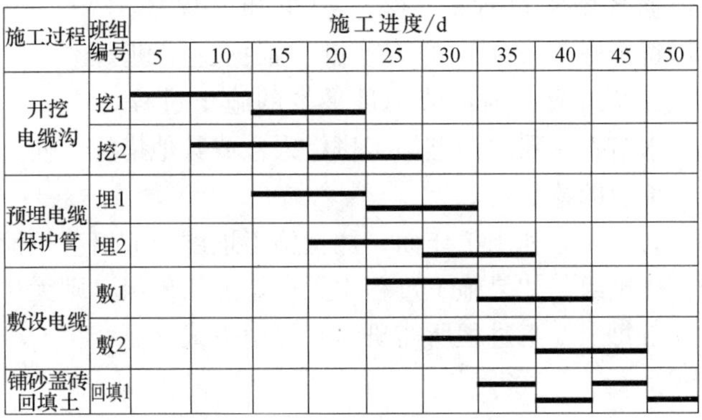

图 3-13　例 3-2 图

（3）异节拍流水施工　异节拍流水施工是指同一施工过程在各个施工段上的流水节拍相等，不同施工过程之间的流水节拍既不相等又不成倍数的流水施工方式。异节拍流水施工适用于施工段大小相等的工程项目施工组织。在建筑设备安装工程中这种方式应用较为广泛。

对于异节拍流水施工，任何两个相邻施工过程间的流水步距，可按下式计算：

$$B_{i,i+1} = \begin{cases} K_i & (K_i \leq K_{i+1}) \\ mK_i - (m-1)K_{i+1} & (K_i > K_{i+1}) \end{cases} \tag{3-11}$$

异节拍流水施工的工期，可按下式计算：

$$T = \sum B_{i,i+1} + t_n \tag{3-12}$$

【例3-3】　某室外给水管线工程，施工过程名称、劳动量、现有劳动力人数和施工段数见表3-3，采用异节拍流水施工方式，试绘制该室外给水管线工程的施工进度计划。

【解】　①确定流水施工参数。

a. 计算流水节拍。

$K_1 = [480/(20 \times 4)]d = 6d$

$K_2 = [560/(20 \times 4)]d = 7d$

$K_3 = [80/(10 \times 4)]d = 2d$

$K_4 = [240/(20 \times 4)]d = 3d$

表3-3　施工过程名称、劳动量、现有劳动力人数和施工段数

序号	施工过程名称	劳动量/工日	现有劳动力人数	施工段数
1	放线、管沟开挖及垫层	480	20	4
2	给水管道安装	560	20	4
3	给水管道水压试验	80	10	4
4	回填土	240	20	4

b. 确定流水步距。根据异节拍流水施工流水步距的计算公式可得

$B_{1,2} = K_1 = 6d$

$B_{2,3} = mK_2 - (m-1)K_3 = 4 \times 7 - (4-1) \times 2 = 22d$

$B_{3,4} = K_3 = 2d$

c. 计算工期。

$$T = \sum B_{i,i+1} + t_n = (6 + 22 + 2 + 4 \times 3)d = 42d$$

②绘制流水施工进度图表。

流水施工进度图表如图3-14所示。

（4）增加工作班次和工作班组流水施工方式　施工中，若工期要求紧，可采用增加工作班次和工作班组的方法，满足工期的要求。

如有6台规格、型号相同的设备需要安装，每台设备可以划分为二次搬运、现场组对、安装就位和调试运行四个施工过程。流水节拍分别为1天、3天、2天和1天。若采用异节拍流水施工方式，则工期为22天。如果要求工期不超过10天，可采用增加工作班次的方式，将第2个施工过程用3个专业队组进行三班作业，将第3个施工过程用2个专业队组进行两班作业。其施工进度计划如图3-15所示，总工期为9天。

2. 无节奏流水施工

无节奏流水施工是指同一施工过程在各施工段上的流水节拍不完全相等的一种流水施工方式。

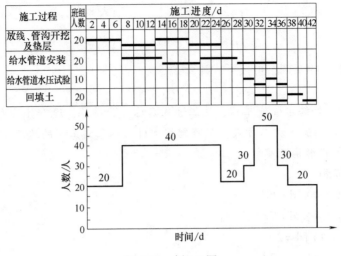

图 3-14   例 3-3 图

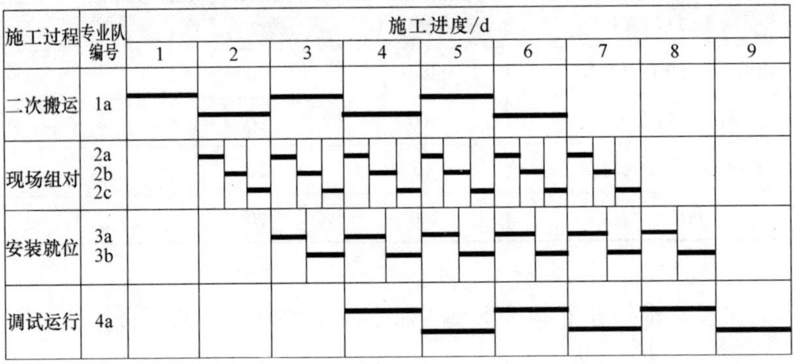

图 3-15   增加工作班次和工作班组流水施工方式

在实际应用中，各施工段上的劳动量往往不完全相等，因此流水节拍不完全相等的情况出现得较多，无节奏流水施工应用较为广泛。

对于无节奏流水施工，任何两个相邻施工过程间的流水步距，可采用"累加数列错位相减取最大值"的方法确定。其方法见"时间参数"部分内容。

【例 3-4】   某工程有 A、B、C、D 四个施工过程，划分为四个施工段组织流水施工。每个施工过程在各个施工段上的流水节拍见表3-4，试计算流水步距和工期，绘制流水施工进度图表。

表 3-4   每个施工过程在各个施工段上的流水节拍

施工过程＼施工段	I	II	III	IV
A	4	3	2	3
B	3	4	4	3
C	2	3	2	2
D	3	4	3	4

【解】 ①计算流水步距。

a. 求 $B_{A,B}$。

```
  4,  7,  9, 12
-     3,  7, 11, 14
  4,  4,  2,  1, -14
```

故 $B_{A,B}=4d$

b. 求 $B_{B,C}$。

```
  3,  7, 11, 14
-     2,  5,  7,  9
  3,  5,  6,  7  -9
```

故 $B_{B,C}=7d$

c. 求 $B_{C,D}$。

```
  2,  5,  7,  9
-     3,  7, 10, 14
  2,  2,  0, -1, -14
```

故 $B_{C,D}=2d$

②计算工期。

$$T=\sum B_{i,i+1}+t_n=(4+7+2+3+4+3+4)d=27d$$

③绘制流水施工进度图表。

根据计算的流水施工参数，可绘制施工进度图表，如图 3-16 所示。

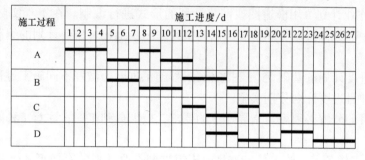

图 3-16 无节奏流水施工

【任务实施】

施工方是工程实施的一个重要参与方，许多工程项目工期要求紧，施工方的工程进度压力非常大。连续施工、盲目赶工，这种非正常有序地施工，会导致施工质量问题和施工安全问题的出现，并且会引起施工成本的增加。因此，施工进度控制不仅关系到施工进度目标能否实现，还关系到工程的质量和成本。在工程施工中，在确保工程质量的前提下，必须重视控制工程的进度。

1. 施工阶段进度控制的实施

施工项目进度计划的实施就是施工活动的安排和开展，也就是用施工进度计划指导施工活动、落实和完成施工进度计划。施工项目进度计划逐步实施的进程即为施工项目逐步完成的过程。为了保证施工项目进度计划的实施，保证进度目标的实现，应做好下述工作：

(1) 施工进度计划的贯彻

1) 检查各层次的计划，形成严密的保证体系。施工进度计划包括施工总进度计划、单位工程施工进度计划、分部分项工程施工进度计划，三者间的关系是前者为后者的依据，后者是前者的具体化。在执行时应当检查是否协调一致，计划目标是否层层分解、相互衔接，并且组成计划实施的保证体系。最终以施工任务书的形式下达以保证实施。

2) 层层签订承包合同及下达施工任务书。施工项目经理、分包商之间一般签订承包合同，按计划目标明确规定合同工期、相互承担的经济责任、权限和利益；分包商和作业班组之间一般采用下达施工任务书，将分解的作业任务下达到施工班组，明确具体的任务、技术措施、质量要求等内容，使施工班组必须保证按作业计划时间完成规定的任务。

3) 计划全面交底，发动全员实施计划。施工进度计划的实施是全员的共同行动，要使有关人员都明确各项计划的目标、任务、实施方案和措施，使管理层和作业层协调一致。在计划实施前要进行计划交底工作，可以根据计划的范围召开全体职工代表大会或各级生产会议进行交底落实。

(2) 施工进度计划的实施

1) 编制月 (旬) 作业计划。施工进度计划是施工前编制的，用于指导施工，多数只考虑主要施工过程，内容较粗略。因此，在计划执行中还需编制短期的更为详细的执行计划，即月 (旬) 作业计划。为了实现施工进度计划，将规定的任务结合现场施工条件和施工现场的情况、劳动力、机械等资源条件以及施工的实际进度，在施工开始前和施工过程中不断地编制月 (旬) 作业计划，使施工计划更具体。

月 (旬) 作业计划可用横道图或网络计划的形式进行编制。在工程实际中可以截取时标网络计划的一部分，根据实际情况加以调整并进一步细化。作业计划的编制应满足以下三方面要求：

①在土建进度计划的基础上，安排安装工程施工进度，做好不同施工过程的平行搭接。

②对施工项目进度计划分期实施。

③施工项目的分解必须满足指导作业的要求，应划分到工序，注意工种间的配合，并明确进度日程。

2) 签发施工任务书。施工任务书是向班组贯彻作业计划的有效形式，是向班组下达任务，实行责任承包、全面管理和原始记录的综合性文件。通过任务书可以把生产计划、质量、安全、降低成本、进度等各种技术经济指标分解为班组指标，并将其落实到班组和个人，达到高速度、高工效、低成本的要求。

施工任务书的内容主要包括以下几个方面：

①施工班组应完成的工程任务、工程量，完成该任务的开竣工日期和施工日历进程表。

②完成工程任务的资源配置。

③完成工程任务所采用的施工方法，技术组织措施，工程质量、安全和节约措施的各项指标。

④限额领料单、记工单等。

施工任务书签发必须遵循下列要求：

①签发施工任务书，必须具备正常的施工条件。

②施工任务书必须以月（旬）作业计划为依据，按分部分项工程进行签发；任务书签发后，不宜中途变更，并要在开工前签发，以便班组进行施工准备。

③向班组下达任务时，应做好交底工作。

④施工任务书在执行过程中，各业务部门必须为班组创造正常的施工条件，使工人达到或超额完成定额。

⑤班组完成任务后，应定时进行自检。施工员、定额员、质量检查员等在班组自检的基础上，及时验收工程质量、数量和实际工日数。

⑥施工队、劳资部门将经过验收的任务书收回登记，汇总核实完成任务的工时，同时记载有关质量、安全、材料节约等情况，作为核发工资和奖金的依据。

（3）做好施工进度记录，掌握现场实际情况　在计划任务完成的过程中，各级施工进度的执行者应跟踪做好施工记录，为施工项目进行检查、分析、调整和总结提供信息。

（4）做好施工中的调度工作　施工中的调度工作是组织施工中各阶段、环节、专业和工种的相互配合、进度协调的核心。其作用是掌握计划实施情况，协调各方面关系，采取措施，排除各种矛盾，加强各薄弱环节，保证完成作业计划和实现进度目标。

调度工作的内容主要有：监督作业计划的实施、调整协调各方面的进度关系；监督检查施工准备工作；督促资源供应单位按计划供应劳动力、施工机具、运输车辆、材料构配件等，并对临时出现的问题采取调配措施；按施工平面图管理施工现场，结合实际情况进行必要的调整；了解水、电的情况，采取相应的防范和保证措施；及时发现和处理施工中的各种事故和意外；定期召开现场调度会议，贯彻项目主管人员的决策。

2. 进度控制的措施

（1）管理措施

1）工程网络计划的方法有利于实现进度控制的科学化。

2）承发包模式的选择直接关系到工程实施的组织和协调。为了实现进度目标，应选择合理的合同结构，在合同中应充分考虑风险因素及其对进度的影响。工程物资的采购模式对进度也有直接的影响，应做比较分析，确定合理的模式。

3）分析影响工程进度的风险，并在分析的基础上采取风险管理措施，以减少进度失控的风险量。

4）重视信息技术在进度控制中的应用，信息技术有利于促进进度信息的交流和项目各参与方的协同工作。

（2）经济措施

1）编制工程资金需求计划和加快施工进度的经济激励措施。

2）编制与进度计划相适应的资金配置计划，以反映工程施工的各时段所需要的资金。通过资金需求的分析，为所编制的进度计划的实现提供保障。

（3）技术措施

1）工程进度受阻时，应分析是否存在设计技术的影响因素，为实现进度目标有无设计变更的必要和是否可能变更。

2）施工方案对工程进度有直接的影响，在确定施工方案时，应考虑对进度的影响。工程进度受阻时，应分析是否存在施工技术的影响因素，为实现进度目标有无改变施工技术、施工方法和施工机械的可能性。

【提交成果】

完成此任务后，需提交工程月计划表、材料配置计划表、劳动力配置计划表、旬进度计划表及施工任务书各一份（见附表13、附表14、附表15、附表16、附表17）。

任务2　绘制施工进度前锋线

【任务描述】

根据建筑设备安装工程的网络计划和实际施工进度检查资料，绘制施工进度前锋线。

【实现目标】

通过完成绘制施工进度前锋线，能熟悉实际进度与计划进度比较的方法，能准确绘制施工进度前锋线，并能对检查结果进行分析判断。

【任务分析】

根据计划的实际执行状况，在原时标网络计划上，自上而下从计划检查时刻的时标点出发，用点画线依次将各项工作实际进度达到的前锋点连接。分析计划的执行情况及其发展趋势，对未来的进度做出预测、判断，找出偏离计划目标的原因及可供挖掘的潜力所在。

【教学方法建议】

分小组讨论完成。

【相关知识】

网络计划方法是现代化的科学管理方法之一。在建筑设备工程施工中，网络计划主要用于编制工程项目的施工进度计划，并通过对计划的优化、调整和控制，达到缩短工期、提高效率、节约资源、降低消耗的项目管理目标。

一、网络计划的表达形式

网络计划的表达形式是网络图。网络图主要由箭线和节点组成，用来表示工作流程的方向和顺序。网络图可分为双代号网络图、单代号网络图、时标网络图。

1. 双代号网络图

以一条箭线和两端节点的编号来表示一项工作的网络图，称为双代号网络图，如图3-17a所示。双代号网络图中箭线的长短与工作持续时间无关，又称非时标网络计划。双代号网络图表示方法示例如图3-17b所示。

2. 单代号网络图

以一个节点及其编号表示一项工作，如

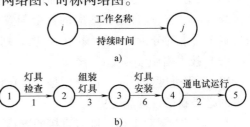

图3-17　双代号网络图表示方法
a）基本形式　b）双代号网络图示例

图 3-18a 所示，并用箭线表示工作之间的逻辑关系的网络图，称为单代号网络图。单代号网络图表示方法示例如图 3-18b 所示。

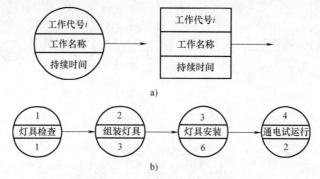

图 3-18 单代号网络图表示方法

a）基本形式 b）单代号网络图示例

3. 时标网络图

如果箭线的长度受时间坐标的限制，箭线在时间坐标上的水平投影长度直接表示施工过程的持续时间，则该网络图称为时标网络图，其表示方法如图 3-19 所示。

二、网络计划的基本知识

1. 双代号网络图

（1）箭线 箭线有实箭线和虚箭线两种。

1）实箭线

①一根箭线表示一个施工过程（工

图 3-19 时标网络图表示方法

作、工序），如配管、配线、消火栓的安装、空调设备安装等。根据网络计划作用的不同，确定一项工作的范围。在实施性网络计划中，一根箭线表示一个分项工程；在控制性网络计划中，一根箭线表示一个分部工程或单位工程。

②一根箭线表示一个施工过程所消耗的时间和资源。大多数施工过程的完成均要消耗一定的时间和资源，如照明配电箱的安装、给水管道的安装等。但也存在只消耗时间而不消耗资源的施工过程，如油漆的干燥过程。

③在非时标网络图中，箭线的长度并不代表该施工过程的持续时间。在时标网络图中，箭线的长度必须依据完成该施工过程持续时间长短按比例绘制。

④箭线所指的方向表示施工过程进行的方向，箭尾表示该施工过程的开始，箭头表示该施工过程的结束。

⑤若两项施工过程连续进行，则箭线也应连续；若两项施工过程平行进行，其箭线也应平行，如图 3-20 所示。就某项工作而言，紧靠其前面的工作称为紧前工作，紧随其后的工作称为紧后工作，与自身工作相平行的工作称为平行工作。

2）虚箭线。虚箭线仅表示工作间的逻辑关系，并不代表实际工作。虚箭线表示方法如图 3-21 所示。

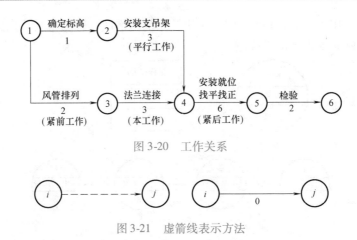

图 3-20　工作关系

图 3-21　虚箭线表示方法

（2）节点　节点即箭线端部的圆圈或其他形状的封闭图形。

1）节点表示一项施工过程的开始或结束。节点只是一个瞬间，不消耗时间和资源。

2）箭尾的节点表示一项施工过程的开始，箭头的节点表示一项施工过程的结束。

3）根据节点在网络图中的位置不同可以分为起点节点、终点节点和中间节点。网络图中的第一个节点就是起点节点，表示一项任务的开始。网络图中的最后一个节点就是终点节点，表示一项任务的完成。除起点节点和终点节点以外的节点均称为中间节点，中间节点具有双重含义，既是前面工作的箭头节点，又是后面工作的箭尾节点。

4）网络图中每个节点均要编号。编号的原则是箭头节点编号要大于箭尾节点编号，所有节点的编号不能重复出现。

（3）线路　线路是指从网络图的起点节点到终点节点，沿着箭线的指向所构成的路径。

1）一个网络图中，一般存在多条线路，每条线路包含若干项工作，这些工作的持续时间之和就是该线路的时间长度。其中线路时间长度最大者称之为"关键线路"，其余称为非关键线路。图 3-20 中，线路①→③→④→⑤→⑥为关键线路，①→②→④→⑤→⑥为非关键线路。

2）位于关键线路上的工作称为关键工作，这些工作完成的快慢直接影响整个计划完成的时间。关键工作在网络图中通常用粗箭线和双线箭线表示。

3）一个网络图中至少有一条关键线路。关键线路并不是一成不变的，在一定条件下，关键线路和非关键线路会相互转化。例如，采取一定的技术组织措施，缩短关键工作的持续时间，或者非关键工作持续时间延长时，就有可能使关键线路发生转化。

2. 单代号网络图

（1）节点

1）在单代号网络图中，一个节点表示一项工作（工序、施工过程等）。

2）当有两个或两个以上工作同时开始或结束时，一般要虚拟一个"开始节点"或"结束节点"，如图 3-22 所示。

3）单代号网络图中每个节点均要编号。编号的原则同双代号网络图。

（2）箭线

1）箭线表示工作间的逻辑关系，不消耗时间和资源。

2）单代号网络图中不用虚箭线。

3）在单代号网络图中，就某项工作而言，也存在紧前工作、紧后工作和平行工作。

（3）线路　从网络的开始节点到结束节点，沿着箭线的指向所构成的路径，称为线路。单代号网络图也有关键线路、关键工作和非关键线路。图3-22中，①→②→④→⑥为关键线路，①→③→⑤→⑥为非关键线路，关键工作为A和C。

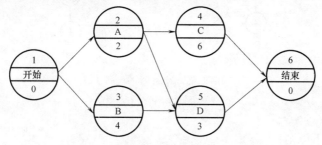

图3-22　单代号网络图开始节点和结束节点

三、网络图的绘制

网络图的
绘制（视
频）

1. 双代号网络图的绘制

（1）绘图规则

1）双代号网络图必须正确表达已定的逻辑关系，按工作本身的顺序连接箭线。例如表3-5所列逻辑关系，绘出的网络图如图3-23所示。

表3-5　逻辑关系表

工作	A	B	C	D
紧前工作	—	—	A、B	B

2）双代号网络图中严禁出现循环线路。

3）在双代号网络图中不允许出现代号相同的箭线。

4）在节点之间严禁出现带双向箭头或无箭头的连线。

5）只允许有一个起点节点和一个终点节点。

6）严禁出现没有箭头节点或没有箭尾节点的箭线。

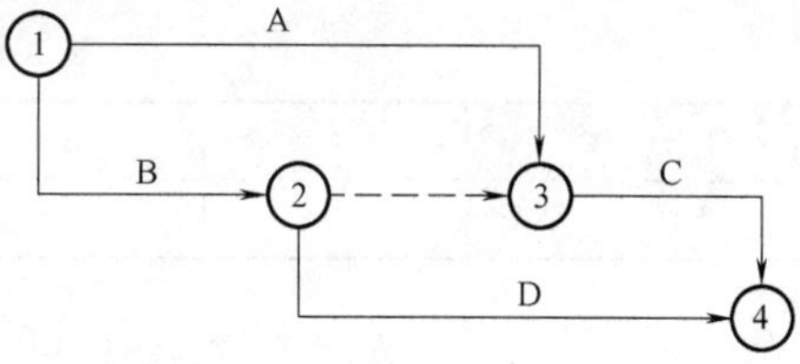

图3-23　网络图的绘制

7）一项工作只有唯一的一条箭线和相应的一对节点编号。

8）严禁在箭线上引入或引出箭线。

9）绘制网络图时，尽可能在构图时避免交叉。当交叉不可避免时，可用过桥法或指向法，如图3-24所示。

如图3-25所示网络图，图中的错误主要是违反了绘图原则第3、5、8条。

（2）绘制方法

1）节点位置法。节点位置法就是确定节点位置的编号，便于更准确地绘图。节点位置

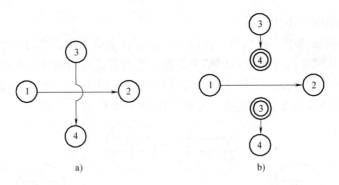

图 3-24　箭线交叉时的处理方法
a）过桥法　b）指向法

号的确定应遵循以下原则：

①无紧前工作的工作，其开始节点位置号为零。

②有紧前工作的工作，其开始节点位置号等于其紧前工作的开始节点位置号的最大值加1。

③有紧后工作的工作，其完成节点位置号等于其紧后工作的开始节点位置号的最小值。

④无紧后工作的工作，其完成节点位置号等于有紧后工作的工作完成节点位置号的最大值加1。

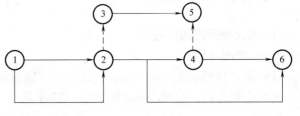

图 3-25　绘图错误查找

绘图步骤是首先根据每一项工作的紧前工作找出紧后工作；确定各工作的开始节点位置号和完成节点位置号；根据节点位置号和逻辑关系绘出初始网络图；检查、修改、调整，绘制正式网络图。

【例 3-5】　已知网络图资料见表 3-6，试绘制双代号网络图。

表 3-6　网络图资料（一）

工　作	A	B	C	D	E	G
紧前工作	—	—	—	B	B	C、D

【解】　①列出关系表，并计算各工作的开始节点位置号和完成节点位置号，见表 3-7。

表 3-7　各工作的开始节点位置号和完成节点位置号（一）

工　作	A	B	C	D	E	G
紧前工作	—	—	—	B	B	C、D
紧后工作	—	D、E	G	G	—	—
开始节点位置号	0	0	0	1	1	2
完成节点位置号	3	1	2	2	3	3

②绘制网络图，如图 3-26 所示。

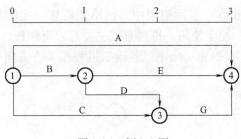

图 3-26　例 3-5 图

2）直接绘图法

①首先根据每一项工作的紧前工作找出紧后工作。

②绘制与起点节点相连的工作。没有紧前工作的工作，从起点节点引出。

③根据各项工作的紧后工作从左到右依次绘制其他各项工作，直至终点节点。

④合并没有紧后工作的节点，即为终点节点。

⑤检查逻辑关系，确认无误后进行节点编号。

【例3-6】　已知网络图资料见表3-8，试绘制双代号网络图。

表 3-8　网络图资料（二）

工　　作	A	B	C	D	E	F	G	H
紧前工作	—	—	—	A	B	D、E	D、E	F、G

【解】　①首先找出各项工作的紧后工作，见表3-9。

表 3-9　各项工作的紧后工作（一）

工　　作	A	B	C	D	E	F	G	H
紧前工作	—	—	—	A	B	D、E	D、E	F、G
紧后工作	D	E	—	F、G	F、G	H	H	—

②由于 A、B、C 三项工作没有紧前工作，所以都与起点节点相连。

③根据上表中各项工作的紧后工作从左至右依次绘制其他各项工作。

④合并没有紧后工作的节点，即为终点节点，并进行节点编号。绘制后的网络图如图 3-27 所示。

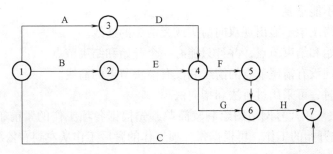

图 3-27　例 3-6 图

（3）双代号网络图的排列　实际应用中，网络图应按一定的次序排列，才能使逻辑关系清晰、准确，形象直观，便于使用。排列方式主要有以下两种：

1）按施工过程排列。根据施工顺序把各施工过程按垂直方向排列，施工段按水平方向排列，如图 3-28 所示。

网络计划绘图软件使用（录屏）

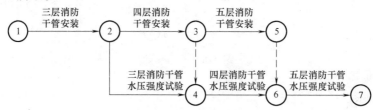

图 3-28　按施工过程排列

2）按施工段排列。同一施工段上有关的施工过程按水平方向排列，施工段按垂直方向排列，如图 3-29 所示。

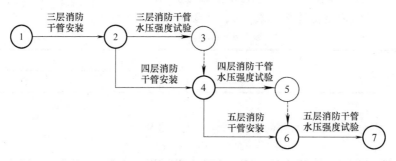

图 3-29　按施工段排列

（4）网络图的连接　在编制规模较大工程的网络计划时，一般按不同的分部工程分别编制网络图，再根据相互间的逻辑关系进行连接，形成一个总体网络图。连接过程中必须有统一的构图和排列形式，整个网络图的节点编号应协调一致。

2. 单代号网络图的绘制

（1）绘图原则

1）单代号网络图必须正确表达已定的逻辑关系。

2）不允许出现循环线路。

3）工作代号不能重复。

4）单代号网络图中不能出现双向箭头或无箭头的连线。

5）应设置开始和结束节点，并且只能有一个开始和结束节点。

6）不允许出现没有箭尾节点的箭线和没有箭头节点的箭线。

7）箭线交叉时，可采用过桥法和指向法。

（2）绘制方法　单代号网络图绘制较简单，先根据各项工作的紧前工作找出其紧后工作，然后确定最先开始的工作，再根据每一项工作的紧后工作从左到右依次进行绘制，直至结束节点。

【例3-7】 已知网络图资料见表3-10，试绘制单代号网络图。

表3-10 网络图资料（三）

工 作	A	B	C	D	E	F
紧前工作	—	A	A	B、C	C	D、E
持续时间/d	2	3	2	1	2	1

【解】 ①首先找出各项工作的紧后工作，见表3-11。

表3-11 各项工作的紧后工作（二）

工 作	A	B	C	D	E	F
紧前工作	—	A	A	B、C	C	D、E
紧后工作	B、C	D	D、E	F	F	—
持续时间/d	2	3	2	1	2	1

②确定最先开始的工作，在表3-10中，A工作没有紧前工作，那么A工作就最先开始。

③根据表3-11中各项工作的紧后工作依次绘制，直至结束节点。检查无误后进行节点编号。绘制的单代号网络图如图3-30所示。

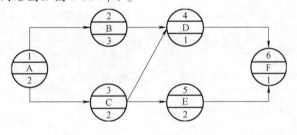

图3-30 例3-7图

3. 双代号时标网络图的绘制

双代号时标网络图是以时间坐标为尺度绘制的网络计划，其形式如图3-31所示。

（1）双代号时标网络图的规定

1）时标的时间单位应根据需要在编制网络计划之前确定，可为小时、天、周、旬、月或季等。

2）时间长度是以所有符号在时标表上的水平位置及其水平投影长度表示的，与其所代表的时间值相对应。

3）节点的中心必须对准时标的刻度线。

4）时标网络图以实箭线表示工

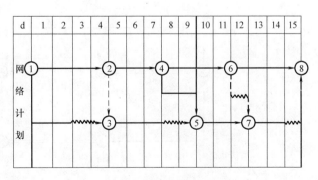

图3-31 双代号时标网络计划的形式

作，虚箭线表示虚工作，以波形线表示工作与其紧后工作之间的时间间隔。虚工作必须以垂直虚箭线表示，有时差时加水平波形线或虚线表示。

5）时标网络图中的箭线宜用水平箭线或由水平段和垂直段组成的箭线，不宜用斜箭线。

6）时标网络图必须按最早时间编制。

（2）时标网络图的绘制方法　时标网络图的绘制方法有间接绘制法和直接绘制法两种。

1）间接绘制法。间接绘制法是先绘制出双代号网络图，确定出关键线路，再绘制时标网络图。绘制时先绘出关键线路，再绘制非关键工作，某些工作箭线长度不足以达到该工作的完成节点时，用波形线补足，箭头画在波形线与节点连接处。

【例 3-8】　已知网络图资料见表 3-12，试用间接绘制法绘制时标网络图。

表 3-12　网络图资料（四）

工作	A	B	C	D	E	F	G
持续时间	9	4	2	5	6	4	5
紧前工作	—	—	—	B	B、C	D	D、E

【解】　①列出关系表，并计算各工作的开始节点位置号和完成节点位置号，见表 3-13。

表 3-13　各工作的开始节点位置号和完成节点位置号（二）

工作	A	B	C	D	E	F	G
持续时间	9	4	2	5	6	4	5
紧前工作	—	—	—	B	B、C	D	D、E
紧后工作	—	D、E	E	F、G	G	—	—
开始节点位置号	0	0	0	1	1	2	2
完成节点位置号	3	1	1	2	2	3	3

②绘出双代号网络图，并用节点法确定出关键线路（节点法见双代号网络计划时间参数的计算），如图 3-32 所示。

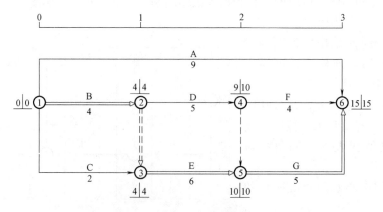

图 3-32　例 3-8 双代号网络图

③按时间坐标给出关键线路，如图3-33所示。

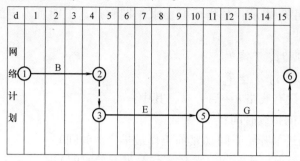

图3-33 关键线路绘制

④画出非关键线路，完成时标网络图的绘制，如图3-34所示。

2）直接绘制法

①绘制时标表。

②将起始节点定位在时标表的起始刻度上。

③工作的开始节点必须在该工作的全部紧前工作都绘出后，定位在这些紧前工作最晚完成的时间刻度上。

④按工作持续时间在时标表上绘制起点节点的外向箭线。

⑤某些工作的箭线长度不足以达到其完成节点时，用波形线补足。

⑥给所有节点编号。

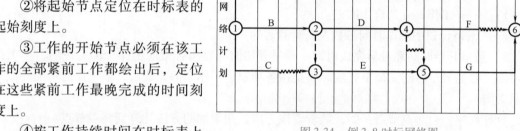

图3-34 例3-8时标网络图

四、双代号网络计划时间参数的计算

计算网络计划时间参数的目的主要有以下三个方面：

1）确定各项工作和各个事件的参数，从而确定关键线路和关键工作，便于抓住重点，向关键线路要时间。

2）明确非关键工作及其在施工时间上有多少的机动性，便于挖潜力，统筹全局，部署资源。

3）确定总工期，做到工程进度心中有数。

1. 网络计划时间参数及其符号

（1）工作持续时间 工作持续时间是指一项工作从开始到完成的时间。持续时间的确定可以参照以往实践经验估算、试验推算或按定额计算。

（2）工期 工期是指完成一项工程任务所需要的时间，一般有以下三种：

1）计算工期：用 T_c 表示，是指根据网络计划的时间参数计算所得到的工期，即关键线路各工作持续时间之和。

2）要求工期：用 T_r 表示，是指任务发包人提出的指令性工期或指合同条款中所规定的工期。

3）计划工期：用 T_p 表示，是指根据要求工期和计算工期所确定的作为实施目标的工期。

当规定了要求工期时，$T_p \leqslant T_r$。

当未规定要求工期时，$T_p = T_c$。

（3）常用符号　设有线路 $h \to i \to j \to k$，其中：

t_{i-j}——工作 $i \to j$ 的持续时间；

TE_i——节点 i 的最早开始时间（紧前工作最早完成时间）；

TL_i——节点 i 的最迟完成时间（紧后工作最迟开始时间）；

ES_{i-j}——工作 $i \to j$ 的最早开始时间；

EF_{i-j}——工作 $i \to j$ 的最早完成时间；

LS_{i-j}——工作 $i \to j$ 的最迟开始时间；

LF_{i-j}——工作 $i \to j$ 的最迟完成时间；

TF_{i-j}——工作 $i \to j$ 的总时差；

FF_{i-j}——工作 $i \to j$ 的自由时差。

（4）网络计划中工作时间参数及其计算程序

1）最早开始时间和最早完成时间。最早开始时间是指各紧前工作全部完成后，本工作有可能开始的最早时间。最早完成时间是指各项紧前工作全部完成后，本工作有可能完成的最早时间。

计算程序：自起点节点开始，顺着箭线方向，用累加的方法计算到终点节点。

2）最迟开始时间和最迟完成时间。最迟开始时间是指在不影响整个任务按期完成的前提下，工作必须开始的最迟时间。最迟完成时间是指在不影响整个任务按期完成的前提下，工作必须完成的最迟时间。

计算程序：自终点开始，逆着箭线方向，用累减的方法计算到起点节点。

3）总时差和自由时差。总时差是指在不影响总工期的前提下，本工作可以利用的机动时间。自由时差是指不影响其紧后工作最早开始时间的前提下，本工作可以利用的机动时间。

（5）网络计划中节点时间参数及其计算程序

1）节点最早开始时间。其计算程序是自起点节点开始，顺着箭线方向，用累加的方法计算到终点节点。

2）节点最迟完成时间。其计算程序是自终点节点开始，逆着箭线方向，用累减的方法计算到起点节点。

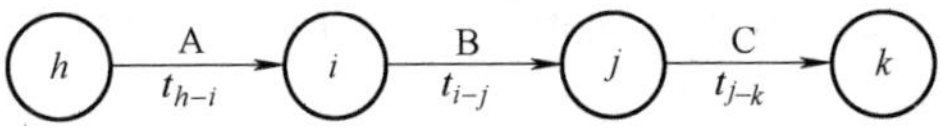

图 3-35　时间参数关系图

（6）时间参数的关系　现以图 3-35 所示的工作逻辑关系来分析，各时间参数的关系为

$$ES_{i-j} = TE_i \tag{3-13}$$

$$EF_{i-j} = ES_{i-j} + t_{i-j} \tag{3-14}$$

$$LF_{i-j} = TL_j \tag{3-15}$$

$$LS_{i-j} = LF_{i-j} - t_{i-j} \tag{3-16}$$

2. 双代号网络计划时间参数的计算方法

（1）工作计算法 工作计算法计算参数应在确定了各项工作的持续时间之后进行。虚工作也必须视同工作进行计算，其持续时间为零。时间参数的计算结果标注如图3-36所示。

1）计算各工作的最早开始时间和最早完成时间。最早完成时间=最早开始时间+工作持续时间，即

$$\text{EF}_{i-j} = \text{ES}_{i-j} + t_{i-j}$$

计算工作最早开始时间参数时，一般有以下三种情况：

①工作以起点节点为开始节点时，其最早开始时间应为零（或规定时间），即：

$$\text{ES}_{i-j} = 0$$

②当工作只有一项紧前工作时，该工作的最早开始时间应为其紧前工作的最早完成时间，即

$$\text{ES}_{i-j} = \text{EF}_{h-i} = \text{ES}_{h-i} + t_{h-i}$$

③当工作有多个紧前工作时，该工作的最早开始时间应为其所有紧前工作最早完成时间的最大值，即

$$\text{ES}_{i-j} = \max\{\text{EF}_{h-i}\} = \max\{\text{ES}_{h-i} + t_{h-i}\}$$

如图3-36所示的网络计划中，各工作的最早开始时间和最早完成时间计算如下：

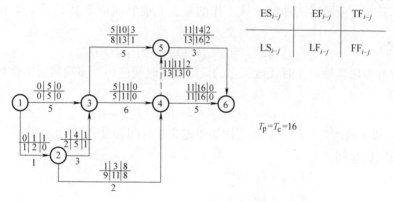

网络计划时间参数计算（视频）

图3-36 双代号时间参数计算

工作的最早开始时间：

$$\text{ES}_{1-2} = \text{ES}_{1-3} = 0$$

$$\text{ES}_{2-3} = \text{ES}_{1-2} + t_{1-2} = 0 + 1 = 1$$

$$\text{ES}_{2-4} = \text{ES}_{2-3} = 1$$

$$\text{ES}_{3-4} = \max\begin{Bmatrix} \text{ES}_{1-3} + t_{1-3} \\ \text{ES}_{2-3} + t_{2-3} \end{Bmatrix} = \max\begin{Bmatrix} 0+5 \\ 1+3 \end{Bmatrix} = 5$$

$$\text{ES}_{3-5} = \text{ES}_{3-4} = 5$$

$$\text{ES}_{4-5} = \max\begin{Bmatrix} \text{ES}_{2-4} + t_{2-4} \\ \text{ES}_{3-4} + t_{3-4} \end{Bmatrix} = \max\begin{Bmatrix} 1+2 \\ 5+6 \end{Bmatrix} = 11$$

$$ES_{5-6} = \max \begin{cases} ES_{3-5} + t_{3-5} \\ ES_{4-5} + t_{4-5} \end{cases} = \max \begin{cases} 5+5 \\ 11+0 \end{cases} = 11$$

2）确定网络计划工期。当网络计划规定了要求工期时，网络计划的计划工期应小于或等于要求工期，即

$$T_p \leqslant T_r$$

当网络计划未规定工期时，网络计划的计划工期应等于计算工期，即以网络计划的终点节点为完成节点的各个工作的最早完成时间的最大值，如网络计划的终点节点的编号为 n，则计算工期为

$$T_p = T_c = \max \{EF_{i-n}\}$$

图 3-36 所示网络计划的计算工期为

$$T_c = \max \begin{cases} EF_{4-6} \\ EF_{5-6} \end{cases} = \max \begin{cases} 16 \\ 14 \end{cases} = 16$$

3）计算各工作的最迟完成时间和最迟开始时间。各工作的最迟开始时间 = 最迟完成时间 – 持续时间，即

$$LS_{i-j} = LF_{i-j} - t_{i-j}$$

计算工作最迟时间参数时，一般有以下三种情况：

①当工作的终点节点为完成节点时，其最迟完成时间为网络计划的计划工期，即

$$LF_{i-j} = T_p$$

②当工作只有一项紧后工作时，该工作的最迟完成时间应为其紧后工作的最迟开始时间，即

$$LF_{i-j} = LS_{j-k} = LF_{j-k} - t_{j-k}$$

③当工作有多项紧后工作时，该工作的最迟完成时间应为其多项紧后工作最迟开始时间的最小值，即

$$LF_{i-j} = \min \{LS_{j-k}\} = \min \{LF_{j-k} - t_{j-k}\}$$

如图 3-36 所示的网络计划中，各工作的最迟完成时间和最迟开始时间计算如下：

工作最迟完成时间：

$$LF_{4-6} = T_c = 16$$

$$LF_{5-6} = LF_{4-6} = 16$$

$$LF_{3-5} = LF_{5-6} - t_{5-6} = 16 - 3 = 13$$

$$LF_{4-5} = LF_{3-5} = 13$$

$$LF_{2-4} = \min \begin{cases} LF_{4-5} - t_{4-5} \\ LF_{4-6} - t_{4-6} \end{cases} = \min \begin{cases} 13-0 \\ 16-5 \end{cases} = 11$$

$$LF_{3-4} = LF_{2-4} = 11$$

$$LF_{1-3} = \min \begin{cases} LF_{3-4} - t_{3-4} \\ LF_{3-5} - t_{3-5} \end{cases} = \min \begin{cases} 11-6 \\ 13-5 \end{cases} = 5$$

$$LF_{2-3} = LF_{1-3} = 5$$

$$LF_{1-2} = \min \begin{cases} LF_{2-3} - t_{2-3} \\ LF_{2-4} - t_{2-4} \end{cases} = \min \begin{cases} 5-3 \\ 11-2 \end{cases} = 2$$

工作最迟开始时间：

$$LS_{4-6} = LF_{4-6} - t_{4-6} = 16 - 5 = 11$$

$$LS_{5-6} = LF_{5-6} - t_{5-6} = 16 - 3 = 13$$

$$LS_{3-5} = LF_{3-5} - t_{3-5} = 13 - 5 = 8$$

$$LS_{4-5} = LF_{4-5} - t_{4-5} = 13 - 0 = 13$$

$$LS_{2-4} = LF_{2-4} - t_{2-4} = 11 - 2 = 9$$

$$LS_{3-4} = LF_{3-4} - t_{3-4} = 11 - 6 = 5$$

$$LS_{1-3} = LF_{1-3} - t_{1-3} = 5 - 5 = 0$$

$$LS_{2-3} = LF_{2-3} - t_{2-3} = 5 - 3 = 2$$

$$LS_{1-2} = LF_{1-2} - t_{1-2} = 2 - 1 = 1$$

工作最迟时间计算时应注意以下三个方面：一是计算程序应从终点节点开始逆着箭线方向，按节点次序逐项工作计算；二是要弄清该工作紧后工作有几项，以便正确计算；三是同一节点的所有内向工作最迟完成时间相同。

4）计算各工作的总时差。如图 3-37 所示，在不影响工期的前提下，各项工作所具有的机动时间为总时差。一项工作可以利用的时间范围是从该工作最早开始时间到最迟完成时间，即工作从最早开始时间或最迟开始时间，均不会影响总工期。而工作实际需要的持续时间是 t_{i-j}，减去 t_{i-j} 后余下的一段时间就是工作可以利用的机动时间，即为总时差。所以总时差等于最迟开始时间减去最早开始时间，或最迟完成时间减去最早完成时间，即

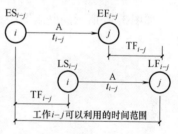

图 3-37　总时差计算简图

$$TF_{i-j} = LS_{i-j} - ES_{i-j} = LF_{i-j} - EF_{i-j} \tag{3-17}$$

如图 3-36 所示的网络图中，各工作的总时差计算如下：

$$TF_{1-2} = LS_{1-2} - ES_{1-2} = 1 - 0 = 1$$

$$TF_{1-3} = LS_{1-3} - ES_{1-3} = 0 - 0 = 0$$

$$TF_{2-3} = LS_{2-3} - ES_{2-3} = 2 - 1 = 1$$

$$TF_{2-4} = LS_{2-4} - ES_{2-4} = 9 - 1 = 8$$

$$TF_{3-4} = LS_{3-4} - ES_{3-4} = 5 - 5 = 0$$

$$TF_{3-5} = LS_{3-5} - ES_{3-5} = 8 - 5 = 3$$

$$TF_{4-5} = LS_{4-5} - ES_{4-5} = 13 - 11 = 2$$

$$TF_{4-6} = LS_{4-6} - ES_{4-6} = 11 - 11 = 0$$

$$TF_{5-6} = LS_{5-6} - ES_{5-6} = 13 - 11 = 2$$

总结上述计算结果，可得出总时差具有如下特性：

①凡是总时差最小的工作就是关键工作。关键线路上各工作时间之和为总工期。

②当计划工期等于计算工期时，总时差大于零的工作为非关键工作。

③时差的使用具有双重性，可以被该工作使用，但又属于某非关键线路所共有。当某项工作使用了全部或部分总时差时，则将引起通过该工作的线路上所有工作总时差重新分配。

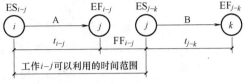

图3-38　自由时差计算简图

5）计算自由时差。如图3-38所示，在不影响其紧后工作最早开始时间的前提下，一项工作可以利用的时间范围是从该工作最早开始时间到其紧后工作最早开始时间。扣去工作的持续时间，尚有的一段时间就是自由时差。其计算公式如下

$$\mathrm{FF}_{i-j} = \mathrm{ES}_{j-k} - \mathrm{EF}_{i-j} \tag{3-18}$$

或

$$\mathrm{FF}_{i-j} = \mathrm{ES}_{j-k} - \mathrm{ES}_{i-j} - t_{i-j} \tag{3-19}$$

以终点节点（$j=n$）为箭头节点的工作，其自由时差应按网络计划的计算工期 T_p 确定，即

$$\mathrm{FF}_{i-n} = T_p - \mathrm{EF}_{i-n}$$

或

$$\mathrm{FF}_{i-n} = T_p - \mathrm{ES}_{i-n} - t_{i-n}$$

如图3-36所示的网络图中，各工作的自由时差计算如下：

$$\mathrm{FF}_{1-2} = \mathrm{ES}_{2-3} - \mathrm{EF}_{1-2} = 1 - 1 = 0$$

$$\mathrm{FF}_{1-3} = \mathrm{ES}_{3-4} - \mathrm{EF}_{1-3} = 5 - 5 = 0$$

$$\mathrm{FF}_{2-3} = \mathrm{ES}_{3-4} - \mathrm{EF}_{2-3} = 5 - 4 = 1$$

$$\mathrm{FF}_{2-4} = \mathrm{ES}_{4-6} - \mathrm{EF}_{2-4} = 11 - 3 = 8$$

$$\mathrm{FF}_{3-4} = \mathrm{ES}_{4-6} - \mathrm{EF}_{3-4} = 11 - 11 = 0$$

$$\mathrm{FF}_{3-5} = \mathrm{ES}_{5-6} - \mathrm{EF}_{3-5} = 11 - 10 = 1$$

$$\mathrm{FF}_{4-5} = \mathrm{ES}_{5-6} - \mathrm{EF}_{4-5} = 11 - 11 = 0$$

$$\mathrm{FF}_{4-6} = T_p - \mathrm{EF}_{4-6} = 16 - 16 = 0$$

$$\mathrm{FF}_{5-6} = T_p - \mathrm{EF}_{5-6} = 16 - 14 = 2$$

从上述计算结果可归纳出各工作自由时差具有如下特性：

①自由时差为某非关键工作具有的独立使用的机动时间。利用自由时差，不会影响其紧后工作的最早开始时间。

②非关键工作的自由时差必小于或等于其总时差。

（2）节点计算法　按节点计算法计算时间参数，其计算结果应标注在节点之上，如图3-39所示。下面以图3-40为例，说明计算步骤：

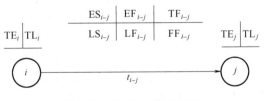

图3-39　节点时间参数标注

1）计算各节点的最早开始时间 TE_i。节点的最早开始时间是以该节点为开始节点的工作的最早开始时间，也就是该节点前面的工作全部完成，后面的工作最早可能开始的时间。其计算分为以下两种情况：

①起始节点如未规定最早开始时间，其值可以假定为零，即 $TE_i = 0$。

②中间节点 j 的最早开始时间

a. 当节点 j 的前面只有一个节点时，则

$$TE_j = TE_i + t_{i-j} \tag{3-20}$$

b. 当节点 j 的前面不止一个节点时，则

$$TE_j = \max \{TE_i + t_{i-j}\} \tag{3-21}$$

计算各节点的最早开始时间应从左到右依次进行，"顺着箭头相加，逢箭头相碰的节点取最大值"，直到终点。

如图 3-40 所示的网络图中，各节点的最早开始时间计算如下，结果标注在各节点上方。

$$TE_1 = 0$$

$$TE_2 = TE_1 + t_{1-2} = 0 + 6 = 6$$

$$TE_3 = \max \begin{Bmatrix} TE_1 + t_{1-3} \\ TE_2 + t_{2-3} \end{Bmatrix} = \max \begin{Bmatrix} 0+4=4 \\ 6+0=6 \end{Bmatrix} = 6$$

$$TE_4 = \max \begin{Bmatrix} TE_2 + t_{2-4} \\ TE_3 + t_{3-4} \end{Bmatrix} = \max \begin{Bmatrix} 6+8=14 \\ 6+5=11 \end{Bmatrix} = 14$$

$$TE_5 = \max \begin{Bmatrix} TE_3 + t_{3-5} \\ TE_4 + t_{4-5} \end{Bmatrix} = \max \begin{Bmatrix} 6+7=13 \\ 14+0=14 \end{Bmatrix} = 14$$

$$TE_6 = \max \begin{Bmatrix} TE_4 + t_{4-6} \\ TE_5 + t_{5-6} \end{Bmatrix} = \max \begin{Bmatrix} 14+10=24 \\ 14+9=23 \end{Bmatrix} = 24$$

ES_{i-j}	EF_{i-j}	TF_{i-j}
LS_{i-j}	LF_{i-j}	FF_{i-j}

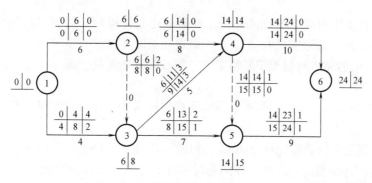

图 3-40　双代号网络图的节点计算法

2）计算各个节点的最迟开始时间 TL_i。节点的最迟开始时间是以该节点为完成节点的工作的最迟开始时间，也是对前面工作最迟完成时间所提出的限制。其计算有以下两种情况：

①终点节点 n 的最迟开始时间应等于网络计划的计划工期。即：

$$TL_n = TE_n \text{（规定工期）} \tag{3-22}$$

②中间节点 i 的最迟开始时间

a. 当节点 i 的后面只有一个节点时

$$TL_i = TL_j - t_{i-j} \tag{3-23}$$

b. 当节点 i 后面不止有一个节点时

$$TL_i = \min \{ TL_j - t_{i-j} \} \tag{3-24}$$

计算各节点最迟开始时间应从右向左，"逆着箭头相减，逢箭尾相碰的节点取最小值"，直至起点节点。

如图 3-40 所示的网络图中，各节点最迟开始时间计算如下，结果标注在各节点上方。

$$TL_6 = TE_6 = 24$$

$$TL_5 = TL_6 - t_{5-6} = 24 - 9 = 15$$

$$TL_4 = \min \left\{ \begin{matrix} TL_6 - t_{4-6} \\ TL_5 - t_{4-5} \end{matrix} \right\} = \min \left\{ \begin{matrix} 24 - 10 = 14 \\ 15 - 0 = 15 \end{matrix} \right\} = 14$$

$$TL_3 = \min \left\{ \begin{matrix} TL_4 - t_{3-4} \\ TL_5 - t_{3-5} \end{matrix} \right\} = \min \left\{ \begin{matrix} 14 - 5 = 9 \\ 15 - 7 = 8 \end{matrix} \right\} = 8$$

$$TL_2 = \min \left\{ \begin{matrix} TL_4 - t_{2-4} \\ TL_3 - t_{2-3} \end{matrix} \right\} = \min \left\{ \begin{matrix} 14 - 8 = 6 \\ 8 - 0 = 8 \end{matrix} \right\} = 6$$

$$TL_1 = \min \left\{ \begin{matrix} TL_2 - t_{1-2} \\ TL_3 - t_{1-3} \end{matrix} \right\} = \min \left\{ \begin{matrix} 6 - 6 = 0 \\ 8 - 4 = 4 \end{matrix} \right\} = 0$$

3）计算各工作的最早开始时间 ES_{i-j} 和最早完成时间 EF_{i-j}

①各项工作的最早开始时间等于其开始节点的最早开始时间，即

$$ES_{i-j} = TE_i$$

②各项工作的最早完成时间等于其最早开始时间加上工作持续时间，即

$$EF_{i-j} = ES_{i-j} + t_{i-j}$$

图 3-40 中各工作的最早开始时间 ES_{i-j} 和最早完成时间 EF_{i-j} 计算结果标注在箭线上方。

4）计算各工作的最迟完成时间 LF_{i-j} 和最迟开始时间 LS_{i-j}

①各项工作最迟完成时间等于其结束节点的最迟开始时间，即

$$LF_{i-j} = TL_j$$

②各项工作的最迟开始时间等于其最迟完成时间减去工作持续时间，即

$$LS_{i-j} = LF_{i-j} - t_{i-j}$$

图 3-40 中各工作的最迟完成时间 LF_{i-j} 和最迟开始时间 LS_{i-j} 计算结果标注在箭线上方。

5）计算各工作的总时差。各工作的总时差计算方法同工作计算法。工作总时差等于该工作的完成节点最迟开始时间减去该工作开始节点的最早开始时间再减去工作持续时间，即

$$TF_{i-j} = TL_j - ES_{i-j} - t_{i-j} = LF_{i-j} - EF_{i-j} = LS_{i-j} - ES_{i-j}$$

6）计算自由时差。工作自由时差等于该工作的完成节点最早开始时间减去该工作开始节点的最早开始时间，再减去该工作的持续时间。

$$FF_{i-j} = TE_j - TE_i - t_{i-j}$$

7）确定关键工作和关键线路。网络图中总时差为零的工作就是关键工作。图 3-40 中工作①→②、②→④、④→⑥为关键工作。关键工作用双箭线或粗箭线表示。由关键工作组成的线路为关键线路。图 3-40 中①→②→④→⑥为关键线路。

3. 单代号网络计划时间参数的计算方法

（1）最早时间参数计算

1）工作最早开始时间的计算应符合下列规定：

①工作 i 的最早开始时间 ES_i 应从网络图的起点节点开始，顺着箭线方向依次逐个计算，计算的时间参数标在节点的上方。

②起点节点的最早开始时间 ES_i 无规定时，其值等于零，即

$$ES_i = 0$$

③其他工作节点的最早开始时间 ES_i 应为

$$ES_i = \max \ (ES_h + t_h) \ = \max \ (EF_h)$$

式中　ES_h——工作 i 的紧前工作 h 的最早开始时间；

　　　t_h——工作 i 的紧前工作 h 的持续时间；

　　　EF_h——工作 i 的紧前工作 h 的最早完成时间。

2）工作 i 的最早完成时间 EF_i 的计算应符合下式规定：

$$EF_i = ES_i + t_i \tag{3-25}$$

3）网络计划的计算工期 T_c 的计算应符合下式规定：

$$T_c = \max \ \{EF_n\} \tag{3-26}$$

4）网络计划的计划工期 T_p 应按下列情况分别确定：

①当已规定了要求工期 T_r 时，$T_p \leqslant T_r$。

②当未规定要求工期时，$T_p = T_c$。

（2）工作最迟时间参数计算

1）工作最迟完成时间的计算应符合下列规定：

①工作 i 的最迟完成时间 LF_i 应从网络图的终点节点开始，逆着箭线方向依次逐项计算。当部分工作分期完成时，有关工作的最迟完成时间应从分期完成的节点开始逆向逐项计算。

②终点节点所代表的工作 n 的最迟完成时间 LF_n 应按网络计划的计划工期 T_p 确定，即

$$LF_n = T_p$$

分期完成那项工作的最迟完成时间应等于分期完成的时刻。

③其他工作 i 的最迟完成时间 LF_i 应为

$$LF_i = \min \ \{LF_j - t_j\} \ = \min \ \{LS_j\} \tag{3-27}$$

式中　LF_j——工作 i 的紧后工作 j 的最迟完成时间；

　　　t_j——工作 i 的紧后工作 j 的持续时间；

　　　LS_j——i 的紧后工作 j 的最迟开始时间。

2）工作 i 的最迟开始时间 LS_i 的计算应符合下式规定：

$$LS_i = LF_i - t_i \tag{3-28}$$

（3）时差计算

1）工作总时差的计算应符合下列规定：

①工作 i 的总时差 TF_i 应从网络图的终点节点开始，逆着箭线方向依次逐项计算。当部分工作分期完成时，有关工作的总时差必须从分期完成的节点开始逆向逐项计算。

②终点节点所代表的工作 n 的总时差 TF_n 值为零，即 $TF_n = 0$。

③其他工作的总时差 TF_i 的计算应符合下式规定：

$$TF_i = LS_i - ES_i = LF_i - EF_i \tag{3-29}$$

2）工作的自由时差计算应符合下列规定：某节点 i 的自由时差等于紧后节点 j 最早开始时间的最小值与本身的最早完成时间之差，即

$$FF_i = \min\{ES_j\} - EF_i \tag{3-30}$$

（4）确定关键工作和关键线路　网络计划中机动时间最少的工作称为关键工作，因此，单代号网络计划中工作总时差最小的工作就是关键工作。当计划工期等于计算工期时，总时差为零的工作就是关键工作。当"开始"和"结束"的总时差为零时，也可以把它们当作关键工作对待。

从单代号网络图的开始节点起到结束节点止，沿着箭线顺序连接各关键工作的线路称为关键线路。关键线路用粗实线或双箭线表示。

【例3-9】 试计算图3-41所示单代号网络计划的时间参数。

【解】 计算结果如图3-42所示，其计算过程如下：

①工作最早开始时间和最早完成时间的计算：

工作最早开始时间从网络图起点节点开始，顺着箭线方向自左向右，依次逐个计算。

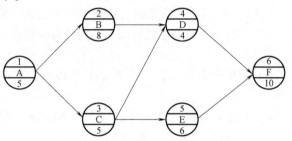

图3-41　例3-9图

$$ES_1 = 0 \quad EF_1 = ES_1 + t_1 = 0 + 5 = 5$$

$$ES_2 = EF_1 = 5 \quad EF_2 = ES_2 + t_2 = 5 + 8 = 13$$

$$ES_3 = EF_1 = 5 \quad EF_3 = ES_3 + t_3 = 5 + 5 = 10$$

$$ES_4 = \max\{EF_2, EF_3\} = \max\{13, 10\} = 13 \quad EF_4 = ES_4 + t_4 = 13 + 4 = 17$$

$$ES_5 = EF_3 = 10 \quad EF_3 = ES_5 + t_5 = 10 + 6 = 16$$

$$ES_6 = \max\{EF_4, EF_5\} = \max\{17, 16\} = 17$$

$$EF_6 = ES_6 + t_6 = 17 + 10 = 27$$

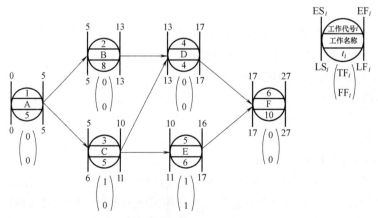

图3-42　单代号网络计划的时间参数计算结果

②网络计划的计算工期的确定：

网络计划的计算工期 $T_c = EF_6 = 27$

③网络计划的计划工期的确定：

由于本计划没有要求工期，故

$$T_p = T_c = 27$$

④最迟完成时间和最迟开始时间的计算：

$$LF_6 = T_p = 27 \quad LS_6 = LF_6 - t_6 = 27 - 10 = 17$$

$$LF_5 = LS_6 = 17 \quad LS_5 = LF_5 - t_5 = 17 - 6 = 11$$

$$LF_4 = LS_6 = 17 \quad LS_4 = LF_4 - t_4 = 17 - 4 = 13$$

$$LF_3 = \min\{LS_4, LS_5\} = \min\{13, 11\} = 11 \quad LS_3 = LF_3 - t_3 = 11 - 5 = 6$$

$$LF_2 = LS_4 = 13 \quad LS_2 = LF_2 - t_2 = 13 - 8 = 5$$

$$LF_1 = \min\{LS_2, LS_3\} = \min\{5, 6\} = 5 \quad LS_1 = LF_1 - t_1 = 5 - 5 = 0$$

⑤工作总时差的计算：

$$TF_6 = LF_6 - EF_6 = 27 - 27 = 0$$

$$TF_5 = LF_5 - EF_5 = 17 - 16 = 1$$

$$TF_4 = LF_4 - EF_4 = 17 - 17 = 0$$

$$TF_3 = LF_3 - EF_3 = 11 - 10 = 1$$

$$TF_2 = LF_2 - EF_2 = 13 - 13 = 0$$

$$TF_1 = LF_1 - EF_1 = 5 - 5 = 0$$

⑥工作自由时差计算：

$$FF_6 = 0$$

$$FF_5 = \min\{ES_6\} - EF_5 = 17 - 16 = 1$$

$$FF_4 = \min\{ES_6\} - EF_4 = 17 - 17 = 0$$

$$FF_3 = \min\{ES_4, ES_5\} - EF_3 = 10 - 10 = 0$$

$$FF_2 = \min\{ES_4\} - EF_2 = 13 - 13 = 0$$

$$FF_1 = \min\{ES_2, ES_3\} - EF_1 = 5 - 5 = 0$$

⑦关键工作和关键线路：

根据计划工期等于计算工期时，总时差为零的工作就是关键工作，图3-42网络图的关键工作为A、B、D、F，关键线路为①→②→④→⑥。

4. 双代号时标网络计划关键线路和时间参数的确定

（1）关键线路的确定　自终点节点逆箭线方向朝起点节点观察，自始至终不出现波形线的线路为关键线路。

（2）工期的确定　时间网络计划的计算工期，应是其终点节点与起点节点所在位置的时标值之差。

（3）时间参数的确定

1）最早时间参数。按最早时间绘制的时标网络计划，每条箭线箭尾和箭头所对应的时标值即为该工作的最早开始时间和最早完成时间。

2）自由时差。波形线的水平投影长度即为该工作的自由时差。

3）总时差。自右向左进行，其值等于诸紧后工作总时差的最小值与本工作自由时差之和，即

$$TF_{i-j} = \min\{TF_{j-k}\} + FF_{i-j} \qquad (3\text{-}31)$$

4）最迟时间参数。最迟开始时间和最迟完成时间应按下式计算：

$$LS_{i-j} = ES_{i-j} + TF_{i-j} \qquad (3\text{-}32)$$

$$LF_{i-j} = EF_{i-j} + TF_{i-j} \qquad (3\text{-}33)$$

【任务实施】

在施工进度计划的执行过程中，会受到很多方面因素的影响，致使施工实际进度与计划进度产生偏差。通过实际进度与计划进度的比较，才能找出偏离计划目标的原因。工程实际进度与计划进度的比较方法主要有横道图比较法、前锋线比较法和列表比较法。

1. 横道图比较法

横道图比较法是指将在项目实施中检查实际进度收集的信息，经整理后直接用横道线并列标于原计划的横道线处，进行直观比较的方法。例如某工程的施工实际进度与计划进度比较，如图 3-43 所示。其中粗实线表示计划进度，细实线表示工程施工实际进度。从比较中可以看出，在第 18 天进度检查时，管沟开挖及垫层（第 3 施工段）拖后 2 天，给水管道安装（第 2 施工段）拖后 1 天。

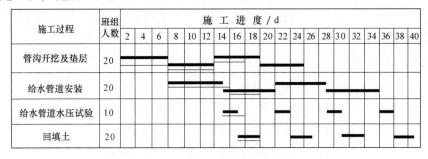

图 3-43　横道图比较法图示

2. 前锋线比较法

前锋线比较法也是一种简单地进行工程实际进度与计划进度的比较方法。它主要适用于时标网络计划。

（1）主要方法　从检查时刻的时标点出发，首先连接与其相邻的工作箭线的实际进度点，由此再去连接该箭线相邻工作箭线的实际进度点，依此类推，将检查时刻正在进行工作的实际进度点都依次连接起来，组成一条一般为折线的前锋线。按前锋线与箭线交点的位置判定工程实际进度与计划进度的偏差。

（2）前锋线比较法步骤

1）绘制时标网络图。

2）绘制前锋线：一般从上方时间坐标的检查日起，依次连接相邻工作箭线的实际进度点，最后与下方时间坐标的检查日连接。

3）比较实际进度与计划进度：前锋线明显地反映出检查日有关工作实际进度与计划进

度的关系，有以下三种情况：

①工作实际进度点位置与检查日时间坐标相同，则该工作实际进度与计划进度一致。

②工作实际进度点位置在检查日时间坐标右侧，则该工作实际进度超前，超前天数为二者之差。

③工作实际进度点位置在检查日时间坐标左侧，则该工作实际进展拖后，拖后天数为二者之差。

【例3-10】　已知网络计划如图3-44所示，在第5天检查时，发现工作A已完成，工作B已进行一天，工作C已进行2天，工作D尚未开始。试用前锋线法进行实际进度与计划进度比较。

【解】　①按已知网络计划图绘制双代号时标网络图，如图3-45所示。

②按第5天检查实际进度情况绘制前锋线，如图3-45点画线所示。

③实际进度与计划进度比较，从图3-45前锋线可以看出：工作B拖延1天；工作C与计划一致；工作D拖延2天。

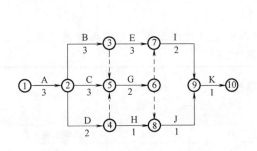

图3-44　例3-10双代号网络图

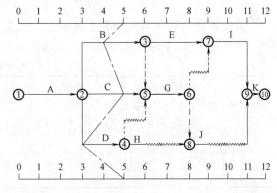

图3-45　例3-10时标网络图及进度计划前锋线

3. 列表比较法

当采用无时标双代号网络计划时，也可以采用列表比较法，比较工程实际进度与计划进度的偏差情况。该方法是记录检查时应该进行的工作名称和已进行的天数，然后列表计算有关时间参数，根据原有总时差和尚有总时差判断实际进度与计划进度的比较方法。列表比较法步骤如下：

1）计算检查时应该进行的工作 $i-j$ 尚需作业时间 T'_{i-j}，其计算公式为

$$T'_{i-j} = t_{i-j} - t'_{i-j} \tag{3-34}$$

式中　　t_{i-j}——工作 $i-j$ 的计划持续时间。

t'_{i-j}——工作 $i-j$ 检查时已经进行的时间。

2）计算工作 $i-j$ 检查时至最迟完成时间的尚余时间 T''_{i-j}，其计算公式为

$$T''_{i-j} = LF_{i-j} - t'' \tag{3-35}$$

式中　　LF_{i-j}——工作 $i-j$ 的最迟完成时间。

t''——检查时间。

3）计算工作 $i-j$ 尚有总时差 TF'_{i-j}，其计算公式为

$$TF'_{i-j} = T''_{i-j} - T'_{i-j} \tag{3-36}$$

　　4）填表分析工作实际进度与计划进度的偏差。可能有以下几种情况：

①若工作尚有总时差与原有总时差相等，则说明该工作的实际进度与计划进度一致。

②若工作尚有总时差小于原有总时差，但仍为正值，则说明该工作的实际进度比计划进度拖后，产生的偏差值为二者之差，但不影响工期。

③若尚有总时差为负值，则说明对总工期有影响。

【例3-11】　已知网络计划如图3-44所示，在第5天检查时，发现工作A已完成，工作B已进行1天，工作C已进行2天，工作D尚未开始。试用列表法进行实际进度与计划进度比较。

【解】　①计算检查时计划应进行工作尚需作业时间 T'_{i-j}。以工作B为例

$$T'_{i-j} = t_{i-j} - t'_{i-j} = 3 - 1 = 2$$

②计算工作检查时至最迟完成时间的尚余时间 T''_{i-j}。以工作B为例

$$T''_{i-j} = LF_{i-j} - t'' = 6 - 5 = 1$$

③计算工作尚有总时差 TF'_{i-j}。以工作B为例

$$TF'_{i-j} = T''_{i-j} - T'_{i-j} = 1 - 2 = -1$$

其他工作的时间数据计算方法同上，见表3-14。

④根据表3-14的计算结果分析工作实际进度与计划进度的偏差，可得知进度情况。

表3-14　有关时间参数列表

工作代号	工作名称	检查时尚需作业时间 T'_{i-j}	检查时至最迟完成时间的尚余时间 T''_{i-j}	原有总时差 TF_{i-j}	尚有总时差 TF'_{i-j}	进度情况
2 - 3	B	2	1	0	-1	影响工期1天
2 - 5	C	1	2	1	1	正常
2 - 4	D	2	2	2	0	正常

【提交成果】

完成此任务后，需提交实际进度前锋线和网络计划检查结果分析表。

任务3　施工进度计划实施中的调整

【任务描述】

根据建筑设备安装工程的施工进度计划和施工进度前锋线，对施工进度计划进行调整。

【实现目标】

通过完成调整施工进度计划，熟悉施工进度计划优化的方法，能准确分析偏差对后序工作的影响，确定调整原计划的方法，并能合理地对进度计划进行调整，提高分析问题和解决问题的能力。

【任务分析】

影响施工进度计划的因素是多方面的，如设计变更、其他施工单位（如钢结构、土建、

装修等）施工计划的更改、进度的缓慢和停滞、物资（设备、机具、材料等）供应延迟、生产和人身安全事故导致的停工整顿、不可预见性自然灾害和气候原因等，都会导致施工进度的改变。所以应根据实际情况，分析存在的问题，采取相应的应急措施，减少各种不利因素带来的负面影响，协调各方面的关系，使工程能够保质保量、安全如期完成。

进行施工进度计划调整时，应分析偏差对后续工作及总工期的影响。探讨施工进度计划调整方法，并调整施工进度计划，保证工程按原计划工期完成。

【教学方法建议】

分小组采用角色扮演法，各组成员由施工单位施工员和定额员组成。

【相关知识】

网络计划经绘制和计算后，可得出最初方案。网络计划的最初方案是一种可行方案，但不一定是最好方案。要想使网络计划在实施中获得缩短工期、质量优良、资源消耗少、工程成本低的效果，必须对网络计划进行优化。网络计划的优化，就是在规定的约束条件下，按某一目标，通过不断调整，寻找最优网络计划方案的过程。网络计划的优化分为工期优化、费用优化及资源优化。

1. 工期优化

工期优化是压缩计算工期，以达到要求工期目标，或在一定约束条件下使工期最短的过程。

工期优化一般通过压缩关键工作的持续时间来达到优化目标。在优化过程中，要注意不能将关键工作压缩成非关键工作。当在优化过程中出现多条关键线路时，必须将各条关键线路的持续时间压缩同一数值，否则不能有效将工期缩短。

工期优化的步骤如下：

1）找出网络计划中的关键线路并求出计算工期。

2）按要求工期计算应缩短的时间 ΔT

$$\Delta T = T_c - T_r$$

式中　　T_c——计算工期；

T_r——要求工期。

3）按下列因素选择应优先缩短持续时间的关键工作：

①缩短持续时间对质量和安全影响不大的工作。

②有充足备用资源的工作。

③缩短持续时间所需增加的费用最少的工作。

4）将应优先缩短的关键工作压缩至最短持续时间，并找出关键线路。若被压缩的工作变成了非关键工作，则应将其持续时间延长，使之仍为关键工作。

5）若计算工期仍超过要求工期，则重复上述步骤，直到满足工期要求或工期已不能再缩短为止。

6）当所有关键工作或部分关键工作已达最短持续时间而寻求不到继续压缩工期的方案，但工期仍不满足要求工期时，应对计划的原技术、组织方案进行调整，或对要求工期重新审定。

【例3-12】　已知网络计划如图3-46所示,图中箭线下方为正常持续时间,括号内为最短持续时间,要求工期为120天,试对其进行工期优化。

【解】　①计算并找出网络计划的关键工作及关键线路。用工作正常持续时间计算节点的最早时间和最迟时间,如图3-47所示。①→③、③→④、④→⑥为关键工作,①→③→④→⑥为关键线路。

②计算应缩短工期,根据图3-47所计算的工期确定需要缩短时间为40天。

③根据图3-46和图3-47中数据,线路①→②→③的总时差为10天,关键工作①→③可缩短10天,线路③→⑤→⑥的总时差为30天,关键工作③→④可缩短30天,共缩短40天,重新计算网络计划,如图3-48所示,经计算工期为120天,可满足要求。

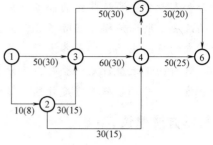

图3-46　例3-12图

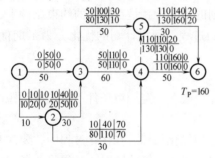

图3-47　用正常持续时间计算

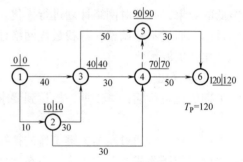

图3-48　调整后网络计划

2. 费用优化

费用优化又称时间成本优化,是寻求最低成本时的最短工期安排,或按要求工期寻求最低成本的计划安排过程。

网络计划的总费用由直接费和间接费组成。随工期的缩短而增加的费用是直接费;随工期的缩短而减少的费用是间接费。由于直接费随工期缩短而增加,间接费随工期缩短而减少,故必定有一个总费用最少的工期,这便是费用优化所要寻求的目标。

费用优化的步骤如下:

1)算出工程总直接费。工程总直接费等于组成该工程的全部工作的直接费之和,用$\sum C_{i-j}^t$表示。

2)计算各项工作直接费率,即缩短工作持续时间每一单位时间所需增加的直接费。工作$i-j$的直接费率用α_{i-j}^t表示。

$$\alpha_{i-j}^t = \frac{C_{i-j}^C - C_{i-j}^N}{t_{i-j}^N - t_{i-j}^C} \tag{3-37}$$

式中　t_{i-j}^C——工作$i-j$的最短持续时间。

t_{i-j}^N——工作$i-j$的正常持续时间。

C_{i-j}^C——工作$i-j$的最短持续时间直接费。

C_{i-j}^{N}——工作 $i-j$ 正常持续时间直接费。

3）找出网络计划中的关键线路并求出计算工期 T。

4）计算工期为 T 的网络计划的总费用 C^{T}。

$$C^{T} = \sum C_{i-j}^{t} + \alpha^{j} T \qquad (3-38)$$

式中　$\sum C_{i-j}^{t}$——计算工期为 T 的网络计划的总直接费。

　　　α^{j}——工程间接费率，即缩短或延长工期每一单位时间所需减少或增加的间接费用。

5）当只有一条关键线路时，将直接费率最小的一项工作压缩至最短持续时间，并找出关键线路。若被压缩的工作变成了非关键工作，则应将其持续时间延长，使之仍为关键工作。当有多条关键线路时，就需压缩一项或多项直接费率或组合直接费率最小的工作，并将其中正常持续时间与最短持续时间的差值最小的为幅度进行压缩，并找出关键线路。若被压缩工作变成了非关键工作，则应将其持续时间延长，使之仍为关键工作。

在确定了压缩方案后，必须检查被压缩的工作的直接费率或组合费率是否等于、小于或大于间接费率，如果等于间接费率，则已得到优化方案；如果小于间接费率，则需继续按上述方法进行压缩；如果大于间接费率，则在此前的小于间接费率的方案即为优化方案。

6）列出优化表。内容见表3-15。

表3-15　费用优化表

缩短次数	被压缩工作代号	被压缩工作名称	直接费率或组合直接费率	费率差（直接费率或组合直接费率 – 间接费率）	缩短时间	费用变化	工期	优化点

7）计算出优化后的总费用。优化后的总费用应等于初始网络计划的总费用减去费用变化合计的绝对值。

8）绘出优化网络计划。

【例3-13】　已知网络计划如图3-49所示，图中箭线下方为正常持续时间、括号内为最短持续时间，箭线上方为正常直接费、括号内为最短时间直接费，间接费率为1.0千元/天，试对其进行费用优化。

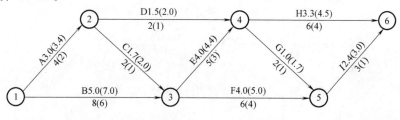

图3-49　例3-13图

【解】　①计算工程总直接费：

$\sum C_{i-j}^{t} = (3.0 + 5.0 + 1.7 + 1.5 + 4.0 + 4.0 + 1.0 + 3.3 + 2.4)$ 千元 $= 25.9$ 千元

②计算出各项工作直接费率：

$$\alpha^t_{1-2} = \frac{C^C_{1-2} - C^N_{1-2}}{t^N_{1-2} - t^C_{1-2}} = \frac{3.4 - 3.0}{4 - 2} \, 千元/天 = 0.2 \, 千元/天$$

$$\alpha^t_{1-3} = \frac{C^C_{1-3} - C^N_{1-3}}{t^N_{1-3} - t^C_{1-3}} = \frac{7.0 - 5.0}{8 - 6} \, 千元/天 = 1.0 \, 千元/天$$

$$\alpha^t_{2-3} = \frac{C^C_{2-3} - C^N_{2-3}}{t^N_{2-3} - t^C_{2-3}} = \frac{2.0 - 1.7}{2 - 1} \, 千元/天 = 0.3 \, 千元/天$$

$$\alpha^t_{2-4} = \frac{C^C_{2-4} - C^N_{2-4}}{t^N_{2-4} - t^C_{2-4}} = \frac{2.0 - 1.5}{2 - 1} \, 千元/天 = 0.5 \, 千元/天$$

$$\alpha^t_{3-4} = \frac{C^C_{3-4} - C^N_{3-4}}{t^N_{3-4} - t^C_{3-4}} = \frac{4.4 - 4.0}{5 - 3} \, 千元/天 = 0.2 \, 千元/天$$

$$\alpha^t_{3-5} = \frac{C^C_{3-5} - C^N_{3-5}}{t^N_{3-5} - t^C_{3-5}} = \frac{5.0 - 4.0}{6 - 4} \, 千元/天 = 0.5 \, 千元/天$$

$$\alpha^t_{4-5} = \frac{C^C_{4-5} - C^N_{4-5}}{t^N_{4-5} - t^C_{4-5}} = \frac{1.7 - 1.0}{2 - 1} \, 千元/天 = 0.7 \, 千元/天$$

$$\alpha^t_{4-6} = \frac{C^C_{4-6} - C^N_{4-6}}{t^N_{4-6} - t^C_{4-6}} = \frac{4.5 - 3.3}{6 - 4} \, 千元/天 = 0.6 \, 千元/天$$

$$\alpha^t_{5-6} = \frac{C^C_{5-6} - C^N_{5-6}}{t^N_{5-6} - t^C_{5-6}} = \frac{3.0 - 2.4}{3 - 1} \, 千元/天 = 0.3 \, 千元/天$$

③用节点法找出网络计划中的关键线路并求出计算工期。如图 3-50 所示，计算工期为 19 天，图中箭线上方括号内为直接费率。

④算出工程总费用：

$$C^T = \sum C^t_{i-j} + \alpha^j = (25.9 + 1.0 \times 19) \, 千元 = 44.9 \, 千元$$

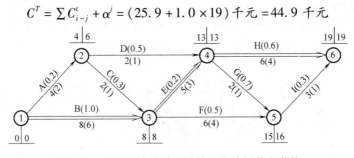

图 3-50 按正常持续时间计算网络计划节点参数

⑤进行压缩。

第一次压缩：关键线路中，直接费率最低的关键工作为 E，其直接费率为 0.2 千元/天，将 E 压缩至最短持续时间 3 天，找出关键线路，如图 3-51 所示。压缩后的网络计划如图 3-52 所示。

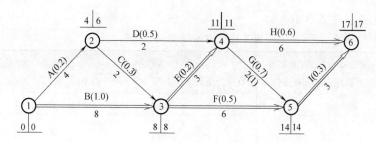

图 3-51 第一次压缩后网络计划节点参数的计算

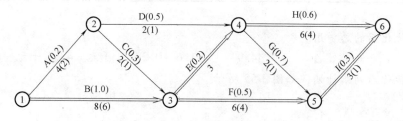

图 3-52 第一次压缩后网络计划

第二次压缩：有两条关键线路，共有三个压缩方案。

压缩 B，直接费率为 1.0；压缩 H、F，组合直接费率为 1.1；压缩 H、I，组合直接费率为 0.9。决定采用直接费率和组合直接费率最小的方案，压缩 H、I，只能压缩 2 天，组合直接费率为 0.9，小于间接费率，没有出现优化点。第二次压缩后的网络计划如图 3-53 所示。

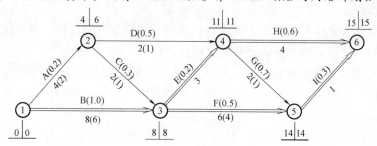

图 3-53 第二次压缩网络计划节点参数的计算

第三次压缩：缩短工作 B，压缩至最短时间 6 天，直接费率为 1.0，等于间接费率，已出现优化点。第三次压缩后网络计划如图 3-54 所示。

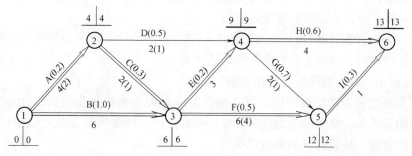

图 3-54 第三次压缩网络计划节点参数的计算

⑥列出优化表，见表3-16。

表3-16 例3-13 费用优化表

缩短次数	被压缩工作代号	被压缩工作名称	直接费率或组合直接费率	费率差（直接费率或组合直接费率－间接费率）	缩短时间	费用变化	工期	优化点
1	3→4	E	0.2	－0.8	2	－1.6	17	
2	4→6 5→6	H、I	0.9	－0.1	2	－0.2	15	
3	1→3	B	1.0	0	2	0	13	优

⑦计算优化后的总费用。

$$C_1^T = C^T - |\Delta C| = (44.9 - |-1.6 - 0.2|)\ 千元 = 43.1\ 千元$$

⑧绘制优化后网络计划，如图3-55所示。

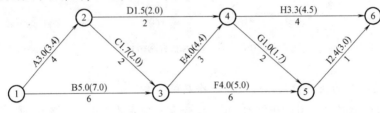

图3-55 优化后网络计划

3. 资源优化

资源是为完成任务所需的人力、材料、机械设备和资金等的统称。资源优化是通过改变工作的开始时间，使资源按时间的分布符合优化目标。

（1）资源有限－工期最短的优化 资源有限－工期最短的优化是调整计划安排，以满足资源限制条件，并使工期拖延最少的过程。资源有限－工期最短的优化宜在时标网络计划上进行，步骤如下：

1）从网络计划开始的第1天起，从左至右计算资源需用量 R_t，并检查其是否超过资源限量 R_a。

①如检查至网络计划最后1天都是 $R_t \leq R_a$，则该网络计划就符合优化要求。

②如发现 $R_t > R_a$，就停止检查而进行调整。

2）调整网络计划。将 $R_t > R_a$ 处的工作进行调整。方法是将该处的一个工作移到该处的另一个工作之后，以减少该处的资源需用量。

3）计算调整后的工期增量。调整后的工期增量等于前面工作的最早完成时间减去后面工作的最早开始时间，再减去在后面工作的总时差。

4）重复以上步骤，直至出现优化方案为止。

（2）工期固定－资源均衡的优化 工期固定－资源均衡的优化是调整计划安排，在工期保持不变的条件下，使资源需用量尽可能均衡的过程。资源均衡可以大大减少施工现场各种临时设施的规模，从而可以节省施工费用。

1）衡量资源均衡的指标

①不均衡系数 K

$$K = \frac{R_{\max}}{R_{\mathrm{m}}} \qquad (3\text{-}39)$$

式中 $R_{\max}$——最大的资源需用量。

R_{m}——资源需用量的平均值。

②极差值 ΔR

$$\Delta R = \max\ \left[\ \left|\ R_t - R_{\mathrm{m}}\ \right|\ \right] \qquad (3\text{-}40)$$

③均方差值

$$\sigma^2 = \frac{1}{T}\sum_{t=1}^{T} R_t^2 - R_{\mathrm{m}}^2 \qquad (3\text{-}41)$$

2）进行优化调整

①调整顺序。调整宜从网络计划结束节点开始，自右向左逐次进行。按工作的完成节点编号值从大到小的顺序进行调整，同一个完成节点的工作则先调整开始时间较迟的工作。

在所有工作都按上述顺序自右向左进行了一次调整之后，再按上述顺序自右向左进行多次调整，直至所有工作既不能向右移也不能向左移为止。

②工作可移性的判断。由于要工期固定，故关键工作不能移动，非关键工作是否可移，主要看是否削低了高峰值，填高了低谷值。

【任务实施】

1. 分析偏差对后续工作及总工期的影响

当出现偏差时，需要分析该偏差对后续工作及总工期产生的影响。偏差的大小及其所处的位置，对后续工作和总工期的影响程度是不同的。分析的方法主要是利用网络计划中总时差和自由时差的概念进行判断。当偏差小于该工作的自由时差时，对进度计划无影响；当偏差大于自由时差，而小于总时差时，对后续工作的最早开始时间有影响，对总工期无影响；当偏差大于总时差时，对后续工作和总工期均有影响。

2. 进度计划的调整方法

在对实施的进度计划分析的基础上，确定调整原计划的方法。调整方法主要有以下两种：

（1）改变某些工作间的逻辑关系　若实施中的进度产生的偏差影响了总工期，并且有关工作之间的逻辑关系允许改变，可以改变关键线路和超过计划工期的非关键线路上的有关工作之间的逻辑关系，达到缩短工期的目的。例如可以把依次进行的有关工作改变为平行或互相搭接的工作。

（2）缩短某些工作的持续时间　这种方法是不改变工作间的逻辑关系，只是缩短某些工作的持续时间，而使施工进度加快，以保证实现计划工期的方法。这些被压缩持续时间的工作是位于因实际施工进度的拖延而引起总工期增长的关键线路和某些非关键线路上的工作。同时这些工作又是可以压缩持续时间的工作。其调整方法视限制条件及对后续工作的影响程度不同而有所区别，一般分为以下三种情况：

1）网络计划中某项工作进度拖延的时间在该项工作的总时差范围内和自由时差以外：这种拖延并不会对总工期产生影响，而只对后续工作产生影响。因此，在进行调整前，需确定后续工作允许拖延的时间限制，并以此作为进度调整的限制条件。后续工作在时间上产生的任何变化都可能带来协调上的麻烦或者使合同不能正常履行而使受损失的一方向引起这一现象的另一方提出索赔。因此，寻找合理的调整方案，把对后续工作的影响减少到最低程度非常重要。

调整的方法：首先确定受影响的后续工作。分析受影响的后续工作允许拖延的时间，如果拖延的时间完全允许，将拖延后的时间参数代入原计划，可得出调整方案。如果拖延时间是不允许的，或者拖延时间有限制，可用优化法确定应压缩的工作，获得最优的调整后的计划。

2）网络计划中某项工作进度拖延的时间在该项工作的总时差以外：这种拖延将会对后续工作和总工期产生影响。

①如果项目总工期不允许拖延，项目必须按期完成，可按照工期优化的方法进行调整，以保证总工期目标的实现。

②如果项目总工期允许拖延，只需以实际数据取代原始数据，并重新计算网络计划有关参数。

③如果项目总工期允许拖延的时间有限，并且实际拖延的时间超过了此限制，通过压缩网络计划中某些工作的持续时间，使总工期满足规定的要求。方法是首先化简网络图，去掉已经执行的部分，以进度检查日期作为开始节点，并将实际数据代入；以简化的网络图及代入的实际数据为基础，计算各工作最早开始时间；以总工期允许拖延的极限时间作为完成时间，计算各工作最迟必须开始时间；计算各工作的总时差。对网络计划进行工期优化，消除负时差，达到缩短工期的目的。

3）网络计划中某项工作进度超前。由于某项工作的超前，易使资源的使用发生变化，打乱了原始计划对资源的合理安排。因此，进度控制人员必须综合分析由于进度超前对后续工作产生的影响，并与有关承包单位共同协商，提出合理的进度调整方案。

【例3-14】　某电气安装工程，网络计划如图3-56所示，原计划工期是188天，第95天检查时，工作③→④刚进行了20天，即工期拖后了20天。试对进度计划进行调整。（网络图中箭线上方数字为压缩一天增加的费用，箭线下方括号外的数字为计划持续时间，括号内的数字为最短的持续时间）

【解】　由于工期拖后了20天，调整的方法是缩短工作③→④及以后的计划工作时间。

第一步：先压缩关键工作中费用增加率最小的工作，压缩量不能超过实际可能压缩值。从图3-56中可以看出，关键工作中赶工费最低的是工作⑤→⑦，可压缩量为3天，需支出压缩费（3×100）元＝300元。至此工期缩短了3天，但⑤→⑦不能再压缩了。

第二步：按上述方法，压缩未经调整的各关键工作中费用增加率最省者。比较工作③→④、④→⑤、⑦→⑧、⑧→⑨，赶工费最低的是工作⑧→⑨，可压缩2天，需支出费用（2×110）元＝220元。

第三步：按上述方法，压缩工作③→④，可压缩量为10天，需支出费用（10×120）元＝1200元。至此工期缩短了15天。

第四步：比较工作④→⑤和⑦→⑧，赶工费最低的是工作⑦→⑧，只需压缩5天，需支出费用（5×130）元＝650元。至此工期压缩20天完成。总增加费用为（300＋220＋1200＋650）元＝2370元。

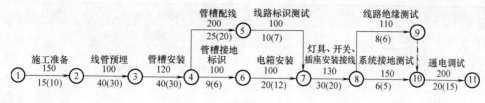

图 3-56 例题 3-14 图

【提交成果】

完成此任务后，需提交调整后的施工进度计划图。

进度计划
调整案例

练 习 题

3.1【背景材料】

某消防系统安装工程，施工过程名称、劳动量、施工段数和人数等数据见表 3-17。

表 3-17 练习题 3.1 数据

施工过程名称	劳 动 量	施工段数	人数/人	备 注
消防管道的安装(明敷)	360	4		
消防设备安装	270	4	10 ~ 20	—
消火栓的安装	200	4		
系统通水调试	40	1		

【问题】

试计算各施工过程的流水节拍。

3.2【背景材料】

某大厦电缆工程，采用直埋敷设方式。划分为四个施工过程，分五个施工段组织流水施工。每个施工过程在各施工段上的人数及流水节拍见表 3-18。

表 3-18 练习题 3.2 数据

施工过程名称	流水节拍	班组人数/人	施工段数
开挖电缆沟	15	8	5
预埋电缆保护管	5	10	5
敷设电缆	10	10	5
铺砂盖砖、回填土	5	12	5

【问题】

试组织成倍节拍流水施工。

3.3【背景材料】

某室外给水管线工程，施工过程名称、劳动量、现有劳动力人数及施工段数见表 3-19。

表 3-19 练习题 3.3 数据

施工过程名称	劳动量/工日	现有劳动力人数/人	施工段数
放线、管沟开挖及垫层	480	20	4
给水管道安装	560	20	4
给水管道水压试验	80	10	4
回填土	240	20	4

【问题】

采用异节拍流水施工方式，试绘制该室外给水管线工程的施工进度计划。

3.4【背景材料】

某照明系统的安装工程，施工过程名称、劳动量、班组人数和施工段数见表 3-20。

表 3-20 练习题 3.4 数据

施工过程名称	劳动量/工日	班组人数/人		施工段数
		最　低	最　高	
电缆敷设	6	2	4	1
室内配线安装	80	10	20	2
照明配电箱的安装	30	6	10	2
灯具、插座的安装	50	10	25	2
开关的安装	60	10	25	2
调试验收	8	4	4	1

【问题】

自行确定流水施工方式，绘制横道图。

3.5【背景材料】

某网络图资料见表 3-21。

表 3-21 练习题 3.5 数据

工　作	A	B	C	D	E	F
紧前工作	—	A	A	B、C	C	D、E
持续时间/d	2	3	2	1	2	1

【问题】

绘制双代号网络图和单代号网络图。

3.6【背景材料】

某建筑给水排水系统安装工程，施工过程的名称、持续时间和所需劳动力人数见表 3-22，合同工期为 48 天，最高峰人数不超过 35 人。

表 3-22 练习题 3.6 数据

施工过程名称	持续时间/d	所需劳动力人数/人	备　注
定位放线	2	4	—
室内给水管道及配件安装	15	15	明敷
给水管道水压试验	2	6	—
室内排水管安装	12	13	明敷

（续）

施工过程名称	持续时间/d	所需劳动力人数/人	备 注
排水管道灌水试验	2	6	—
卫生器具安装	10	14	—
开挖室外给水排水管沟	4	8	—
阀门井、检查井、化粪池砌筑	5	16	—
室外给水排水管道安装	8	15	—
冲洗、消毒	2	6	—

【问题】

试编制该工程的施工进度计划（要求绘制双代号网络图及双代号时标网络图）。

3.7 【背景材料】

某工程项目的网络计划如图3-57所示。

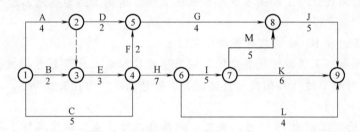

图3-57　练习题3.7图

【问题】

进行双代号网络图时间参数的计算。并绘制双代号时标网络图。

3.8 【背景材料】

某工程网络计划如图3-58所示。

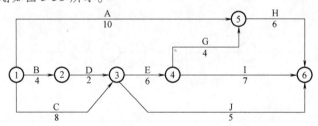

图3-58　练习题3.8图

【问题】

1）该工程的计算工期为多少天？确定出关键线路。

2）计算工作A、工作D和工作I的总时差和自由时差。

3）如果开工前业主发出工程变更指令，要求增加一项工作K（持续时间为5天），该工作必须在工作D之后和工作G、I之前进行。试对原网络计划进行调整，画出调整后的双代号网络计划，并判别是否发生工期延期事件。

3.9【背景材料】

某工程项目合同工期为 25 天，其双代号网络计划如图 3-59 所示。

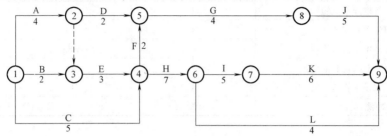

图 3-59　练习题 3.9 图

【问题】

1）该网络计划的计算工期是多少？为保证工程按期完工，哪些施工过程应作为重点控制对象？为什么？

2）计算施工过程 B、K 的总时差和自由时差。

3）当该计划执行 7 天后，检查发现，施工过程 C 和施工过程 D 已完成，而施工过程 E 将拖延 2 天。此时施工过程 E 的实际进度是否影响总工期？为什么？

3.10【背景材料】

某工程项目合同工期为 18 个月。施工合同签订以后，施工单位编制了一份初始网络计划，如图 3-60 所示。由于该工程施工工艺要求，计划中工作 C、H 和 J 需共同使用一台起重机械，为此需对初始网络计划做调整。

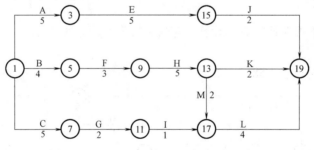

图 3-60　练习题 3.10 图

【问题】

1）请绘制出调整后的网络进度计划图。

2）如果各项工作均按最早开始时间安排，起重机械在现场闲置多长时间？为减少机械闲置，工作 C 应如何安排？

3）该计划执行 3 个月后，施工单位接到业主的设计变更，要求增加一项新工作 D，安排在工作 A 完成之后开始，在工作 E 开始之前完成，因而造成了个别施工机械的闲置和某些工种的窝工，为此，施工单位向业主提出如下索赔：施工机械停滞费；机上操作人员人工费；某些工种的人工窝工费。请分别说明以上补偿要求是否合理？为什么？

4）工作 G 完成后，由于业主变更施工图纸，使工作 I 停工待图 0.5 个月，如果业主要求按合同工期完工，施工单位可向业主索赔赶工费多少万元？（已知工作 I 赶工费为每月 12.5 万元）？为什么？

3.11【背景材料】

某工程项目网络计划如图 3-61 所示，图中箭线上方括号外为正常持续时间直接费、括号内为最短持续时间直接费，箭线下方括号外为正常持续时间、括号内为最短持续时间，费用单位为千元，时间单位为天。间接费率为 0.8 千元/天。

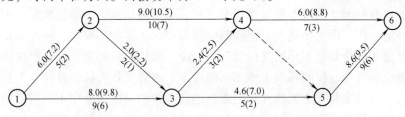

图 3-61　练习题 3.11 图

【问题】

试对网络计划进行费用优化。

3.12【背景材料】

某工程项目网络计划如图 3-62 所示，图中箭线上方为资源强度，箭线下方为持续时间，若资源限量 $R_a = 12$。

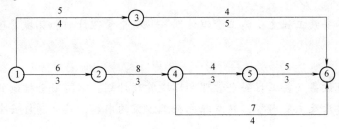

图 3-62　练习题 3.12 图

【问题】

试对网络计划进行资源有限-工期最短的优化。

项目四　安全管理与绿色施工

建设工程项目管理的主要内容之一是安全管理与绿色施工。当前建设工程市场竞争激烈，如果为追求高利润、低成本而忽视安全管理，必然会造成生产事故频发，工伤死亡人数上升，自然环境破坏。因此在建设工程项目的管理中除了对施工成本、进度和质量进行控制外，还必须对施工安全与施工环境进行管理。建设工程项目的安全管理是指保护产品生产者和使用者的健康与安全，控制影响工作场所内员工、临时工作人员、合同方人员、访问者和其他有关部门人员健康和安全的条件和因素，还应考虑和避免因使用不当对使用者造成的健康和安全的危害。建设工程项目绿色施工是指保护生态环境，使社会的经济发展与人类的生存环境相协调，控制作业现场的各种粉尘、废水、废气、固体废弃物以及噪声、振动对环境的污染和危害，并应节约能源，避免资源的浪费。

任务1　制订安全管理计划和环境管理计划

【任务描述】

制订建筑设备安装工程主要施工管理计划——安全管理计划和环境管理计划。

【实现目标】

通过制订建筑设备安装工程安全管理和环境管理计划，掌握安全控制的程序和施工安全技术措施的一般要求及主要内容，熟悉绿色施工方案的内容，具有制订安全管理计划和环境管理计划的能力。

【任务分析】

施工管理计划是《建筑施工组织设计规范》中的提法，目前多数施工组织设计中用管理与技术措施来编制。安全管理计划和环境管理计划是施工组织设计主要施工管理计划中的重要内容，安全管理计划可参照《职业健康安全管理体系规范》（GB/T 28001），在施工单位安全管理体系的框架内编制。环境管理计划可参照《环境管理体系要求及使用指南》，在施工单位环境管理体系的框架内编制。

【教学方法建议】

虚拟建筑设备安装工程项目部，分组讨论完成。

【相关知识】

一、安全管理的概念

1. 安全生产的概念

安全生产是指使生产过程处于避免人身伤害、设备损坏及其他不可接受的损害风险的状态。我国安全生产的方针是"安全第一，预防为主"。"安全第一"是把人身的安全放在首位，安全为了生产，生产必须保证人身安全。"预防为主"是采取正确的预防措施和方法进行安全控制，减少和消除事故，把事故消灭在萌芽状态。

2. 安全控制的概念

安全控制是为满足生产安全，涉及对生产过程中的危险进行控制的计划、组织、监控、调节和改进等一系列管理活动。

安全控制的目标是减少和消除生产过程中的事故，保证人员健康安全和财产免受损失。其内容包括减少或消除人的不安全行为的目标；减少或消除设备、材料、环境等不安全状态的目标；改善生产环境和保护自然环境的目标；安全管理的目标。

二、安全控制的程序

安全控制的程序如图4-1所示。

1. 确定建设工程项目施工的安全目标

按目标管理方法在以项目经理为首的项目管理系统内进行分解，确定每个岗位的安全目标，实现全员安全控制。

2. 编制建设工程项目施工安全技术措施计划

安全技术措施计划是一项重要的安全管理制度。在建设工程项目施工中，安全技术措施计划是施工组织设计的重要内容之一，是改善劳动条件和安全卫生设施，防止工伤事故和职业病，搞好安全生产工作的一项行之有效的重要措施。施工安全技术措施计划是进行工程项目施工安全控制的指导性文件。

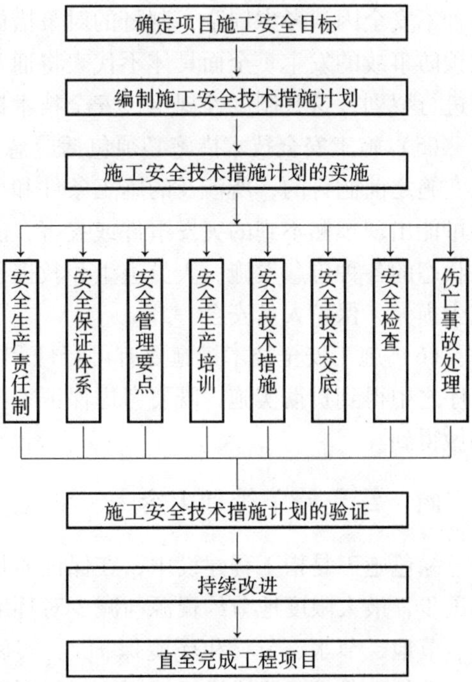

3. 安全技术措施计划的实施

安全技术措施计划的实施包括建立健全安全生产责任制、设置安全生产设施、进行安全教育和培训、沟通和交流信息等，通过安全控制使生产作业的安全状况处于受控状态。

4. 施工安全技术措施计划的验证

施工安全技术措施计划的验证包括安全检查、纠正不符合要求的情况，做好检查记录，根据实际情况补充和修改安全技术措施。

图4-1 安全控制的程序

5. 持续改进，直至完成建设工程项目的所有工作

项目实施中，各种条件经常有所变化，应持续改进和更改安全措施计划，以保证新的环境下生产处于可控状态。

三、施工安全技术措施的一般要求

（1）施工安全技术措施必须在开工前制定　施工安全技术措施是施工组织设计的重要组成部分，应在工程开工前与施工组织设计一同编制。为保证各项安全设施的落实，在工程图纸会审时，就应特别注意考虑安全施工的问题，并在开工前制订好安全技术措施，使各项安全设施有较充分的时间进行准备。

（2）施工安全技术措施要有全面性　按照有关法律法规的要求，在编制工程施工组织设计时，应当根据工程特点制订相应的施工安全技术措施。对于大中型工程项目、结构复杂的重点工程，除必须在施工组织设计中编制施工安全技术措施外，还应编制专项工程施工安全技术措施，详细说明有关安全方面的防护要求和措施，确保单位工程或分部分项工程的施工安全。

（3）施工安全技术措施要有针对性　施工安全技术措施是针对每项工程的特点制订的，编制安全技术措施的技术人员必须掌握工程概况、施工方法、施工环境、施工条件等资料，并熟悉安全法规、标准等，才能制订有针对性的安全技术措施。

（4）施工安全技术措施应力求全面、具体、可靠　施工安全技术措施应把可能出现的各种不安全因素考虑周全，制订的对策措施方案应力求全面、具体、可靠，这样才能真正做到预防事故的发生。全面具体不代表将通常的操作工艺、施工方法、日常安全制度、安全纪律进行罗列，这些制度性规定，安全技术措施中不需要再做抄录。

（5）施工安全技术措施必须包括应急预案　由于施工安全技术措施是在相应的工程施工实施之前制订的，所涉及的施工条件和危险情况大都建立在可预测的基础上，但施工期间还可能出现预测不到的突发事件或灾害，所以施工安全措施计划必须包括面对突发事件或紧急状态的各种应急设施、人员逃生和救援预案，以便在紧急情况下，能及时启动应急预案，减少损失，保护人员安全。

（6）施工安全技术措施要有可行性和可操作性　施工安全技术措施应能够在每个施工工序之中得到贯彻实施，既要考虑保证安全要求，又要考虑现场环境条件和施工技术条件能够做得到。

四、绿色施工管理内容

应急预案
案例

绿色施工是指工程建设中，在保证质量、安全等基本要求的前提下，通过科学管理和技术进步，最大限度地节约资源与减少对环境负面影响的施工活动，实现"四节一环保"（节能、节地、节水、节材和环境保护）。实施绿色施工，应对施工策划、材料采购、现场施工、工程验收等各阶段进行控制，加强对整个施工过程的管理和监督。绿色施工总体框架由施工管理、环境保护、节材与材料资源利用、节水与水资源利用、节能与能源利用、节地与施工用地保护六个方面组成，如图4-2所示。

绿色施工管理主要包括组织管理、规划管理、实施管理、评价管理和人员安全与健康管理五个方面。

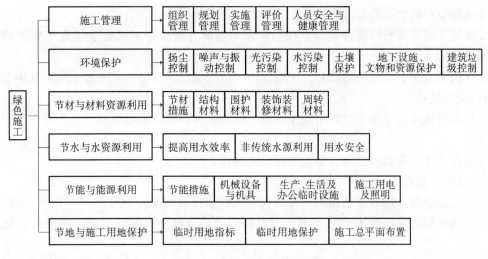

图 4-2 绿色施工总体框架

1. 组织管理

1）建立绿色施工管理体系，并制订相应的管理制度与目标。

2）项目经理为绿色施工第一责任人，负责绿色施工的组织实施及目标实现，并指定绿色施工管理人员和监督人员。

2. 规划管理

规划管理的主要内容是编制绿色施工方案。该方案应在施工组织设计中独立成章，并按有关规定进行审批。绿色施工方案应包括以下内容：

（1）环境保护措施

1）扬尘控制

①运送土方、垃圾、设备及建筑材料等，不污损场外道路。运输容易散落、飞扬、流漏物料的车辆，必须采取措施封闭严密，保证车辆清洁。施工现场出口应设置洗车槽。

②土方作业阶段，采取洒水、覆盖等措施，达到作业区目测扬尘高度小于 1.5m，不扩散到场区外。

③结构施工、安装装饰装修阶段，作业区目测扬尘高度小于 0.5m。对易产生扬尘的堆放材料应采取覆盖措施；对粉末状材料应封闭存放；场区内可能引起扬尘的材料及建筑垃圾搬运应有降尘措施，如覆盖、洒水等；浇筑混凝土前清理灰尘和垃圾时尽量使用吸尘器，避免使用吹风器等易产生扬尘的设备；机械剔凿作业时可用局部遮挡、掩盖、水淋等防护措施；高层或多层建筑清理垃圾应搭设封闭性临时专用道或采用容器吊运。

④施工现场非作业区达到目测无扬尘的要求。对现场易飞扬物质采取有效措施，如洒水、地面硬化、围挡、密网覆盖、封闭等，防止扬尘产生。

⑤构筑物机械拆除前，做好扬尘控制计划。可采取清理积尘、拆除体洒水、设置隔挡等措施。

⑥在场界四周隔挡高度位置测得的大气总悬浮颗粒物（TSP）月平均浓度与城市背景值的差值不大于 $0.08mg/m^3$。

2）噪声与振动控制

①现场噪声排放不得超过国家标准《建筑施工场界噪声限值》的规定。

②在施工场界对噪声进行实时监测与控制。监测方法执行国家标准《建筑施工场界噪声测量方法》。

③使用低噪声、低振动的机具，采取隔声与隔振措施，避免或减少施工噪声和振动。

3）光污染控制

①尽量避免或减少施工过程中的光污染。夜间室外照明灯加设灯罩，透光方向集中在施工范围。

②电焊作业采取遮挡措施，避免电焊弧光外泄。

4）水污染控制

①施工现场污水排放应达到国家标准《污水综合排放标准》（GB 8978—1996）的要求。

②在施工现场应针对不同的污水，设置相应的处理设施，如沉淀池、隔油池、化粪池等。

③污水排放应委托有资质的单位进行废水水质检测，提供相应的污水检测报告。

④保护地下水环境。采用隔水性能好的边坡支护技术。在缺水地区或地下水位持续下降的地区，基坑降水尽可能少抽取地下水；当基坑开挖抽水量大于50万 m^3 时，应进行地下水回灌，并避免地下水被污染。

⑤对于化学品等有毒材料、油料的储存地，应有严格的隔水层设计，做好渗漏液收集和处理。

5）土壤保护

①保护地表环境，防止土壤侵蚀、流失。因施工造成的裸土，及时覆盖砂石或种植速生草种，以减少土壤侵蚀；因施工造成容易发生地表径流土壤流失的情况，应采取设置地表排水系统、稳定斜坡、植被覆盖等措施，减少土壤流失。

②沉淀池、隔油池、化粪池等不发生堵塞、渗漏、溢出等现象。及时清掏各类池内沉淀物，并委托有资质的单位清运。

③对于有毒有害废弃物如电池、墨盒、油漆、涂料等应回收后交有资质的单位处理，不能作为建筑垃圾外运，避免污染土壤和地下水。

④施工后应恢复施工活动破坏的植被（一般指临时占地内）。与当地园林、环保部门或当地植物研究机构进行合作，种植当地或其他合适的植物，以恢复剩余空地地貌或科学绿化，补救施工活动中人为破坏植被和地貌造成的土壤侵蚀。

6）建筑垃圾控制

①制订建筑垃圾减量化计划，如住宅建筑，每万平方米的建筑垃圾不宜超过400t。

②加强建筑垃圾的回收再利用，力争建筑垃圾的再利用和回收率达到30%，建筑物拆除产生的废弃物的再利用和回收率大于40%。对于碎石类、土石方类建筑垃圾，可采用地基填埋、铺路等方式提高再利用率，力争再利用率大于50%。

③施工现场生活区设置封闭式垃圾容器，施工场地生活垃圾实行袋装化，及时清运。对建筑垃圾进行分类，并收集到现场封闭式垃圾站，集中运出。

7）地下设施、文物和资源保护

①施工前应调查清楚地下各种设施，做好保护计划，保证施工场地周边的各类管线、建筑物、构筑物的安全运行。

②施工过程中一旦发现文物，应立即停止施工，保护现场并通报文物部门协助做好工作。

③避让、保护施工场区及周边的古树名木。

④逐步开展统计分析施工项目的 CO_2 排放量，以及各种不同植被和树种的 CO_2 固定量的工作。

（2）节材措施

1）图纸会审时，应审核节材与材料资源利用的相关内容，达到材料损耗率比定额损耗率降低 30%。

2）根据施工进度、库存情况等合理安排材料的采购、进场时间和批次，减少库存。

3）现场材料堆放有序。储存环境适宜，措施得当。保管制度健全，责任落实。

4）材料运输工具适宜，装卸方法得当，防止损坏和遗撒。根据现场平面布置情况就近卸载，减少二次搬运距离。

5）采取技术和管理措施提高模板、脚手架等的周转次数。

6）优化安装工程的预留、预埋、管线路径等方案。

7）应就地取材，施工现场 500km 以内生产的建筑材料用量占建筑材料总重量的 70% 以上。

（3）节水措施 根据工程所在地的水资源状况，制订节水措施。

1）提高用水效率

①施工中采用先进的节水施工工艺。

②施工现场喷洒路面、绿化浇灌不宜使用市政自来水。现场搅拌用水、养护用水应采取有效的节水措施，严禁无措施浇水养护混凝土。

③施工现场供水管网应根据用水量设计布置，管径合理、管路简捷，采取有效措施减少管网和用水器具的漏损。

④现场机具、设备、车辆冲洗用水必须设立循环用水装置。施工现场办公区、生活区的生活用水采用节水系统和节水器具，提高节水器具配置比率。项目临时用水应使用节水型产品，安装计量装置，采取强制性节水措施。

⑤施工现场建立可再利用水的收集处理系统，使水资源得到梯级循环利用。

⑥施工现场分别对生活用水与工程用水确定用水定额指标，并分别计量管理。

⑦大型工程的不同单项工程、不同标段、不同分包生活区，凡具备条件的应分别计量用水量。在签订不同标段分包或劳务合同时，将节水定额指标纳入合同条款，进行计量考核。

⑧对混凝土搅拌站点等用水集中的区域和工艺点进行专项计量考核。施工现场建立雨水、中水或可再利用水的收集利用系统。

2）利用非传统水源

①优先采用中水搅拌、中水养护，有条件的地区和工程应收集雨水养护。

②处于基坑降水阶段的工地，宜优先采用地下水作为混凝土搅拌用水、养护用水、冲洗用水和部分生活用水。

③现场机具、设备、车辆冲洗、喷洒路面、绿化浇灌等用水，优先采用非传统水源，尽量不使用市政自来水。

④大型施工现场，尤其是雨量充沛地区的大型施工现场建立雨水收集利用系统，充分收

集自然降水用于施工和生活中适宜的部位。

⑤力争施工中非传统水源和循环水的再利用率大于30%。

（4）节能措施

1）制订合理施工能耗指标，提高施工能源利用率。

2）优先使用国家、行业推荐的节能、高效、环保的施工设备和机具，如选用变频技术的节能施工设备等。

3）施工现场分别设定生产、生活、办公和施工设备的用电控制指标，定期进行计量、核算、对比分析，并有预防与纠正措施。

4）在施工组织设计中，合理安排施工顺序、工作面，以减少作业区域的机具数量，相邻作业区充分利用共有的机具资源。安排施工工艺时，应优先考虑耗用电能的或其他能耗较少的施工工艺。避免设备额定功率远大于使用功率或超负荷使用设备的现象。

5）根据当地气候和自然资源条件，充分利用太阳能、地热等可再生能源。

6）建立施工机械设备管理制度，开展用电、用油计量，完善设备档案，及时做好维修保养工作，使机械设备保持低耗、高效的状态。选择功率与负载相匹配的施工机械设备，避免大功率施工机械设备低负载长时间运行。机电安装可采用节电型机械设备。合理安排工序，提高各种机械的使用率和满载率，降低各种设备的单位耗能。

7）利用场地自然条件，合理设计生产、生活及办公临时设施的体形、朝向、间距和窗墙面积比，使其获得良好的日照、通风和采光。南方地区可根据需要在其外墙窗设遮阳设施。临时设施宜采用节能材料，墙体、屋面使用隔热性能好的材料，减少夏天空调、冬天取暖设备的使用时间及耗能量。合理配置采暖、空调、风扇数量，规定使用时间，实行分段分时使用，节约用电。

8）临时用电优先选用节能灯具，临电线路合理设计、布置，临电设备宜采用自动控制装置。采用声控、光控等节能照明灯具。照明设计以满足最低照度为原则，照度不应超过最低照度的20%。

（5）节地与施工用地保护措施

1）根据施工规模及现场条件等因素合理确定临时设施，如临时加工厂、现场作业棚及材料堆场、办公生活设施等的占地指标。临时设施的占地面积应按用地指标所需的最低面积设计。

2）要求平面布置合理、紧凑，在满足环境、职业健康与安全及文明施工要求的前提下尽可能减少废弃地和死角，临时设施占地面积有效利用率大于90%。

3）红线外临时占地应尽量使用荒地、废地，少占用农田和耕地。工程完工后，及时对红线外占地恢复原地形、地貌，使施工活动对周边环境的影响降至最低。

4）利用和保护施工用地范围内原有绿色植被。对于施工周期较长的现场，可按建筑永久绿化的要求，安排场地新建绿化。

5）施工总平面布置应做到科学、合理，充分利用原有建筑物、构筑物、道路、管线为施工服务。

6）施工现场围墙可采用连续封闭的轻钢结构预制装配式活动围挡，减少建筑垃圾，保护土地。

7）施工现场道路按照永久道路和临时道路相结合的原则布置。施工现场内形成环形通路，减少道路占用土地。

3. 实施管理

1）绿色施工应对整个施工过程实施动态管理，加强对施工策划、施工准备、材料采购、现场施工、工程验收等各阶段的管理和监督。

2）应结合工程项目的特点，有针对性地对绿色施工做相应的宣传，通过宣传营造绿色施工的氛围。

3）定期对职工进行绿色施工知识培训，增强职工绿色施工意识。

4. 评价管理

1）对照绿色施工的指标体系，结合工程特点，对绿色施工的效果及采用的新技术、新设备、新材料与新工艺，进行自评估。

2）成立专家评估小组，对绿色施工方案、实施过程至项目竣工，进行综合评估。

5. 人员安全与健康管理

1）制订施工防尘、防毒、防辐射等职业危害的措施，保障施工人员的长期职业健康。

2）合理布置施工场地，保护生活及办公区不受施工活动的有害影响。施工现场建立卫生急救、保健防疫制度，在安全事故和疾病疫情出现时提供及时救助。

3）提供卫生、健康的工作与生活环境，加强对施工人员的住宿、膳食、饮用水等生活与环境卫生管理，明显改善施工人员的生活条件。

【任务实施】

安全管理计划案例

1. 安全管理计划的内容

1）确定项目重要危险源，制订项目职业健康安全管理目标。制订安全管理计划，首先要对项目的危险源进行识别评估，确定出风险等级。安全管理目标要按照工程项目施工的规模、特点确定，具有先进性和可行性，并应符合国家安全生产法律和建筑行业安全规章、规程及对业主的承诺。其首要目标应实现重大伤亡事故为零，在此基础上控制其他安全目标指标。

2）建立有管理层次的项目安全管理组织机构并明确职责。建立安全管理的组织机构，应根据工程项目的规模、工程的复杂程度、对安全管理的要求等认真分析后确定。组织机构图可采用线性组织结构，并应明确工作任务的分工，将职责详细列出。

3）根据项目特点，进行职业健康安全方面的资源配置。

4）建立具有针对性的安全生产管理制度和职工安全教育培训制度。

5）针对项目重要危险源，制订相应的安全技术措施；对达到一定规模的危险性较大的分部（分项）工程和特殊工种的作业应制订专项安全技术措施的编制计划。

6）根据季节、气候的变化，制订相应的季节性安全施工措施。

7）建立现场安全检查制度，并对安全事故的处理做出相应规定。

2. 环境管理计划的内容

1）确定项目重要环境因素，制订项目环境管理目标。可根据企业环境因素识别评价控制程序，由项目经理带头负责成立环境识别评价工作小组，确定项目重要环境影响因素并进行识别，科学地制订项目环境管理目标。

2）建立项目环境管理的组织机构并明确职责。建立项目环境管理的组织机构，应根据工程项目的规模、工程的污染源等认真分析后确定。组织机构图可采用线性组织结构，并应明确工作任务的分工，将职责详细列出。

3）根据项目特点，进行环境保护方面的资源配置。

4）制订现场环境保护的控制措施。应包括扬尘控制、噪声控制、光污染控制、水污染控制、土壤保护、建筑垃圾控制措施。

5）建立现场环境检查制度，并对环境事故的处理做出相应规定。

环境管理
计划案例

【提交成果】

完成此任务后，需提交安全管理计划和环境管理计划文本。

任务2　安全技术交底

【任务描述】

对在建的建筑设备安装工程进行安全技术交底。

【实现目标】

通过对建筑设备安装工程进行安全技术交底，能熟悉安全技术交底的程序和安全技术规程。熟悉施工现场安全员的工作内容，具有进行建筑设备安装工程项目安全技术交底的能力。能准确填写安全技术交底记录表，并能提高语言表达能力。

【任务分析】

安全技术交底是安全技术措施计划实施的重要项目。安全技术交底必须具体、明确、针对性强。安全技术交底的主要内容包括工程项目的施工作业特点和危险点、针对危险点的具体预防措施、应注意的安全事项、安全操作规程和标准等。项目经理部必须实行逐级安全技术交底，纵向延伸到班组全体作业人员。交底完成后有关人员应签名，并将表格存档。

【教学方法建议】

建议采用角色扮演法，每组由担任施工单位的安全员、施工班组长及班组成员组成，模拟进行安全技术交底。

【相关知识】

一、危险源

1. 危险源的分类

危险源是安全管理的主要对象，根据危险源在事故发生发展中的作用，把危险源分为第一类危险源和第二类危险源两大类。

（1）第一类危险源　能量和危险物质的存在是危害产生的最根本原因，通常把可能发生意外释放的能量（能源或能量载体）或危险物质称为第一类危险源。第一类危险源是事故发生的物理本质，危险性主要表现为导致事故而造成后果的严重程度。

（2）第二类危险源 造成约束、限制能量和危险物质措施失控的各种不安全因素称为第二类危险源。第二类危险源主要体现在设备故障或缺陷（物的不安全状态）、人为失误（人的不安全行为）和管理缺陷等方面。第二类危险源是导致事故的必要条件，决定事故发生的可能性。

（3）危险源与事故 事故的发生是两类危险源共同作用的结果，第一类危险源是事故发生的前提，第二类危险源的出现是第一类危险源导致事故的必要条件。在事故的发生和发展过程中，两类危险源相互依存。第一类危险源是事故的主体，决定事故的严重程度，第二类危险源出现的难易，决定事故发生可能性的大小。

2. 危险源的识别

危险源的识别是安全管理的基础工作，主要目的是找出与每项工作活动有关的所有危险源，并考虑这些危险源对人可能造成的伤害或对设备设施造成的损坏。

危险源识别的方法有询问交谈、现场观察、查阅有关记录、获取外部信息、工作任务分析、安全检查表、危险与操作性研究、事故树分析、故障树分析等方法。

3. 危险源的评估

根据对危险源的识别，评估危险源造成的风险可能性和大小，对风险进行分级。《职业健康安全管理体系实施指南》（GB/T 28002）推荐的风险等级评估见表4-1，结果分为Ⅰ、Ⅱ、Ⅲ、Ⅳ、Ⅴ五个风险等级。通过评估，对不同等级的风险采取相应的风险控制措施。

表4-1 风险等级评估表

风险级别	后　　果		
可能性	轻度损失（轻微伤害）	中度损失（伤害）	重大损失（严重伤害）
很大	Ⅲ	Ⅳ	Ⅴ
中等	Ⅱ	Ⅲ	Ⅳ
极小	Ⅰ	Ⅱ	Ⅲ

注：Ⅰ—可忽略风险；Ⅱ—可容许风险；Ⅲ—中度风险；Ⅳ—重大风险；Ⅴ—不容许风险。

二、风险控制

1. 风险控制策划

风险评价后，应分别列出所找出的所有危险源和重大危险源清单，对已经评价出的不容许风险和重大风险进行优先排序，由工程技术主管部门的相关人员进行风险控制策划，制订风险控制措施计划。风险控制策划应考虑以下原则：

1）尽可能完全消除有不可接受风险的危险源。

2）如果是不可能消除有重大危险的危险源，应努力采取降低风险的措施。

3）应尽可能利用技术进步来改善安全控制措施。

4）将技术管理与程序控制结合起来。

5）应有可行、有效的应急方案。

2. 风险控制方法

（1）第一类危险源控制方法 第一类危险源可以采取消除危险源、限制能量和隔离危险物质、个体防护、应急救援等方法。建设工程可能遇到不可预测的各种自然灾害引发的风险，只能采取预测、预防、应急计划和应急救援等措施，尽量消除或减少人员伤亡和财产损失。

（2）第二类危险源控制方法　第二类危险源通过提高各类设施的可靠性以消除或减少故障、增加安全系数、设置安全监控系统、改善作业环境等方法控制。最重要的是加强员工的安全意识培训和教育，克服不良的操作习惯，严格按章办事，并帮助其在生产过程中保持良好的生理与心理状态。

【任务实施】

1. 安全技术交底的作用

1）安全技术交底可让一线的作业人员了解和掌握该作业项目的安全技术操作规程和注意事项，减少因违章操作而导致事故的发生。

2）安全技术交底是安全管理人员在项目安全管理工作中的重要环节。

3）安全技术交底是安全管理内业内容的要求。

电工操作
规程安全
技术交底

2. 安全技术交底的内容

安全技术交底是一项技术性很强的工作，对于贯彻设计意图、严格实施技术方案、按图施工、循规操作、保证施工质量和施工安全至关重要。安全技术交底的主要内容包括：

1）本施工项目的施工作业特点和危险点。

2）针对危险点的具体预防措施。

3）应注意的安全事项。

4）相应的安全操作规程和标准。

5）发生事故后应及时采取的避难和急救措施。

临时用电
工程安全
技术交底

3. 安全技术交底的要求

1）项目经理部必须实行逐级安全技术交底制度，纵向延伸到班组全体作业人员。

2）技术交底必须具体、明确，针对性强。

3）技术交底的内容应针对分部分项工程施工中给作业人员带来的潜在危险因素和存在问题。

4）应优先采用新的安全技术措施。

5）对于涉及"四新"项目或技术含量高、技术难度大的单项技术设计，必须经过初步设计技术交底和实施性施工图技术设计交底。

6）应将工程概况、施工方法、施工程序、安全技术措施等向工长、班组长进行详细交底。

7）定期向由两个以上作业队和多工种进行交叉施工的作业队伍进行书面交底。

8）保存书面安全技术交底签字记录。

【提交成果】

完成此任务后，需提交安全技术交底记录表（见附表18）。提交的训练成果应书写工整、填写准确、内容完善。

任务3 安全教育

【任务描述】

进行项目（或工区、工程处、施工队）级安全教育。

【实现目标】

通过安全教育培训，熟悉安全生产管理制度，熟悉安全生产法律、法规、安全技术及技能；了解工作岗位的危险因素、安全注意事项；掌握安全生产状况和规章制度、主要危险因素、预防工伤事故和职业病的主要措施、事故抢救与应急处理措施。提高施工安全的意识和责任感。

【任务分析】

企业新员工上岗前必须进行企业（公司）、项目（或工区、工程处、施工队）、班组三级安全教育。企业新员工须按规定通过三级安全教育和实际操作训练，并经考核合格后方可上岗。项目组安全教育由项目负责人组织实施，安全教育应确定好具体的内容，如项目的概况、安全生产状况和规章制度、主要危险因素及安全事项、预防工伤事故和职业病的主要措施、典型事故案例及事故应急处理措施等。安全教育内容应图文并茂，并通过典型事故案例，提高安全教育的效果。最后填写安全教育记录表，受教育人签名存档。

【教学方法建议】

采用角色扮演法，每个小组由项目负责人、专职或兼职安全员和员工组成。

【相关知识】

由于建设工程规模大、周期长、参与人数多、环境复杂多变，安全生产的难度很大，因此，通过建立各项制度，规范建设工程的生产行为，对于提高建设工程安全生产水平是非常重要的。《中华人民共和国建筑法》《中华人民共和国安全生产法》《安全生产许可证条例》《建设工程安全生产管理条例》《建筑施工企业安全生产许可证管理规定》等建设工程相关法律法规和部门规章，对政府部门、有关企业及相关人员的建设工程安全生产和管理行为进行了全面的规范，确立了一系列建设工程安全生产管理制度。

1. 安全生产责任制

安全生产责任制是最基本的安全管理制度，是所有安全生产管理制度的核心。安全生产责任制就是将安全生产责任分解到相关单位的主要负责人、项目负责人、班组长及每个岗位的作业人员身上。

根据《建设工程安全生产管理条例》和《建筑施工安全检查标准》的相关规定，安全生产责任制的主要内容如下：

1）安全生产责任制度主要包括企业主要负责人的安全责任，负责人或其他副职的安全责任，项目负责人（项目经理）的安全责任，生产、技术、材料等各职能管理负责人及其工作人员的安全责任，技术负责人（工程师）的安全责任，专职安全生产、管理人员的安全责任，施工员的安全责任，班组长的安全责任和岗位人员的安全责任等。

2）对各级、各部门安全生产责任制应规定检查和考核办法，并按规定期限进行考核，对考核结果及兑现情况应有记录。

3）项目独立承包的工程在签订承包合同中必须有安全生产工作的具体指标和要求。工程由多单位施工时，总分包单位在签订分包合同的同时要签订安全生产合同（协议），分包队伍的资质应与工程要求相符，在安全合同中应明确总分包单位的安全职责。

4）项目的主要工种应有相应的安全技术操作规程，应将安全技术操作规程列为日常安全活动和安全教育的主要内容，并应悬挂在操作岗位前。

5）施工现场应按工程项目大小配备专（兼）职安全人员。

2. 安全生产许可证制度

《安全生产许可证条例》规定国家对建筑施工企业实施安全生产许可证制度。其目的是为了严格规范安全生产条件，进一步加强安全生产监督管理，防止和减少生产安全事故。

国务院建设主管部门负责中央管理的建筑施工企业安全生产许可证的颁发和管理；其他企业由省、自治区、直辖市建设主管部门进行颁发和管理，并接受国务院建设主管部门的指导和监督。

企业取得安全生产许可证，应当具备下列安全生产条件：建立健全安全生产责任制，制订完备的安全生产规章制度和操作规程；安全投入符合安全生产要求；设置安全生产管理机构，配备专职安全生产管理人员；主要负责人和安全生产管理人员经考核合格；特种作业人员经有关业务主管部门考核合格，取得特种作业操作资格证书；从业人员经安全生产教育和培训合格；依法参加工伤保险，为从业人员缴纳保险费；厂房、作业场所和安全设施、设备、工艺符合有关安全生产法律、法规、标准和规程的要求；有职业危害防治措施，并为从业人员配备符合国家标准或者行业标准的劳动防护用品；依法进行安全评价；有重大危险源检测、评估、监控措施和应急预案；有生产安全事故应急救援预案、应急救援组织或者应急救援人员，配备必要的应急救援器材、设备；法律、法规规定的其他条件。

企业进行生产前，应当依照该条例的规定向安全生产许可证颁发管理机关申请领取安全生产许可证，并提供条例规定的相关文件和资料。安全生产许可证颁发管理机关应当自收到申请之日起 4～5 日内审核完毕，经审查符合该条例规定的安全生产条件的，颁发安全生产许可证。

安全生产许可证的有效期为 3 年。安全生产许可证有效期满需要延期的，企业应当于期满前 3 个月向原安全生产许可证颁发管理机关办理延期手续。企业在安全生产许可证有效期内，严格遵守有关安全生产的法律法规，未发生死亡事故的，安全生产许可证有效期届满时，经原安全生产许可证颁发机关同意，不再审查，安全生产许可证有效期延期 3 年。

3. 安全生产教育培训制度

详见本任务"任务实施"部分内容。

4. 安全措施计划制度

安全措施计划制度是指企业进行生产活动时，必须编制安全措施计划，它是企业有计划地改善劳动条件和安全卫生设施，防止工伤事故和职业病的重要措施之一。安全措施计划的范围包括改善劳动条件、防止事故发生、预防职业病和职业中毒等内容。具体包括：

（1）安全技术措施　安全技术措施是预防企业员工在工作过程中发生工伤事故的各项措施，包括防护装置、保险装置、信号装置和防爆炸装置等。

（2）职业卫生措施　职业卫生措施是预防职业病和改善职业卫生环境的必要措施，包括防尘、防毒、防噪声、通风、照明、取暖、降温等措施。

（3）辅助用房间及设施　辅助用房间及设施是为了保证生产过程安全卫生所必需的房间及一切设施，包括更衣室、休息室、沐浴室、消毒室、妇女卫生室、厕所等。

（4）安全宣传教育措施　安全宣传教育措施是为了宣传普及有关安全生产法律、法规、基本知识所需要的措施，其主要内容包括安全生产教材、图书、资料，安全生产展览，安全生产管理制度，安全操作方法训练设施，劳动保护和安全技术的研究与实验等。

5. 特种作业人员持证上岗制度

特种作业人员必须按照国家有关规定经过专门的安全作业培训，并取得特种作业操作资格证书后，方可上岗作业。专门的安全作业培训，是特种作业人员在独立上岗作业前，必须进行与本工种相适应的，专门的安全技术理论学习和实际操作训练。经培训考核合格，取得特种作业操作资格证书后，才能上岗作业。特种作业操作资格证书在全国范围内有效，离开特种作业岗位一定时间后，应当按照规定重新进行实际操作考核，经确认合格后方可上岗作业。

特种作业操作证有安全监管总局统一式样、标准及编号。特种作业操作证的有效期为6年，在全国范围内有效。特种作业操作证每3年复审一次。特种作业人员在特种作业操作证有效期内，连续从事本工种10年以上，严格遵守有关安全生产法律法规的，经原考核发证机关或者从业所在地考核发证机关同意，特种作业操作证的复审时间可以延长至每6年一次。特种作业操作证申请复审或者延期复审前，特种作业人员应当参加必要的安全培训并考试合格，安全培训时间不少于8个学时。

6. 专项施工方案专家论证制度

根据《建设工程安全生产管理条例》第二十六条的规定，施工单位应当在施工组织设计中编制安全技术措施和施工现场临时用电方案，对达到一定规模的危险性较大的分部分项工程（基坑支护与降水工程，土方开挖工程，模板工程，起重吊装工程，脚手架工程，拆除、爆破工程，国务院建设行政主管部门或者其他有关部门规定的其他危险性较大的工程）编制专项施工方案，并附安全验算结果，经施工单位技术负责人、总监理工程师签字后实施，由专职安全生产管理人员进行现场监督。

7. 危及施工安全工艺、设备、材料淘汰制度

严重危及施工安全的工艺、设备、材料是指不符合生产安全要求，极有可能导致生产安全事故发生，致使人民生命和财产遭受重大损失的工艺、设备和材料。

《建设工程安全生产管理条例》第四十五条规定："国家对严重危及施工安全的工艺、设备、材料实行淘汰制度。"

8. 施工起重机械使用登记制度

《建设工程安全生产管理条例》第三十五条规定："施工单位应当自施工起重机械和整体提升脚手架、模板等自升式架设设施验收合格之日起三十日内，向建设行政主管部门或者其他有关部门登记。登记标志应当置于或者附着于该设备的显著位置。"

进行登记应当提交施工起重机械有关资料，包括生产方面的资料和使用的有关情况方面

资料。监管部门应当对登记的施工起重机械建立相关档案，及时更新，加强监管，减少生产安全事故的发生。施工单位应当将标志置于显著位置，便于使用者监督，保证施工起重机械的安全使用。

9. 安全检查制度

详见本项目"任务4"部分内容。

10. 生产安全事故报告和调查处理制度

关于生产安全事故报告和调查处理制度，《中华人民共和国安全生产法》《中华人民共和国建筑法》《建设工程安全生产管理条例》《生产安全事故报告和调查处理条例》《特种设备安全监察条例》等法律法规都对此做了相应的规定。

《中华人民共和国建筑法》第五十一条规定："施工中发生事故时，建筑施工企业应当采取紧急措施减少人员伤亡和事故损失，并按照国家有关规定及时向有关部门报告。"

《建设工程安全生产管理条例》第五十条对建设工程生产安全事故报告制度的规定为："施工单位发生生产安全事故，应当按照国家有关伤亡事故报告和调查处理的规定，及时、如实地向负责安全生产监督管理部门、建设行政主管部门或者其他有关部门报告；特种设备发生事故的，还应当同时向特种设备安全监督管理部门报告。接到报告的部门按照国家有关规定如实上报。"

11. "三同时"制度

"三同时"制度是指凡是我国境内新建、改建、扩建的基本建设项目（工程）、技术改建项目（工程）和引进的建设项目，其安全生产设施必须符合国家规定的标准，必须与主体工程同时设计、同时施工、同时投入生产和使用。安全生产设施主要是指安全技术方面的设施、职业卫生方面的设施、生产辅助性设施。

12. 安全预评价制度

安全预评价是在建设工程项目前期，应用安全评价的原理和方法对工程项目的危险性、危害性进行预测性评价。

开展安全预评价工作，是贯彻落实"安全第一、预防为主"方针的重要手段，起到了消除危险有害因素、减少事故发生的作用，有利于全面提高企业的安全管理水平，最大限度地降低安全生产风险。

13. 意外伤害保险制度

根据《中华人民共和国建筑法》第四十八条规定，建筑职业意外伤害保险是法定的强制性保险。2003年5月23日，建设部公布了《建设部关于加强建筑意外伤害保险工作的指导意见》，明确了建筑施工企业应当为施工现场从事施工作业和管理的人员，在施工活动过程中发生的人身意外伤亡事故提供保障，办理建筑意外伤害保险、支付保险费，范围应当覆盖工程项目。

【任务实施】

企业安全生产教育培训一般包括对管理人员、特种作业人员和企业员工的安全教育。

1. 管理人员的安全教育

（1）企业领导的安全教育 对企业法定代表人安全教育的主要内容包括：国家有关安全生产方针、政策、法律、法规及有关规章制度；安全生产管理职责、企业安全生产管理知识及安全文化；有关事故案例及事故应急处理措施等。

(2) 项目经理、技术负责人和技术干部的安全教育 项目经理、技术负责人和技术干部安全教育的主要内容包括：安全生产方针、政策、法律、法规；项目经理部安全生产责任；典型事故案例剖析；本系统安全及其相应的安全技术知识。

(3) 行政管理干部的安全教育 行政管理干部安全教育的主要内容包括：安全生产方针、政策、法律、法规；基本的安全技术知识；本职的安全生产责任。

(4) 企业安全管理人员的安全教育 企业安全管理人员安全教育的主要内容包括：国家有关安全生产方针、政策、法律、法规和安全生产标准；企业安全生产管理、安全技术、职业病知识、安全文件；员工伤亡事故和职业病统计报告及调查处理程序；有关事故案例及事故应急处理措施。

(5) 班组长和安全员的安全教育 班组长和安全员安全教育内容包括：安全生产法律、法规、安全技术及技能、职业病和安全文化的知识；本企业、本班组和工作岗位的危险因素、安全注意事项；本岗位安全生产职责；典型事故案例；事故抢救与应急处理措施。

2. 特种作业人员的安全教育

特种作业是指容易发生事故，对操作者本人、他人的安全健康及设备、设施的安全可能造成重大危害的作业。特种作业人员是指从事特种作业的从业人员。

(1) 特种作业的范围 特种作业的范围有：电工作业、焊接和热切割作业、高处作业、制冷与空调作业、煤矿安全作业、金属非金属矿山安全作业、石油天然气安全作业、冶金（有色）生产安全作业、危险化学品安全作业、烟花爆竹安全作业、安全监管总局认定的其他作业等。

(2) 特种作业人员安全教育要求 特种作业人员必须经专门的安全技术培训并考核合格，取得《中华人民共和国特种作业操作证》后，方可上岗作业。

特种作业人员应当接受与其所从事的特种作业相应的安全技术理论培训和实际操作培训。已经取得职业高中、技工学校及中专以上学历的毕业生从事与其所学专业相应的特种作业，持学历证明经考核发证机关同意，可以免予相关专业的培训。跨省、自治区、直辖市从业的特种作业人员，可以在户籍所在地或者从业所在地参加培训。

3. 企业员工的安全教育

企业员工的安全教育主要有新员工上岗前的三级安全教育、改变工艺和变换岗位安全教育及经常性安全教育三种形式。

(1) 新员工上岗前的三级安全教育 三级安全教育是指企业（公司）、项目（或工区、工程处、施工队）、班组三级。企业新员工上岗前必须进行三级安全教育，企业新员工须按规定通过三级安全教育和实际操作训练，并经考核合格后方可上岗。

1）企业（公司）级安全教育由企业主管领导负责，企业职业健康安全管理部门会同有关部门组织实施。其内容应包括安全生产法律、法规，通用安全技术、职业卫生和安全文化的基本知识，本企业安全生产规章制度及状况、劳动纪律和有关事故案例等。

2）项目（或工区、工程处、施工队）级安全教育由项目负责人组织实施，专职或兼职安全员协助。其内容包括工程项目的概况、安全生产状况和规章制度、主要危险因素及安全事项、预防工伤事故和职业病的主要措施、典型事故案例及事故应急处理措施等。

3）班组级安全教育由班组长组织实施。其内容包括遵章守纪，岗位安全操作规程，岗位间工作衔接配合的安全生产事项，典型事故及发生事故后应采取的紧急措施，劳动保护用品（用具）的性能及正确使用方法等。

（2）改变工艺和变换岗位时的安全教育

1）企业（或工程项目）在实施新工艺、新技术或使用新设备、新材料时，必须对有关人员进行相应级别的安全教育，要按新的安全操作规程教育和培训参加操作的岗位员工和有关人员，使其了解新工艺、新设备、新产品的安全性能及安全技术，以适应新的岗位作业的安全要求。

2）当组织内部员工发生从一个岗位调到另外一个岗位，或者从某工种改变为另一工种，或因放假离岗一年以上重新上岗的情况，企业必须进行相应的安全技术培训和教育，以使其掌握现岗位安全生产的特点和要求。

（3）经常性安全教育　安全教育应经常不断地进行，必须坚持不懈，这就是经常性安全教育。经常性安全教育主要应进行安全思想、安全态度教育。经常性安全教育的形式有：每天的班前班后会上说明安全注意事项、安全活动日、安全生产会议、事故现场会、张贴安全生产招贴画、张贴宣传标语及标志等。

【提交成果】

完成此任务后，需提交安全教育记录表（见附表19）。

任务4　安全检查

【任务描述】

进行建筑设备安装工程施工现场的安全检查。

【实现目标】

通过对建筑设备安装工程现场进行安全检查，熟悉安全检查的方式和主要内容，培养及时发现安全隐患并采取有效措施的能力。

【任务分析】

安全检查是安全控制工作的一项重要内容，施工项目安全检查应由项目经理组织，定期进行。完成此任务过程中，应熟悉建筑设备安装工程施工现场的情况，进行"三宝""四口"防护检查、施工用电检查和安全管理检查，并填写安全检查及隐患整改记录表。

【教学方法建议】

采用角色扮演法，每小组成员分别扮演项目经理、安全员、施工员。

【相关知识】

1. 安全隐患的处理

建设工程安全隐患包括人的不安全因素、物的不安全状态和组织管理上的不安全因素。

在工程建设过程中，安全事故隐患是难以避免的，但要尽可能预防和消除安全事故隐患的发生。首先需要项目参与各方加强安全意识，做好事前控制，建立健全各项安全生产管理制度，落实安全生产责任制，注重安全生产教育培训，保证安全生产条件所需的资金投入，将安全隐患消除在萌芽之中；其次是确保各项安全施工措施的落实，加强安全生产的检查监督，对发现的安全事故隐患及时处理。

（1）安全事故隐患治理原则

1）冗余安全度治理原则。为确保安全，在治理事故隐患时应考虑设置多道防线，即使发生一两道防线无效，还有冗余的防线可以控制事故的隐患。

2）单项隐患综合治理原则。人、机、料、法、环境五者任一个环节发生安全事故隐患，都要从五者安全匹配的角度考虑，一件单项隐患问题的整改需综合治理。

3）事故直接隐患与间接隐患并治原则。对人、机、环境系统进行安全治理，同时还需治理安全管理措施。

4）预防与减灾并重治理原则。治理安全事故隐患时，需尽可能减少发生事故的可能性，如果不能完全控制事故的发生，也要设法将事故等级降低。

5）重点治理原则。按对隐患的分析评价结果实行危险点分级处理，也可以用安全检查表打分，对隐患危险程度分级。

6）动态治理原则。动态治理就是对生产过程进行动态随机安全治理，生产过程中发现问题及时治理，可以及时消除隐患，避免小的隐患发展成大隐患。

（2）安全事故隐患的处理　在建设工程中，安全事故隐患的发现可以来自于各参与方，包括建设单位、设计单位、监理单位、施工单位、供货商、工程监管部门等。各方对于事故安全隐患处理的义务和责任，以及处理程序在《建设工程安全生产管理条例》中有明确界定。施工单位对事故安全隐患的处理可采取当场指正，限期纠正，预防隐患发生；做好记录，及时整改，消除安全隐患；分析统计，查找原因，制订预防措施；跟踪验证等处理方法。

2. 应急预案和安全事故处理

（1）应急预案定义　应急预案是对特定的潜在事件和紧急情况发生时所采取措施的计划安排，是应急响应的行动指南。编制应急预案，能防止紧急情况发生时出现混乱，按照合理的响应流程采取适当的救援措施，预防和减少可能随之引发的职业健康安全和环境影响。

（2）应急预案体系的构成　应急预案应形成体系，针对各级各类可能的事故和所有危险源制订专项应急预案和现场应急处置方案，并明确事前、事发、事中、事后的各个过程中相关部门和有关人员的职责。

1）综合应急预案。综合应急预案是从总体上阐述事故的应急方针、政策，应急组织机构及相关应急职责，应急行动、措施和保障等基本要求和程序，是应对各类事故的综合性文件。

2）专项应急预案。专项应急预案是针对具体的事故类别、危险源和应急保障而制订的计划或方案，是综合应急预案的组成部分，应按照综合应急预案的程序和要求组织制订，并作为综合应急预案的附件。专项应急预案应制订明确的救援程序和具体的应急救援措施。

3）现场处理方案。现场处理方案是针对具体的装置、场所或设施、岗位所制订的应急处置措施。现场处理方案应具体、简单、针对性强。现场处理方案应根据风险评估及危险性控制措施逐一编制，做到事故相关人员应知应会、熟练掌握，并通过应急演练，做到迅速反应、正确处置。

3. 建设工程安全事故的处理

（1）职业伤害事故的分类

1）按事故后果严重程度分类。我国《企业职工伤亡事故分类》规定，按事故后果严重程度分类，事故分为：

①轻伤事故，是指造成职工肢体或某些器官功能性或器质性轻度损伤，能引起劳动能力轻度或暂时丧失的伤害事故，一般每个受伤人员休息1个工作日以上，105个工作日以下。

②重伤事故，一般指受伤人员肢体残缺或视觉、听觉等器官受到严重损伤，能引起人体长期存在功能障碍或劳动能力有重大损失的伤害，或者造成每个受伤人损失105个工作日以上的失能伤害的事故。

③死亡事故，一次事故中死亡职工1~2人的事故。

④重大伤亡事故，一次事故中死亡3人以上（含3人）的事故。

⑤特大伤亡事故，一次事故中死亡10人以上（含10人）的事故。

2）按事故造成的人员伤亡或者直接经济损失分类。根据2007年6月1日起实施的《生产安全事故报告和调查处理条例》规定，按生产安全事故造成的人员伤亡或者直接经济损失，事故分为：

①特别重大事故，是指造成30人以上死亡，或者100人以上重伤（包括急性工业中毒，下同），或者1亿元以上直接经济损失的事故。

②重大事故，是指造成10人以上30人以下死亡，或者50人以上100人以下重伤，或者5000万元以上1亿元以下直接经济损失的事故。

③较大事故，是指造成3人以上10人以下死亡，或者10人以上50人以下重伤，或者1000万元以上5000万元以下直接经济损失的事故。

④一般事故，是指造成3人以下死亡，或者10人以下重伤，或者1000万元以下直接经济损失的事故。

（2）建设工程安全事故的处理

1）事故处理的原则。安全事故处理坚持"四不放过"原则，即事故原因未查清楚不放过；事故责任人和周围群众没有受到教育不放过；事故责任者未受到处理不放过；事故没有制订切实可行的整改措施不放过。

2）安全事故处理。发生安全事故，应迅速抢救伤员并保护事故现场，组织调查组，开展事故调查。进行现场勘查，分析事故原因，制订预防措施。提交事故调查报告，进行事故的审理和结案。事故调查处理的文件记录应长期完整地保存。

【任务实施】

工程项目安全检查的目的是为了消除安全隐患、防止事故、改善劳动条件及提高员工的安全生产意识，是安全控制工作的一项重要内容。通过安全检查可以发现工程中的危险因素，及时采取措施，保证安全生产。

1. 安全检查的类型

安全检查可分为日常性检查、专业性检查、季节性检查、节假日前后的检查和不定期检查。

1）日常性检查是指经常的、普遍的检查。企业一般每年进行1~4次；工程项目组每周进行一次；班组每班次都应进行检查。专职安全技术人员的日常检查应有计划、针对重点部位周期性地进行。

2）专业性检查是针对特种作业、特种设备、特殊场所进行的检查，如电焊、气焊、起重设备、运输车辆、锅炉压力容器、易燃易爆场所等。

3）季节性检查是指根据季节特点，为保障安全生产的特殊要求所进行的检查。如夏季高温多雨，做好防暑、防汛；雷雨季节，做好施工用电检查等。

4）节假日前后的检查是针对节假日期间易产生麻痹思想而进行的，包括节日前安全生产综合检查，节后遵章守纪的检查等。

5）不定期检查是指在工程或设备开工和停工前、维修中，工程或设备竣工及试运行时进行的安全检查。

2. 安全检查的注意事项

1）安全检查要建立检查的组织领导机构，配备适当的检查力量，挑选具有较高技术业务水平的专业人员参加。

2）做好检查的各项准备工作。

3）明确检查的目的和要求。要从实际出发，分清主次矛盾，力求实效。

4）把自查与互查有机结合起来。

5）坚持查改结合。坚持安全检查，发现问题及时采取有效的防范措施。

6）建立检查档案。安全检查过程中收集基本的数据，掌握基本安全状况，为及时消除隐患提供数据。

3. 安全检查的内容

安全检查主要包括查思想、查管理、查隐患、查整改、查事故处理等内容。

1）查思想。主要检查企业的领导和职工对安全生产的认识。

2）查管理。主要检查工程的安全生产管理措施是否落实。其主要内容包括：安全生产责任制、安全技术措施计划、安全组织机构、安全保证措施、安全技术交底、安全教育、持证上岗、安全设施、安全标识、操作行为、违规管理、安全记录等。

3）查隐患。主要检查作业现场是否符合安全生产、文明生产的要求。

4）查整改。主要检查对过去提出问题的整改情况。

5）查事故处理。对安全事故的处理应做到查明事故原因，明确责任并对责任者做出处理，明确和落实整改措施，对伤亡事故及时报告等。

【提交成果】

完成此任务后，需提交"三宝、四口"防护检查评分表、施工用电检查评分表、安全管理检查评分表、项目部安全检查及隐患整改记录表（见附表20、附表21、附表22、附表23）。

练 习 题

4.1【背景材料】

某施工现场,工人利用即将拆除的物料提升机进行落水管的安装工作。4 名未经安全教育的作业人员,在未采取任何安全措施的情况下,进入物料提升机吊篮,在司机启动电动机提升吊篮时,钢丝绳突然断开,发生高处坠落事故,3 人死亡 1 人重伤。

【问题】

该安全事故处理应遵循什么原则?安全教育包括哪些方面内容?

4.2【背景材料】

某学生公寓楼施工现场,发生防水涂料爆燃引起火灾,造成 5 人死亡 1 人轻伤。

【问题】

说明该安全事故的处理程序。

4.3【背景材料】

某建筑设备安装工程项目,安全目标是杜绝重大伤亡事故,轻伤率控制在3‰以内。

【问题】

为了实现安全目标,应采取哪些方面的措施?

4.4【背景材料】

某大厦施工现场,安全检查时发现电焊现场有化学危险物品。

【问题】

安全检查有哪些种类型?安全检查的内容包括哪些方面?对查出的安全隐患应如何处理?

4.5【背景材料】

某大厦施工现场,临时用电优先选用节能灯具,实现节约用电。

【问题】

还可以采取哪些措施达到节能的目的?

4.6【背景材料】

某公司在某大厦工地施工,杂工张某发现潜水泵开动后漏电开关动作,便要求电工把潜水泵电源线不经漏电开关接上电源,起初电工不肯,但在张某多次要求下照办。潜水泵再次起动后,张某拿一根钢筋欲挑起潜水泵检查是否沉入泥中,当张某挑起潜水泵时,即触电倒地,经抢救无效死亡。

【问题】

分析事故发生的原因,从该事故中应吸取哪些教训?

项目五　建筑设备安装工程施工组织设计

施工组织设计是以拟建工程项目为对象，具体指导施工全过程各项活动的技术、组织、经济综合性文件；是施工单位编制季度、月度施工作业计划，分部分项工程施工设计及劳动力、材料、机具等配置计划的主要依据；是施工前的一项重要的准备工作及实现施工科学化管理的重要手段。施工组织设计分为施工组织总设计、单位工程施工组织设计及施工方案。本项目所述施工组织设计为单位工程施工组织设计。

任务1　编写工程概况与施工部署

【任务描述】

编写综合楼建筑设备安装工程的工程概况，并进行施工部署。

【实现目标】

通过编写工程概况与施工部署，能够熟悉工程概况包括的内容及编写的要求，能合理确定建筑设备工程项目的目标。能根据建筑设备工程项目的规模确定工程管理组织机构形式，并确定项目经理部的工作岗位设置及其职责划分。具有进行建筑设备安装工程项目施工部署的能力，培养团队协调配合能力和创新能力。

【任务分析】

工程概况是对工程特点、地点特征和施工条件等所做的简要、突出重点的文字介绍。工程概况编写要求内容简捷、语言严谨，层次清楚，应具有概括性、准确性、完整性。施工部署是在工程实施前，对整个拟建工程进行通盘考虑、统筹策划后，所做出的全局性战略决策和全面安排，并且明确工程施工的总体设想。由于拟建工程项目的性质、规模、客观条件不同，施工部署的内容和侧重点也各不相同。因此进行施工部署设计时，应结合工程的特点，对具体情况具体分析，遵循建筑安装工程施工的客观规律，按照合同工期的要求，事先制订出必须遵循的原则，做出切实可行的施工部署。施工部署内容应明确、定性、简明，应提出原则性要求。

【教学方法建议】

虚拟建筑设备安装工程项目部，分小组讨论完成。

【相关知识】

施工组织设计按编制对象可分为施工组织总设计、单位工程施工组织设计和施工方案。对于建筑设备安装工程，常需编制单位工程施工组织设计。

单位工程施工组织设计是在施工组织总设计的指导下，以单位（子单位）工程为主要对象编制的施工组织设计，对单位（子单位）工程的施工过程起指导和制约作用。单位工程施工组织设计是指导施工全过程中各项生产技术活动，实现质量、安全等目标的综合管理性文件。

施工组织设计的编制必须遵循工程建设程序，并应符合下列原则：

1）符合施工合同或招标文件中有关工程进度、质量、安全、环境保护、造价等方面的要求。

2）积极开发、使用新技术和新工艺，推广应用新材料和新设备。

3）坚持科学的施工程序和合理的施工顺序，采用流水施工和网络计划等方法，科学配置资源，合理布置现场，采取季节性施工措施，实现均衡施工，达到合理的经济技术指标。

4）采取技术和措施，推广建筑节能和绿色施工。

5）与质量、环境和职业健康安全三个管理体系有效结合。

1. 建筑设备安装工程施工组织设计的编制依据

建筑设备安装工程施工组织设计的编制依据主要有以下几个方面：

（1）工程施工合同　包括工程范围和内容，工程开工和竣工日期，工程质量保修期，工程造价，工程价款的支付、结算及交工验收办法，设计文件、概预算及技术资料的提供日期，材料和设备的供应和进场期限，双方相互协作事项等。

（2）经过会审的施工图　包括单位工程的全部施工图纸、会审记录和标准图等有关设计资料。

（3）施工组织总设计　若所编制施工组织设计的工程为建设项目中的一部分，应把施工组织总设计中的总体施工部署及对本工程施工中的有关规定和要求作为编制依据。

（4）建设单位可能提供的条件　包括建设单位可能提供的临时房屋，水、电供应量，水压和电压能否满足施工要求等。

（5）工程预算文件及有关定额　应有详细的分部、分项工程量，必要时应有分层、分段或分部位的工程量及预算定额和施工定额。

（6）资源配置情况　包括施工中所需劳动力情况，材料的供应情况，施工机具和设备的配备及其生产能力等。

（7）施工现场勘察资料　包括施工现场的地形、地貌，地上及地下构筑物，水文地质资料、气象资料，交通运输及场地面积等。

（8）国家现行有关标准和技术经济指标　与工程建设有关的法律、法规和文件包括《建筑电气工程施工质量验收规范》《火灾自动报警系统施工及验收规范》《建筑物智能化系统验收标准》等。

施工进度
计划图

2. 建筑设备安装工程施工组织设计的内容

（1）工程概况　应包括工程主要情况、各专业设计简介和工程施工条件等。

（2）施工部署　主要包括工程施工目标、工程主要施工内容及进度安排、工程施工重点和难点分析、工程管理组织机构及其职责划分。

（3）施工进度计划　施工进度计划可采用网络图或横道图表示，并附必要说明。

（4）施工准备工作与资源配置计划　施工准备应包括技术准备、现场准备和资金准备。资源配置计划应包括劳动力配置计划和物资配置计划。

（5）主要施工方案　主要施工方案是对主要分部分项工程制订的施工方案。

（6）施工现场平面布置　包括施工现场加工设施、存贮设施、办公和生活等设施的布置，垂直运输设施、供电设施、供水供热设施、排水排污设施和临时施工道路布置，现场必备的安全、消防、保卫和环境保护等设施。

（7）主要施工管理计划　包括保证进度管理计划、质量管理计划、安全管理计划、环境管理计划、成本管理计划、其他管理计划等。

对于小型的设备安装工程，其内容可简化一些，一般包括施工安排、施工进度计划、施工准备与资源配置计划、施工方案及工艺要求。

3. 施工组织设计的编制和审批

施工组织设计的编制和审批应符合下列规定：

1）施工组织设计应由项目负责人主持编制，可根据需要分阶段编制和审批。

2）施工组织总设计应由总承包单位技术负责人审批；单位工程施工组织设计应由施工单位技术负责人或技术负责人授权的技术人员审批，施工方案应由项目技术负责人审批；重点、难点分部（分项）工程和专项工程施工方案应由施工单位技术部门组织相关专家评审，施工单位技术负责人批准。

3）由专业承包单位施工的分部（分项）工程或专项工程的施工方案，应由专业承包单位技术负责人或技术负责人授权的技术人员审批；有总承包单位时，应由总承包单位项目技术负责人核准备案。

4）规模较大的分部（分项）工程和专项工程的施工方案应按单位工程施工组织设计进行编制和审批。

施工组织设计实行动态管理，项目施工过程中，发生下列情况之一时，施工组织设计应及时进行修改或补充：工程设计有重大修改；有关法律、法规、规范和标准实施、修订和废止；主要施工方法有重大调整；主要施工资源配置有重大调整；施工环境有重大改变。经修改或补充的施工组织设计应重新审批后实施。项目施工前，应进行施工组织设计逐级交底，项目施工中应对施工组织设计的执行情况进行检查、分析并适时调整。

【任务实施】

1. 工程概况

（1）工程主要情况　工程主要情况应包括下列内容：

1）工程名称、性质和地理位置。

2）工程的建设、勘察、设计、监理和总承包等相关单位的情况。

3）工程承包范围和分包工程范围。

4）施工合同、招标文件或总承包单位对工程施工的重点要求。

（2）各专业设计简介　各专业设计简介应包括下列内容：

1）建筑设计简介应依据建设单位提供的建筑设计文件进行描述，包括建筑规模、建筑功能、建筑特点、建筑耐火、防水及节能要求等，并应简单描述工程的主要装修做法。

2）机电及设备安装专业设计简介应包括给水排水及采暖系统、通风与空调系统、电气系统、智能化系统等各个专业系统的概况。

①给水排水系统工程概况：主要说明水源概况、给水系统划分和敷设方式、材质及连接

方法、增压与贮水设备选用和安装概况。说明排水体制、排水管道系统敷设方式，排水管道材料及连接方式。消火栓给水系统应说明供水方式，设置消防水泵、水箱、水泵接合器的情况，给水管材、消火栓形式。自动喷水灭火系统应说明供水压力，泵房内设备的设置情况，管材、喷头的形式。

②采暖系统工程概况：主要说明热源、热媒的种类，采暖热负荷，采暖系统的类型，散热器类型，管材及连接方式，管路敷设要求等。

③电气系统工程概况：主要说明电源概况、电力负荷、电力照明线路敷设方式，配电线路导线的型号、配电柜和配电箱的安装方式，防雷的等级、防雷装置等。

④通风与空调系统工程概况：主要说明空调的制冷设备、供回水温度、空调方式、水系统的形式、风管及水管的材料、保温材料及保温层厚度、防排烟的方式、防火分区的划分、送排风机的位置等。

⑤智能化系统工程概况：主要说明所包括的子分部工程内容，子分部工程的功能、组成情况，机房或控制室的位置等。

2. 施工部署

（1）工程施工目标 工程施工目标应根据施工合同、招标文件以及建设单位对工程管理目标的要求确定，包括进度、质量、安全、环境和成本等目标。各项目标应满足施工组织总设计中确定的总体目标。

1）进度目标应根据发包人和承包人在协议中的约定，以及安装工程进度计划安排的时间，确定工期的日历天数和开、竣工时间。

2）质量目标应根据施工合同中对质量方面的要求和工程的实际来确定。如保证达到招标文件规定的质量要求并确保工程质量达到优良标准，并争创优秀工程项目等。

3）安全生产目标应针对工程的特点，合理制订目标。如坚决杜绝重大伤亡事故，轻伤率控制在1‰等。

4）环境目标应根据相关法规制订环境污染控制目标、能源节约目标，确定扬尘、噪声、职业危害作业点合格率。

5）成本目标应确定降低成本的目标值，包括降低成本额或降低成本率。

（2）组织机构 根据建筑设备安装工程施工管理的经验，结合项目的实施特点及施工合同，成立专业配套的项目经理作为指挥的组织机构。

对于安装工程项目，应成立专业配套的项目经理部作为指挥管理机构，项目经理部内设质量安全组、工程施工组、系统调试组、材料设备组和后勤保障组等职能部门，明确职责范围。组织机构宜采用框图的形式表示，图5-1为某安装工程项目组织机构图。

在项目经理的统筹管理下实现各种资源共享，相互补充，积极推进工程的顺利进行，确保工程安全、质量、工期等各种管理目标的实现。对于安装量较小的工程项目，可按专业分工设置两名项目副经理和技术负责人，下设空调施工员、电气施工员、给水排水施工员、专业质量检查员、安全员和材料员组成项目管理机构。对于智能建筑工程，通常需进行深化设计，应设置深化设计及智能化工程施工管理分部。

（3）主要职能人员（部门）权责 如图5-1所示的组织机构中，各职能部门的主要权责如下：

1）项目经理部的主要职责

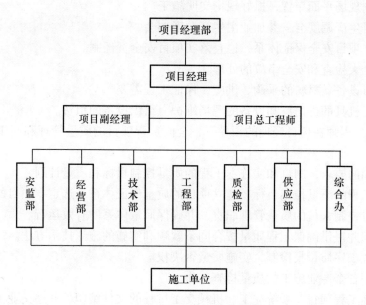

图5-1　某安装工程项目组织机构图

①全权代表公司对业主的合同履约。

②负责向业主交出"工程质量优良"的工程产品,确保在工程实施中的"安全第一"的目标,并负责确保工程质量目标和安全目标实现的各种资源。

③负责项目部各项工作的统一管理,负责和业主的全面联络。

④负责公司各项管理制度和业主的各项管理要求在本项目的落实实施,负责对本项目的"安全、质量、工期、成本"目标控制的完成。

2)项目经理受公司法人代表的委托,全权处理本项目上的一切事务。其主要职责如下:

①代表公司全面负责本项目施工准备、施工过程组织、工程后期保修服务等的全过程的统一管理,负责和业主的全面联络。

②代表公司向业主交出"工程质量优良"的工程产品,确保在工程实施中的"安全第一"的目标,负责确保工程质量目标和安全目标实现的各种资源配置。

③在本项目实施中全面贯彻执行国家、上级主管部门、地方的政策、法规等及业主的各项规章制度。

④负责公司对本项目的"安全、质量、工期、成本"目标的完成。

⑤负责项目部的各个管理系统(如质量保证系统、安全保证系统、材料供应系统、计划控制系统等)正常运行,并确保其资源充实到位。

3)项目副经理是在项目经理的领导下,负责项目的施工生产、安全及供应工作。其具体职责为:

①负责审核项目施工生产计划,按计划组织协调项目施工生产。

②负责审核项目大型施工机具计划,组织现场大型施工机具的协调与平衡。

③负责项目内部施工任务分工。

④组织控制现场平面布置，抓好现场文明施工。

⑤组织项目生产调度会，参加业主生产调度例会。

⑥负责建立项目安全保证体系，检查落实项目安全责任制。

⑦组织安全大检查和安全事故的处理。

⑧组织项目设备、材料的采购、供应，保证工程需要。

⑨组施工机具的进出厂和设备的现场维护，组织设备的租赁。

4）项目总工程师在项目经理的领导下，全面负责项目的质量管理和施工技术工作。其主要工作为：

①按照合同的要求，制订和实施本工程的质量控制目标和质量计划。

②按照本工程的质量控制目标，建立项目的质量保证体系，选定本项目的质量检查控制人员，落实质量控制人员的质量管理职责，并确保质量体系的有效运行。

③负责组织并提供确保工程质量按合同条款顺利实施的施工技术方法。

④落实工程工序质量报检制，实施质量否决权。

⑤负责组织各个专业施工的质量检查工作。

⑥组织实施工程项目、系统完工、机械交工过程的文件编印，并递交业主。

5）安监部在项目经理的领导下，按照合同要求检查和落实本项目的安全保证措施，确保施工人员和施工机具设备的安全。其主要工作为：

①在项目经理的领导下，全面负责现场的安全管理、消防管理、保卫管理，负责组织项目部的安全例会。

②监督检查安全保证体系的运行及各类人员安全责任制的落实，有权对违反安全、消防管理规定的部门和人员进行处罚，与业主安检部门联络，保持密切联系，确保项目施工目标实现。

③检查施工中的安全措施落实，对有安全隐患的部位下达指令立即进行整改或停工，确保施工人员和设备的健康、安全。

④审核工程的安全保证措施，并对其落实情况进行最终确认。

⑤组织检查和鉴定施工机具的安全使用性能。

⑥编制工程安全月报，定期向业主报告项目安全管理情况。对施工过程中所发生的安全事故或未遂事故按程序及时报告。

⑦负责施工现场和生活住地的保卫工作。

⑧负责项目急救中心的管理和措施落实。

⑨负责对施工人员的安全培训工作和对项目人员的安全奖惩。

6）经营部在项目经理的领导下，按照合同要求对工程进行计划控制管理，确保工程按期完成。其主要工作为：

①协助项目经理抓好项目经营及成本费用控制。

②负责编制施工图预算及现场设计变更结算，搞好工程结算。

③及时掌握项目合同执行情况，随时协调、处理和上报项目经理合同执行中出现的各种问题。

④负责项目各部门成本责任指标的测算下达及考核。

⑤组织开展月、季经济活动分析，落实阶段性成本降低措施。

⑥按照工程进度验收结果及有关规定，审核、办理专业施工费用。

⑦严格控制项目资金使用，保证资金使用合理。

⑧负责项目会计核算，保证项目成本真实、合规、合法。

⑨及时向项目经理、公司有关部门反馈项目生产、经营、成本、资金信息。

⑩负责项目竣工决算工作。

7）技术部在项目总工程师的领导下，按照合同要求提供符合施工技术规范要求的施工技术方法，负责项目工程的全面技术管理工作。其主要工作为：

①专业工程师负责施工图纸的会审、核查，技术交底，施工方案的编制，施工过程中的技术管理，竣工技术文件整理移交；协同项目计划工程师编制各专业的详细计划，申报和考核班组的进度；根据工程进展编制施工图纸、资料需求计划，完成工程师对日/周进度数据的审核。

②技术信息管理：接收、管理、发放技术资料、图纸、文件管理。

8）工程部在项目经理的领导下，负责施工现场全面的协调管理和施工机具资源的保障工作。其主要工作为：

①落实施工生产中的各项业主 HSE 目标管理保证措施的实施，确保"安全第一"。

②负责项目部的各个专业作业的施工生产任务指令下达和施工资源的落实；对现场施工机具、运输车辆平衡调度；定期统计施工机具的耗用，为进度的量化控制提供依据，编制大型机具使用月报。

③负责施工现场总平面布置及临时设施的布置和调度，协调各施工队的交叉作业环境和条件，并对施工进度进行监督和保证；负责现场的文明施工管理。

④协助项目经理与业主或其他分包商、设备供应商、制造商代表现场服务期间的工作协调。

⑤负责施工所需设备调配，维修保养。编制主要机具使用月报。

9）质检部在项目总工程师的领导下，全面负责项目工程的质量检查确认工作。其主要工作为：

①协助项目总工程师做好项目的质量管理和控制工作，检查落实项目质量体系的运行及各职能部门、有关人员的质量职责，负责编制项目的质量控制计划。

②负责组织召开项目的质量例会，下达各个专业的质量控制指令，检查各项指令的落实。

③负责项目检验试验工作管理，按照业主（监理）的要求编制各个专业的质量检验试验计划。

④负责落实和实施工程质量报检制和质量最终确认制。

⑤负责审核、确认批准施工作业人员的上岗资格。

⑥负责自检合格项目向业主/监理的报检确认。

⑦负责将业主（监理）的质量要求向施工人员下达指令并检查执行情况，向业主（监理）报送结果。

⑧负责项目质量事故的调查或不合格品的调查和评审。

⑨负责项目的计量管理工作，定期对施工设备机具进行计量检查和考核。

⑩按照业主（监理）的要求报送各种质量报表。负责对项目工程的质量奖惩。

10）供应部按照合同要求，负责业主提供材料的领用、保管、仓库保养、发放等管理工作及自供材料的采购工作。其主要职责为：

①负责业主提供设备、材料出库后的领用、保管、发放等管理工作。

②自行采购物资经业主（监理）进行供货商资质预审后，与供货商的合同洽谈、供货催交、检验、保管、发放等管理工作。

③定期统计施工分部工程的消耗，为进度的量化控制提供依据。

④编制物资需求月报，负责材料仓储管理。

⑤完成业主提供设备材料的施工单位应完成的工作。

⑥负责材料使用情况的控制和材料核销、不合格材料处置，其定额材料按业主（监理）的要求办理。

11）综合办的主要职责

①负责职工生活保障管理工作（如职工住房、食堂、浴室、开水房等）。

②负责劳动力平衡、协调，配合计划、编制月进度报告。向业主和公司总部提出人员变更计划。

③各种工资发放。

④负责项目管理月报资料的收集和编制。

⑤负责项目施工数据的计算机录入及计算机的日常维护与管理。

（4）进度安排和空间组织　工程主要施工内容及其进度安排应明确说明，施工顺序应符合工艺逻辑关系，流水段应结合具体情况分阶段进行划分。

对于建筑设备安装工程，进度安排可划分为施工准备阶段、管线预埋阶段、安装阶段、调试阶段、交工验收及工程保修阶段。依据所划分的阶段，明确各阶段的主要内容及安排。施工准备阶段应编制工地管理制度和技术文件，进行临时设施布置、施工人员的培训及教育、图纸深化设计及会审，做好安全技术质量交底、组织施工资源入场。管线预埋阶段应加强与土建的协调沟通、加强预埋和预留件的跟踪管理。安装阶段应组织内部施工流程，贯彻执行施工和技术管理措施，加强现代化信息管理工作。调试阶段应编制调试方案，确保系统调试条件，严格执行工程调试步骤，确保实现调试效果，组织系统调试验收。交工验收及工程保修阶段应组织各专业工程的联合调试工作，组建售后服务机构，进行竣工资料的整理与移交，组织工程验收与交接。

（5）主要分包工程施工单位的选择要求及管理方式　建设工程施工中存在大量专业分包和劳务分包活动，通过总包和分包企业的协作完成合格的建筑产品，在施工过程中分包企业的行为和管理的好坏是建筑质量和安全的基础。

工程分包必须通过市场竞争方式，公开、公平和公正地在具备相应资质条件的合格分包商中择优选定。工程分包必须订立有效的规范的书面形式的工程分包合同。对工程分包的工程质量、进度和施工安全进行严格的控制。对分包商的工程施工实行监督式、介入式和指导式的管理。

【提交成果】

完成此任务后，需提交如下成果：工程概况文本，工程施工目标，组织机构框图，职责，进度安排和空间组织。

任务 2　编制建筑设备安装工程施工进度计划

【任务描述】

根据建筑设备安装工程的施工图和设计单位对施工的要求、施工现场条件及环境和气象资料、土建工程进度计划和施工合同、国家的有关规范和操作规程、工程的预算文件和有关定额，完成建筑设备安装工程施工进度计划的编制。

【实现目标】

通过完成进度计划的编制，能够熟悉建筑设备工程施工进度计划的编制方法，具有合理编制建筑设备工程施工进度计划的能力；熟练绘制施工进度搭接网络图；培养分析问题和解决问题的能力。

【任务分析】

建筑设备安装工程施工进度计划的编制需要收集编制依据，熟悉和分析工程的特点，合理地划分施工段和施工过程，计算出各施工过程的持续时间，并依据施工方案安排好施工流向和工艺顺序。编制时，应先绘制分部工程网络图，再将各分部工程网络图进行拼接。要求尽量避免交叉作业，维持均衡施工。

【教学方法建议】

虚拟建筑设备安装工程项目部，分小组讨论完成。

搭接网络
计划计算
实例（视
频）

【相关知识】

单代号搭接网络计划是综合应用单代号网络计划与搭接施工的原理，使其结合起来的一种网络计划。

1. 单代号搭接网络计划的搭接关系

前面讲述的网络计划，工作之间的逻辑关系是紧前工作完成后，紧后工作即开始进行。但在有些情况下，紧后工作的开始时间并不以紧前工作完成为条件，而是在紧前工作进行过程中即开始紧后工作，这种关系称为搭接关系。用于表达搭接关系的时距有四种，如图 5-2 所示。

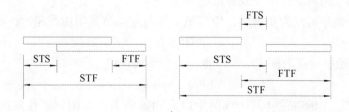

图 5-2　各种搭接关系用横道图方法表示

（1）STS（开始到开始）关系　单代号搭接网络关系表达方式如图5-3a所示。

（2）STF（开始到结束）关系　单代号搭接网络关系表达方式如图5-3b所示。

（3）FTS（结束到开始）关系　单代号搭接网络关系表达方式如图5-3c所示。

（4）FTF（结束到结束）关系　单代号搭接网络关系表达方式如图5-3d所示。

（5）混合关系　一般同时用STS和FTF两种关系来表达，也可以用其他表达形式，如图5-3e所示。

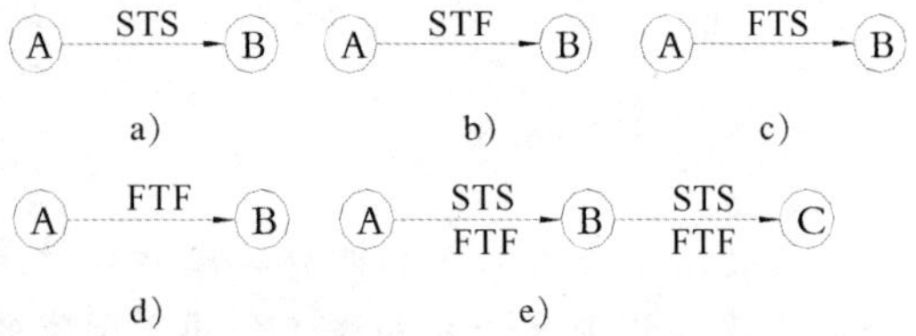

图 5-3　各种搭接关系用单代号网络计划方法表示

2. 单代号搭接网络计划时间参数的计算

单代号搭接网络计划时间参数的计算，应在各项工作的持续时间和各项工作之间的时距关系确定之后进行。

（1）工作最早时间的计算　工作最早开始时间的计算应符合下列规定：

1）计算程序是自起点节点开始，顺着箭线方向依次进行，只有紧前工作计算完毕，才能计算本工作。

2）起点节点的最早开始时间 ES_i 无规定时，其值等于零，即

$$ES_i = 0$$

3）其他工作的最早开始时间根据时距确定。

相邻时距 STS_{i-j} 时

$$ES_j = ES_i + STS_{i-j} \tag{5-1}$$

相邻时距 FTF_{i-j} 时

$$ES_j = ES_i + t_i + FTF_{i-j} - t_j \tag{5-2}$$

相邻时距 STF_{i-j} 时

$$ES_j = ES_i + STF_{i-j} - t_j \tag{5-3}$$

相邻时距 FTS_{i-j} 时

$$ES_j = ES_i + t_i + FTS_{i-j} \tag{5-4}$$

式中　ES_j——工作 i 的紧后工作最早开始时间；

t_i，t_j——i 和 j 两项工作的持续时间；

STS_{i-j}——i 和 j 两项工作开始到开始的时距；

FTF_{i-j}——i 和 j 两项工作结束到结束的时距；

STF_{i-j}——i 和 j 两项工作开始到结束的时距；

FTS_{i-j}——i 和 j 两项工作结束到开始的时距。

4）计算工作最早时间为负值时，应将该工作与起点节点用虚线相连，并确定其时距为

$$STS = 0$$

5）工作 i 的最早完成时间 EF_i 的计算应符合下式规定：

$$EF_i = ES_i + t_i \tag{5-5}$$

6）当有两种以上的时距（两个或两个以上的紧前工作）限制工作时间的逻辑关系时，按前面单代号网络计划最早时间参数计算方法，分别计算最早时间，取最大值。

7）有最早完成时间为最大值的中间工作，应与终点节点用虚线相连接，并确定其时距

为
$$FTF = 0$$

（2）计算工期的确定　搭接网络计划的计算工期 T_c，根据与终点相联系工作的最早完成时间的最大值确定。网络计划的计划工期 T_p 应按下列情况分别确定：

1）当已规定了要求工期 T_r 时，$T_p \leqslant T_r$。

2）当未规定要求工期时，$T_p = T_c$。

（3）相邻两项工作 i 和 j 时间间隔 LAG_{i-j} 的计算　相邻两项工作 i 和 j 之间除满足时距之外，还有多余的时间间隔 LAG_{i-j}，应按下式计算：

$$LAG_{i-j} = \min \begin{Bmatrix} ES_j - EF_i - FTS_{i-j} \\ ES_j - ES_i - STS_{i-j} \\ EF_j - EF_i - FTF_{i-j} \\ EF_j - ES_i - STF_{i-j} \end{Bmatrix} \tag{5-6}$$

（4）计算工作总时差　工作 i 的总时差 TF_i 应从网络计划的终点节点开始，逆着箭线方向依次逐项计算。当部分工作分期完成时，有关工作的总时差必须从分期完成的节点开始逆向逐项计算。

1）终点节点所代表的工作 n 的总时差 TF_n 值应为
$$TF_n = T_p - EF_n \tag{5-7}$$

2）其他工作 i 的总时差 TF_i 应为
$$TF_i = \min\{TF_j + LAG_{i-j}\} \tag{5-8}$$

（5）计算工作自由时差

1）终点节点所代表工作 n 的自由时差 FF_n 值应为
$$FF_n = T_p - EF_n \tag{5-9}$$

2）其他工作 i 的自由时差 FF_i 应为
$$FF_i = \min\{LAG_{i-j}\}$$

（6）工作最迟时间的计算　工作最迟时间的计算应符合下列规定：

1）工作 i 的最迟完成时间 LF_i 应从网络计划的终点节点开始，逆着箭线方向依次逐项计算。当部分工作分期完成时，有关工作的最迟完成时间应从分期完成的节点开始逆向逐项计算。

2）终点节点所代表的工作 n 的最迟完成时间 LF_n，应按网络计划的计划工期 T_p 确定，即
$$LF_n = T_p$$

3）其他工作 i 的最迟完成时间 LF_i 应为
$$LF_i = EF_i + TF_i \tag{5-10}$$

或
$$LF_i = \min \begin{Bmatrix} LS_j - LF_i - FTS_{i-j} \\ LS_j - LS_i - STS_{i-j} \\ LF_j - LF_i - FTF_{i-j} \\ LF_j - LS_i - STF_{i-j} \end{Bmatrix} \tag{5-11}$$

4）工作 i 的最迟开始时间 LS_i 应按下式计算：

$$LS_i = LF_i - t_i \tag{5-12}$$

或

$$LS_i = ES_i + TF_i \tag{5-13}$$

（7）关键工作和关键线路的确定　关键工作是总时差为最小的工作。搭接网络计划中工作总时差最小的工作，其具有的机动时间也最小，如果延长其持续时间就会影响计划工期，因此为关键工作。当计划工期等于计算工期时，工作的总时差为零是最小的总时差。当有要求工期，且要求工期小于计算工期时，总时差最小的为负值；当要求工期大于计算工期时，总时差为正值。关键线路是自始至终全部由关键工作组成的线路或线路上总的工作持续时间最长的线路。该线路在网络图上应用粗线、双线或彩色线标注。在搭接网络计划中，从起点节点开始到终点节点均为关键工作，且所有工作的时间间隔均为零的线路应为关键线路。

【任务实施】

施工进度计划是施工组织设计的重要组成部分，是用图表的形式表明一个工程项目从施工准备到开始施工，再到最终全部完成，其各施工过程在时间上和空间上的安排及它们之间相互搭接、相互配合的关系。施工进度计划的图表形式有横道图和网络图两种。

施工进度计划是施工方案在时间上的体现，也是编制施工作业计划及各项资源配置计划的依据。单位工程施工进度计划可根据建设项目规模大小、结构难易程度、工期长短、资源供应情况等，分为控制性和指导性两类施工进度计划。控制性进度计划按分部工程划分施工过程，控制各分部工程的施工时间及其相互搭接配合关系。指导性进度计划按分项工程或施工工序来划分施工过程，具体确定各施工过程的施工时间及其搭接配合关系。

单位工程施工进度计划编制的依据是经过审批的建筑总平面图、单位工程施工图及有关标准图等技术资料，施工组织总设计对本工程的要求，施工工期要求及开、竣工日期，主要分部分项工程的施工方案，施工定额，施工资源的供应情况等。

编制单位工程施工进度计划的主要步骤是先分析工程项目特点，划分施工段和施工过程，计算工程量、确定劳动量和施工机械台班量，确定各施工过程的持续时间，确定搭接关系，编制施工进度计划图表，进行检查调整。

1. 收集编制依据、熟悉图纸、了解施工条件、分析工程项目特点

1）编制依据主要有施工合同，建设单位的要求，施工图纸及设计单位对施工的要求，工程预算文件及有关定额，有关的规范、规程和标准。

2）熟悉图纸的内容。了解建设单位对工程施工可能提供的条件，如供水、供电的情况及可作为临时设施的施工用房等。了解施工现场条件及勘察资料，如高程、地形、水文、气象、交通运输等。

3）分析工程的特点。主要从工程的影响力、工程量、专业交叉、工期、投入资源、对技术管理人员的要求、施工面、建筑高度等方面进行分析。

2. 划分施工过程

首先根据施工图纸确定工程可划分成哪些分部、分项工程。根据施工方案所确定的施工程序、施工阶段的划分、各主要分项工程的施工方法，确定施工过程的名称、数量和内容。为了便于进度计划的绘制及突出重点，对一些次要的施工过程应合并到主要施工过程中去，如消防管道的防腐层施工可以合并到消防管道安装中，这样既可以简化施工进度计划的内容，又可以使施工进度计划具有明确的指导意义。对于某些施工内容，当操作工艺复杂、工程量大、用工多、工期长时，均可单独列出施工过程。施工段及施工过程的划分可参考"项目三任务 1"部分内容。

3. 计算工程量

依据施工图纸、工程量计算规则及相应的施工方法进行计算。工程量计算时应注意：各分部分项工程量的计算单位应与现行定额所规定的单位一致；按所划分的施工段汇总；正确地取用预算文件中的工程量。尽量考虑编制材料配置计划时使用工程量数据的方便，尽可能一次计算多次使用。

4. 确定劳动量和施工机械台班数

（1）劳动量的确定 施工过程为手工操作时，其劳动工日数可按下式计算：

$$P_i = \frac{Q_i}{S_i} = Q_i H_i \tag{5-14}$$

式中 P_i——某施工过程的劳动量（工日）；

Q_i——该施工过程的工程量（m^3、m^2、m、个等）；

S_i——该施工过程所采用的产量定额（m^3/工日、m^2/工日、m/工日、个/工日等）；

H_i——该施工过程所采用的时间定额（工日/m^3、工日/m^2、工日/m、工日/个等）。

当某一施工过程由两个或两个以上的施工内容合并组成时，其劳动量可按下式计算：

$$P_总 = \sum P_i$$

（2）施工机械台班数 施工过程采用机械施工时，其机械及配套机械所需的台班数量可按下式计算：

$$D_i = \frac{Q_i'}{S_i} = Q_i' H_i \tag{5-15}$$

式中 D_i——某施工机械所需机械台班量（台班）；

Q_i'——该机械完成的工程量（m^3、m^2、m、个等）；

S_i——该机械的产量定额（m^3/台班、m^2/台班、m/台班、个/台班等）；

H_i——该机械的时间定额（台班/m^3、台班/m^2、台班/m、台班/个等）。

5. 确定各施工过程的持续时间

施工过程持续时间的计算方法可采用经验估算法和定额计算法。

（1）经验估算法 可依据相同类型工程项目的经验数值，根据工程量估算出持续时间。对于新工艺、新技术、新材料及无定额可循的项目，可采用此法。为了提高经验估算的准确性，常采用"三时估计法"，即先估计出完成该施工过程的最乐观时间 A、最悲观时间 B 和最可能时间 C，并按式（5-16）确定该施工过程的持续时间：

$$t_i = \frac{A + 4C + B}{6} \tag{5-16}$$

（2）定额计算法 根据施工过程需要的劳动量或机械台班量，以及配备的机械台数和劳动力人数，来确定其工作持续时间。其计算公式为

$$t_i = \frac{P_i}{R_i b} = \frac{Q_i}{S_i R_i b} \tag{5-17}$$

$$t_i = \frac{D_i}{G_i b} = \frac{Q_i'}{S_i G_i b}$$

(5-18)

式中　t_i——某施工过程的持续时间；

　　　P_i——该施工过程所需的劳动量；

　　　Q_i——该施工过程的工程量；

　　　S_i——该施工过程的产量定额；

　　　R_i——该施工过程所配备的施工班组人数；

　　　b——该施工过程的工作班制；

　　　D_i——某施工过程所需机械的台班数；

　　　G_i——该施工过程所配备的机械台数。

应用上述公式计算持续时间时，应考虑以下因素：确定班组人数时，应考虑最小劳动组合人数、最小工作面和可能安排的施工人数等因素；确定机械台数时，也应考虑机械生产效率、施工工作面、可能安排台数及维修保养时间等因素；一般情况下，采用一班制施工。当工期较紧或为了提高施工机械的利用率及加快机械的周转使用，或施工工艺要求连续作业时，可考虑二班制或三班制施工。

6. 编排施工进度计划初步方案

编排施工进度计划是根据施工方案、施工流向和工艺顺序，将各施工过程进行排列。主要施工过程先排、次要施工过程后排。将排列好的各施工过程进行连接，注意各施工过程的起止时间应与土建及其他专业协调。在满足施工工艺要求的前提下，尽可能使相应的施工过程平行搭接。

尽量避免交叉作业，努力维持均衡施工，从减少虚耗工时的角度去降低施工成本。必须确保有充裕工序时间的角度确保施工质量，从而克服确保工期与确保施工质量的矛盾。

安排施工进度计划时，应注意以下几个方面：

1）对关键施工线路影响较大的任务。如配合土建预埋管线、配合装修安装灯具、喷淋头等，必须紧密与相关单位协调在最短时间内完成。

2）作业难度较大的工作，如水泵房、制冷机房、高低压配电室的设备安装，应仔细规划。

3）施工工作量大的任务，如配电箱及配电柜的安装、线槽桥架的安装、电缆的敷设、立管安装、风管安装及保温等，须安排大量的人力、物力完成。

4）可急可不急的工作穿插于各关键工序间施工，以达到均衡施工的需要。

7. 根据工期、各项资源的供应量情况，调整优化施工进度计划，绘制正式的施工进度计划

施工进度计划初步方案编制完成后，应对各施工过程之间的施工顺序、施工工期、资源消耗均衡性进行检查和调整。

（1）各施工过程之间施工顺序的检查和调整　施工进度安排的施工顺序应符合建筑施工的客观规律，因此应从技术上、工艺上、组织上检查各施工过程的安排是否正确合理。此外还应从质量上、安全上检查平行搭接施工是否合理，技术、组织间歇是否满足。是否与土建及其他专业协调。如发现不当或错误之处，应进行修改。

（2）施工工期的检查和调整　施工进度计划安排的计划工期首先应满足施工合同的要

求，其次应具有较好的经济效益。当工期不符合要求，即没有提前工期或节约工期时，应进行必要的调整。调整的重点是那些对工期起控制作用的工作，并且应选择有充足备用资源、缩短持续时间对质量和安全影响不大的工作和缩短持续时间所需增加的费用最少的工作。具体调整方法见"项目三任务3"部分内容。

（3）资源消耗均衡性的检查与调整　资源是为完成任务所需的人力、材料、机械设备和资金等的统称。施工进度计划的劳动力、材料、机械等供应与使用，应避免过分集中，尽量做到均衡。资源消耗均衡性的调整有两种方法：方法一是资源有限－工期最短的调整，是通过调整计划安排，以满足资源限制条件，并使工期拖延最少的过程；方法二是工期固定－资源均衡的调整，是通过调整计划安排，在工期保持不变的条件下，使资源需用量尽可能均衡的过程。具体调整方法见"项目三任务3"部分内容。

施工进度计划并不是一成不变的，在执行过程中，由于工程施工本身的复杂性，使施工活动受到许多客观条件的影响。如劳动力、物资供应等情况发生变化，气候条件变化等都会使原来的计划难以执行。因此，在编制计划时要认真了解具体施工项目的客观条件，预见可能出现的问题，使进度计划尽可能符合客观条件，先进合理，留有余地。

【提交成果】

完成此任务后，需提交如下成果：建筑设备安装工程的工程量和劳动量计算表，各施工过程持续时间计算表，建筑设备安装工程施工进度计划横道图和时标网络图。

任务3　施工准备工作与资源配置计划

【任务描述】

编制综合楼建筑设备安装工程的施工准备工作与资源配置计划。施工准备工作的内容包括技术准备、施工现场准备和资金准备。资源配置计划的内容包括劳动力配置计划和物资配置计划。

【实现目标】

通过编制施工准备工作与资源配置计划，能够熟悉施工准备工作的内容和资源配置计划的内容。能根据实际工程项目合理编制施工准备工作计划和资源配置计划。培养团队协作精神和周到细致的组织安排能力。

【任务分析】

施工准备工作与资源配置计划编制时，往往容易与分部（分项）工程的施工作业准备工作内容相混淆。按工程所处的阶段分类，施工准备可分为开工前的施工准备和分部（分项）工程作业条件的施工准备。本任务的施工准备，是指单位工程开工前的施工准备工作。它是在拟建工程正式开工前，所进行的带有全局性和总体性的施工准备，其目的是为单位工程正式开工创造必要的施工条件。

先根据施工部署和施工进度计划完成施工准备工作计划的编制，填写计划表，再根据施工进度计划编制资源配置计划。

【教学方法建议】

虚拟建筑设备安装工程项目部，分小组讨论完成。

【相关知识】

1. 施工准备工作的意义

施工准备工作是为了保证工程能正常开工和连续、均衡地施工而进行的一系列准备工作，是保证施工生产顺利完成的战略措施和重要前提，它不仅存在于开工前，而且贯穿于施工的全过程。施工准备的重要性主要体现在以下几个方面：

1）施工准备是建筑施工程序的重要阶段。施工准备是保证施工顺利进行的基础，只有充分地做好各项准备工作，为建筑设备安装工程提供必要的技术和物质条件，统筹安排，才能使工程项目达到预期的经济效果。

2）施工准备也是降低风险的有效措施。安装工程施工具有复杂性和生产周期长的特点，施工中受到外界因素影响较大，不可预见因素较多。只有充分做好施工准备，才能有效采取防范措施，降低风险可能造成的损失。

3）施工准备是提高施工企业经济效益的途径之一。做好施工准备有利于合理分配资源和劳动力，保证工期，提高工程质量，降低成本，从而使工程项目在技术和经济上得到保证，提高了施工企业的经济效益。

2. 施工准备工作的分类

按照施工准备工作的范围不同，一般可分为全场性施工准备、单位工程施工条件准备和分部分项工程作业条件准备三种。

（1）全场性施工准备 它是以一个建筑工地为对象而进行的各项施工准备。其特点是施工准备工作的目的、内容是为全场性施工服务的，它不仅要为全场性施工活动创造有利条件，还要兼顾单位工程施工条件的准备。

（2）单位工程施工条件准备 它是以一个建筑物或构筑物为对象而进行的施工条件准备工作。其特点是施工准备工作的目的、内容都是为单位工程施工服务的，它不仅为单位工程在开工前做好一切准备，还为各分部分项工程做好施工准备工作。

（3）分部分项工程作业条件准备 它是以一个分部分项工程或冬雨期施工为对象而进行的作业条件准备。

【任务实施】

1. 施工准备工作计划的内容

（1）技术准备 技术准备是施工准备的核心，是保证施工质量，使施工能连续均衡地达到质量、工期、成本目标所必须具备的条件。其具体内容包括：施工所需技术资料的准备、施工方案编制计划、试验检验及设备调试工作计划、样板制作计划等。

1）技术资料的准备。技术资料的准备包括熟悉和会审施工图纸、编制施工组织设计、编制施工图预算和施工预算。

2）施工方案编制计划。施工方案编制计划要求的是拟编制的施工方案的最迟提供限期。在进场后，应编制各分项和专项工程的施工方案计划，与工程进度计划配套。

分项工程施工方案要以分项工程为划分标准，如给水管道及配件安装施工方案、照明配电箱安装施工方案等。专项施工方案是指除分项工程施工方案以外的施工方案，如文明施工方案、季节性施工方案、节能施工方案等。施工方案编制计划以列表形式表示，见表5-1。

表5-1 施工方案编制计划

序号	方案名称	编制人	编制完成时间	审批人（部门）
1				
2				
⋮				

3）试验检验及设备调试工作计划。试验检验及设备调试工作计划中应明确试验检验及设备调试工作，检验调试人员安排及检验调试仪器仪表。将检验调试的内容以试验检验及设备调试计划表示，见表5-2。

表5-2 试验检验及设备调试工作计划

序号	部位	试验检验调试内容	完成时间	负责人	检验调试资料
1					
2					
⋮					

4）样板制作计划。"方案先行、样板引路"是保证工期和质量的法宝，坚持样板制作，不仅是样板间，而是样板"制"（包括工序样板、分项工程样板、样板墙、样板间、样板段、样板回路等）。通过方案和样板，制订出合理的工序、有效的施工方法和质量控制标准。样板制作计划以列表形式表，见表5-3。

表5-3 样板制作计划

序号	项目名称	部位	施工时间	备 注
1				
2				
⋮				

（2）施工现场准备 施工现场准备是施工的外业准备，主要是为拟建工程早日和顺利进行创造有利的施工条件和物资保障。施工现场准备的工作内容包括清除障碍物、"三通一平"、搭设临时设施。

1）清除障碍物。施工现场的障碍物应在开工前清除。清除障碍物的工作一般由建设单位组织完成。

2）"三通一平"。"三通一平"是指路通、水通、电通和场地平整。施工现场的道路是建筑材料进场的通道。应根据施工现场平面布置图的要求，修筑永久性道路或临时性道路。施工现场用水包括生产用水、生活用水和消防用水，根据水源的位置，合理敷设给水排水管线。施工现场用电包括生产用电和生活用电，应根据电源位置，敷设供电线路并安装电气设备。除了前述的三通之外，还有电信通、燃气通、排污通、排洪通工作，又称"七通一平"。场地平整就是根据场地地形图、建筑施工总平面图和设计场地控制标高的要求，通过测量，计算出场地挖填土方量，进行土方调配和挖填找平工作。

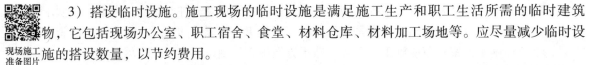

3）搭设临时设施。施工现场的临时设施是满足施工生产和职工生活所需的临时建筑物，它包括现场办公室、职工宿舍、食堂、材料仓库、材料加工场地等。应尽量减少临时设施的搭设数量，以节约费用。

（3）资金准备　资金准备应根据施工进度计划及工程施工合同中的相关条款编制资金使用计划，以确保施工各阶段的目标和工期总目标的实现。此项工作应在施工进度计划编制完后、工程开工前完成。

2. 资源配置计划

（1）劳动力配置计划　劳动力配置计划是资源配置计划的一部分，是确定和规划临时设施规模、组织劳动力进场的依据。在编制劳动力配置计划时，劳动力的数量、技术水平和各工种的比例应与拟建工程的进度、难易程度和各分部（分项）工程的工程量相适应。

劳动力划分为三大类：第一类为专业性较强的技术工种，包括电工、管工、焊工、起重工、铆工等，持有上岗操作证的人员；第二类为普通技术工种，包括油漆工、保温工等，以施工过类似工程施工人员为主进行组建；第三类为非技术工种，此类人员为施工劳务队伍。

劳动力配置计划是根据进度计划的安排，按工种编制的。劳动力配置计划可采用柱状图或表格的形式，表5-4为劳动力配置计划的表格形式。

表5-4　劳动力配置计划

年份	××年										
日期	×月						×月				
	日	日	日	日	日	日	日	日	日	日	日
管工											
焊工											
钳工											
电工											
防腐、保温工											
⋮											
月合计人员											
累计人员											

（2）物资配置计划　物资配置计划包括主要工程材料和设备的配置计划、工程施工主要周转材料和施工机具的配置计划。

主要工程材料和设备的配置计划应根据施工进度计划确定，包括各施工阶段所需主要工程材料、设备的种类和数量，见表5-5。工程施工主要周转材料和施工机具的配置计划应根据施工部署和施工进度计划确定，包括各施工阶段所需主要周转材料、施工机具的种类和数量，见表5-6和表5-7。

表5-5 主要材料、设备配置计划

序号	主要材料、设备名称	型号/规格	单位	数量	拟进场时间
1	配电箱				
2	落地式配电箱				
3	等电位箱（板）安装				
4	灯具				
5	开关				
6	插座				
7	热镀锌桥架				
⋮	⋮				

表5-6 施工机具配置计划

序号	名称	规格型号	单位	数量	拟进退场时间	备 注
1	套丝机					用途及使用部位
2	折方机					
3	接地电阻测试仪					
⋮	⋮					

表5-7 主要周转材料配置计划

序号	材料名称	规格	单位	数量	拟进场时间
1	木模板				
2	支架				
3	脚手架				
⋮	⋮				

【提交成果】

完成此任务后，需提交施工准备工作计划表和资源配置计划表。

任务4 施 工 方 案

【任务描述】

编制综合楼建筑设备安装工程的施工方案。内容包括各分部分项工程的施工顺序；选择施工组织方式、划分施工段、确定主要分部分项工程的施工方法；选择主要分部分项工程适用的施工机械。

【实现目标】

通过施工方案的编制，熟悉建筑设备工程各分部分项工程的施工顺序；具有合理确定建筑设备工程分部分项工程施工工艺的能力。熟悉建筑设备工程各分部分项工程的施工方法；具有合理确定建筑设备工程分部分项工程施工方法和施工机械的能力。

【任务分析】

施工方案是以分部（分项）工程或专项工程为主要对象编制的施工技术与组织方案，用以具体指导施工过程。施工方案选择得恰当与否，将直接影响单位工程的施工效率、进度安排、施工质量、施工安全、工期长短，所以应力求选择最经济、最合理的施工方案。

编写施工方案要反映主要分部（分项）工程或专项工程拟采取的施工手段和施工工艺，具体要反映施工中的工艺方法、工艺流程、操作要点和工艺标准，机具的选择和质量检验等内容。施工方案的确定应体现先进性、经济性和适用性。

【教学方法建议】

虚拟建筑设备安装工程项目部，分小组讨论完成。

【相关知识】

分部（分项）工程施工方法的编写，应根据分部（分项）工程划分，结合工程的具体情况，根据各级工艺标准，优化选择相应的施工方法。

1. 建筑给水排水及采暖工程的子分部、分项工程划分

建筑给水排水及采暖工程的子分部、分项工程划分见表5-8。

表5-8　建筑给水排水及采暖工程的子分部、分项工程划分

分部工程	子分部工程	分项工程
建筑给水排水及采暖	室内给水系统	给水管道及配件安装，室内消火栓系统安装，给水设备安装，管道防腐，绝热
	室内排水系统	排水管道及配件安装，辅助设备安装，防腐，绝热
	室内热水供应系统	管道及配件安装，辅助设备安装，防腐，绝热
	卫生器具安装	卫生器具安装，卫生器具给水配件安装，卫生器具排水管道安装
	室内采暖系统	管道及配件安装，辅助设备及散热器安装，金属辐射板安装，低温热水地板辐射采暖系统安装，系统水压试验及调试，防腐，绝热
	室外给水管网	给水管道安装，消防水泵接合器及室外消火栓安装，管沟及井室
	室外排水管网	排水管道安装，排水管沟与井池
	室外供热管网	管道及配件安装，系统水压试验及调试，防腐，绝热
	建筑中水系统及游泳池系统	建筑中水系统管道及辅助设备安装，游泳池水系统安装
	供热锅炉及辅助设备安装	锅炉安装，辅助设备及管道安装，安全附件安装，烘炉、煮炉安装和试运行，换热站安装，防腐，绝热

2. 建筑电气工程的子分部、分项工程划分

建筑电气工程的子分部、分项工程划分见表5-9。

表 5-9　建筑电气工程的子分部、分项工程划分

分部工程	子分部工程	分　项　工　程
建筑电气	室外电气	架空线路及杆上电气设备安装，变压器、箱式变电所安装，成套配电柜、控制柜（屏、台）和动力、照明配电箱（盘）及控制柜安装，电线、电缆导管和线槽敷设，电线、电缆穿管和线槽敷设，电缆头制作、导线连接和线路电气试验，建筑外部装饰灯具、航空障碍标志灯和庭院路灯安装，建筑照明通电试运行，接地装置安装
	变配电室	变压器、箱式变电所安装，成套配电柜、控制柜（屏、台）和动力、照明配电箱（盘）安装，裸母线、封闭母线、插接式母线安装，电缆沟内和电缆竖井内电缆敷设，电缆头制作、导线连接和线路电气试验，接地装置安装，避雷引下线和变配电室接地干线敷设
	供电干线	裸母线、封闭母线、插接式母线安装，桥架安装和桥架内电缆敷设，电缆沟内和电缆竖井内电缆敷设，电线、电缆导管和线槽敷设，电线、电缆穿管和线槽敷线，电缆头制作、导线连接和线路电气试验
	电气动力	成套配电柜、控制柜（屏、台）和动力、照明配电箱（盘）及控制柜安装，低压电动机、电加热器及电动执行机构检查、接线，低压电气动力设备检测、试验和空载试运行，桥架安装和桥架内电缆敷设，电线、电缆导管和线槽敷设，电线、电缆穿管和线槽敷线，电缆头制作、导线连接和线路电气试验，插座、开关、风扇安装
	电气照明安装	成套配电柜、控制柜（屏、台）和动力、照明配电箱（盘）安装，电线、电缆导管和线槽敷设，电线、电缆穿管和线槽敷线，槽板配线，钢索配线，电缆头制作、导线连接和线路电气试验，普通灯具安装，专用灯具安装，插座、开关、风扇安装，建筑照明通电试运行
	备用和不间断电源安装	成套配电柜、控制柜（屏、台）和动力、照明配电箱（盘）安装，柴油发电机组安装，不间断电源的其他功能单元安装，裸母线、封闭母线、插接式母线安装，电线、电缆导管和线槽敷设，电线、电缆穿管和线槽敷线，电缆头制作、导线连接和线路电气试验，接地装置安装
	防雷接地安装	接地装置安装，避雷引下线和变配电室接地干线敷设，建筑物等电位联结，接闪器安装

3. 通风与空调工程的子分部、分项工程划分

通风与空调工程作为建筑工程的分部工程施工时，其子分部、分项工程划分见表 5-10。当通风空调工程作为单位工程独立验收时，子分部上升为分部，分项工程的划分同上。

表 5-10　通风与空调工程的子分部、分项工程划分

分部工程	子分部工程	分　项　工　程
通风与空调	送排风系统	风管与配件制作，部件制作，风管系统安装，空气处理设备安装，消声设备制作与安装，风管与设备防腐，风机安装，系统调试
	防排烟系统	风管与配件制作，部件制作，风管系统安装，防排烟风口、常闭正压风口与设备安装，风管与设备防腐，风机安装，系统调试

（续）

分部工程	子分部工程	分 项 工 程
通风与空调	除尘系统	风管与配件制作，部件制作，风管系统安装，防尘器及排污设备安装，风管与设备防腐，风机安装，系统调试
	空调风系统	风管与配件制作，部件制作，风管系统安装，空气处理设备安装，消声设备制作与安装，风管与设备防腐，风机安装，风管与设备绝热，系统调试
	净化空调系统	风管与配件制作，部件制作，风管系统安装，空气处理设备安装，消声设备制作与安装，风管与设备防腐，风机安装，风管与设备绝热，高效过滤器安装，系统调试
	制冷设备系统	制冷机组安装，制冷剂管道及配件安装，制冷附属设备安装，管道及设备的防腐与绝热，系统调试
	空调水系统	管道冷热（媒）水系统安装，冷却水系统安装，冷凝水系统安装，阀门及部件安装，冷却塔安装，水泵及附属设备安装，管道与设备的防腐与绝热，系统调试

4. 智能建筑工程的子分部、分项工程划分

智能建筑工程的子分部、分项工程划分见表 5-11。

表 5-11 智能建筑工程的子分部、分项工程划分

分部工程	子分部工程	分 项 工 程
智能建筑	通信网络系统	通信系统，卫星及有线电视系统，公共广播系统
	办公自动化系统	计算机网络系统，信息平台及办公自动化应用软件，网络安全系统
	建筑设备监控系统	空调与通风系统，变配电系统，照明系统，给水排水系统，热源和热交换系统，冷冻和冷却系统，电梯和自动扶梯系统，中央管理工作站与操作分站，子系统通信接口
	火灾报警及消防联运系统	火灾和可燃气体探测系统，火灾报警控制系统，消防联动系统
	安全防范系统	电视监控系统，入侵报警系统，巡更系统，出入口控制（门禁）系统，停车管理系统
	综合布线系统	缆线敷设和终接，机柜、机架、配线架的安装，信息插座和光缆芯线终端的安装
	智能化集成系统	集成系统网络，实时数据库，信息安全，功能接口
	电源与接地	智能建筑电源，防雷及接地
	环境	室内环境，室内空调环境，视觉照明环境，电磁环境
	住宅（小区）智能化系统	火灾自动报警及消防联动系统，安全防范系统（含电视监控系统、入侵报警系统、巡更系统、门禁系统、楼宇对讲系统、住户对讲呼救系统、停车管理系统），物业管理系统（多表现场计量与远程传输系统、建筑设备监控系统、公共广播系统、小区网络及信息服务系统、物业办公自动化系统），智能家庭信息平台

【任务实施】

1. 施工顺序的确定

施工顺序是指单位工程中，各分项工程或各工序之间施工的先后次序。应充分利用工作

面、尽可能平行搭接，以便缩短工期。确定施工顺序时应考虑如下因素：

1）先地下，后地上。地下埋设的管道、电缆等工程应首先完成，对地下工程应按先深后浅的程序进行。

2）紧跟土建进度，挖基槽时，配合做接地极和母线焊接。在安装预埋期，密切配合土建完成各种预埋线管，预留孔洞和过墙套管。

3）安装前检查预埋件及预留孔是否符合设计要求，预埋应牢固。模板及施工设施拆除，场地要清理干净。

4）随着土建的主体结构陆续交出，开始管、线、槽和桥架敷设安装，与其他工种交叉作业，待土建清场后，展开整体平面施工，安装设备、固定控制台、柜、箱，管槽配线和电缆敷设等。

5）装修进场后，配合装饰安装灯具、插座、开关等设备；然后方可进入单机调试阶段，待相关设备完成后，进行联合调试，试运行完成后可以交工验收。

6）外墙灯光照明的灯具安装、空调排风口及新风口等要密切配合土建外墙面的施工。

7）确定施工顺序时，以确保工程质量、施工安全为主，当影响质量安全时，应重新安排施工顺序或采取技术措施。

2. 选择施工组织方式、划分施工段

常用的施工组织方式有依次施工、平行施工和流水施工。流水施工根据其节奏特征的不同又分为固定节拍流水施工、成倍节拍流水施工、异节拍流水施工等。在组织施工时，应根据工程特点、性质和施工条件选择恰当的施工组织方式。

设备安装工程通常按结构施工划分的流水段及时跟进施工，以与土建施工协调、及时穿插施工为原则，同时考虑劳动量及作业面的大小。

3. 确定主要分部分项工程的施工方法

先进的施工方法和施工机械对于加快施工速度、提高工程质量、保证施工安全、降低工程成本具有重要的作用。

给水排水及消防系统施工方案

施工方法是根据工程类别、生产工艺特点对分部分项工程施工提出的操作要求。对技术复杂或采用新工艺的工程项目，常采用限定的施工方法，对于操作方法及施工要点应详细；对于常见的工程项目，多采用常规施工方法，操作方法及施工要点可简略一些。

空调系统施工方案

施工方法与施工机械的选择是紧密联系的，施工机械的选择是施工方法选择的中心环节。选择施工机械时，应尽可能做到以下几个方面：

1）施工方法的技术先进性和经济合理性。

2）施工单位的技术特点和施工习惯。

3）同一工地，应使机械的种类和型号尽可能少。

照明系统施工方案

4）尽量利用施工单位现有机械。

在施工方案中应积极使用新的设备，如红外水平仪，利用光线的直向性来检测设备、管道安装水平安装精度，直线测量距离为250m，误差为±0.2mm；电动切管机适合对各种管道进行切割，快捷、方便，切口比传统气割光滑，能开各种类型的坡口，提高管道焊接质量。同时应积极推广新产品、新工艺、新技术的应用，积极推进技术创新。要学习同行业施工新技术、新产品、新工艺实践应用经验。

综合布线系统施工方案

【提交成果】

完成此任务后，需提交如下成果：

1）分部分项工程的施工顺序，要求用框图表示。

2）施工组织方式、施工段。

3）主要分部分项工程的施工方法。

4）主要分部分项工程适用的施工机械（列表表示）。

任务5　绘制施工现场平面布置图

【任务描述】

进行综合楼建筑设备安装工程的施工现场平面布置，绘制施工现场平面布置图。

【实现目标】

通过施工现场平面布置，熟悉施工现场平面图的绘制要求和施工现场平面图的内容，掌握施工平面图的设计步骤及注意事项。能合理进行施工现场平面的布置，具有绘制施工平面图的能力。

【任务分析】

施工现场平面布置，即在施工用地范围内，对各项生产、生活设施及其他辅助设施等进行规划和布置。平面布置力求紧凑合理，尽量减少施工用地。尽量利用原有建筑物和构筑物，降低施工设施建造费用。尽量采用装配式施工设施，提高安装速度。各项临时设施布置全面周到，合理有序，符合安全、防火要求，满足绿色施工、文明施工的要求。绘制施工现场平面布置图要求层次分明，比例适中，图例图形规范，线条粗细分明，图面整洁美观，同时绘图要符合国家有关制图标准的规定，并应详细反映施工平面的布置情况。

【教学方法建议】

虚拟建筑设备安装工程项目部，分小组讨论完成。

【相关知识】

施工现场平面布置图是施工组织设计的重要内容，是施工过程中进行现场布置的重要依据，是实现施工现场有组织、有计划、文明施工的先决条件。

1. 施工平面图的内容

施工平面图应包括下列内容：

1）工程施工现场状况。

2）拟建建（构）筑物的位置、轮廓尺寸、层数等。

3）工程施工现场的加工设施、存贮设施、办公和生活用房等的位置和面积。

4）布置在工程施工现场的垂直运输设施、供电设施、供水供热设施、排水排污设施和临时施工道路等。

5）施工现场必备的安全、消防、保卫和环境保护等设施。

6）相邻的地上、地下既有建（构）筑物及相关环境。

2. 施工平面图设计的依据

在进行施工平面图设计之前，首先要认真研究施工方案和施工进度计划的要求，对施工现场进行深入细致的调查研究，然后对依据的各种原始资料进行周密的分析，使设计符合施工现场的具体情况，从而使设计出来的施工平面图真正起到指导施工现场平面布置的作用。施工平面图设计的依据主要包括：

（1）建设地区原始资料

1）建设地区的自然条件资料。包括气象、地形、水文、地质等资料，主要用于决定水、电等管线的布置及安排冬、雨期施工期间有关设施的布置位置。

2）建设地区的技术经济资料。包括建设地区的交通运输情况，水源、电源、物资资源的供应情况，建设单位及工地附近可使用的房屋、场地、加工设施和生活设施情况。主要用于解决运输问题和决定临时建筑物及设施所需数量及其空间位置。

（2）建筑设计资料

1）建筑总平面图。图上包括已建和拟建的建筑物和构筑物，主要用于正确确定临时房屋和其他设施的空间位置，以及为修建工地运输道路和解决排水等问题提供所需要的资料。

2）一切已有和拟建的管道位置和技术参数。主要用于决定原有管道的利用或拆除，反映新管线的敷设与其他工程的关系。

3）拟建工程的有关施工图和设计资料。

（3）施工组织设计资料

1）施工方案。根据施工方案可确定垂直运输机械和其他施工机具的数量、位置及规划场地。

2）施工进度计划。根据该资料可了解施工各阶段的情况，以便分阶段布置施工现场。

3）各种材料、构件等资源配置计划。根据该资料可确定仓库和堆场的占地面积、平面形状和布置位置。

3. 施工平面图的管理

施工平面图是对施工现场科学合理的布局，是保证建筑设备安装工程的工期、质量、安全和降低成本的重要手段，所以施工平面图不仅应设计好，还要管理执行好。加强施工现场管理对合理使用场地，保证现场运输道路、供水、供电、排水的畅通，建立连续均衡的施工秩序等具有非常重要的意义。通常可采取下列管理措施：

1）严格按施工平面图布置各项设施。

2）道路、水电管线应有专人管理维护。

3）在各阶段施工完成后，应做到料净、场清。

4）施工平面图必须随着施工的进展及时调整。

【任务实施】

安装工程施工平面图的设计具有阶段性。施工内容不同，施工平面布置图中的内容也不同。对于建筑设备工程，施工平面布置的内容主要包括临时设施的布置，运输道路的布置，临时供水、供电管线的布置等内容。施工平面图的绘制程序如下：

1）绘制已建和拟建的建筑物和构筑物的轮廓线位置图。

2）布置由施工部署安排的垂直运输机械的位置。

塔吊可沿建筑物一侧或两侧布置，它的布置位置主要取决于建筑物的平面形状、尺寸、四周场地条件和起重机的性能、起重半径。一般应在场地较宽的一面沿建筑物长度方向布置，这样可以充分发挥其效率。

井架一般采用角钢拼接，截面为矩形，每边长度为 1.5~2.0m，每节呈立方体，起重量为 0.5~2.0t，主要用于垂直运输。布置井架时，其数量应根据垂直运输量大小、工程进度及组织流水施工的要求确定。一般井架离开拟建建筑物外墙的距离，视屋面檐口挑出尺寸或双排脚手架搭设要求决定。

3）布置场内的交通运输道路。施工运输道路应按材料和构件运输的需要，沿其仓库和堆场的位置进行布置，使之畅通无阻。布置时应遵循以下原则：

①尽量利用已有道路和永久性道路。

②为了提高车辆的行驶速度，应将道路布置成直线形；为了提高道路的通行能力，尽量将道路布置成环路。

③要满足材料、构件等运输要求，使道路通到各仓库及堆场，并距离装卸区越近越好。

④要满足消防要求，使道路靠近拟建建筑物及木料场、材料库等易发生火灾的地方。消防车道宽度不小于 3.5m。道路的最小宽度和转弯半径见表 5-12 和表 5-13。

表 5-12 施工现场道路的最小宽度

序号	车辆类别及要求	道路宽度/m	序号	车辆类别及要求	道路宽度/m
1	汽车单行道	≥3.5	3	平板拖车单行道	≥4.0
2	汽车双向道	≥6.0	4	平板拖车双向道	≥8.0

表 5-13 施工现场道路的最小转弯半径

车辆类型	路面内侧的最小曲率半径/m		
	无拖车	有一辆拖车	有两辆拖车
小客车、三轮车	6	—	—
一般二轴载重汽车	单车道 9.0 双车道 7.0	12	15
三轴载重汽车和重型载重汽车	12	15	18
超重型载重汽车	15	18	21

⑤架空线及管道下面的道路，其通行空间宽度比道路宽度大 0.5m，空间高度应大于 4.5m。

⑥路面应平整、压实，并高出自然地面 0.1~0.2m。雨量较大地区可设排水沟，一般沟深和底宽应不小于 0.4m。

4）围挡。施工现场围挡应沿工地四周连续设置，不得留有缺口，并根据地质、气候、围挡材料进行设计与计算，确保围挡的稳定性、安全性。围挡的用材应坚固、稳定、整洁、美观，宜选用砌体、金属材料板等硬质材料。施工现场的围挡高度通常为 1.8m。

5）大门。施工现场应当有固定的出入口，出入口处应设置大门。施工现场的大门应牢固美观，大门上应有企业名称或企业标识。出入口处应当设置专职门卫、保卫人员，制订门卫管理制度和交接班记录制度。

6）生活、行政办公等临时设施的布置。行政办公设施主要包括办公室、会议室、保卫传达室；生活设施包括宿舍、食堂、厕所、淋浴室、开水房等。

办公生活临时设施的选址应考虑与作业区相隔离，保持安全距离，并且周边环境必须具有安全性，如不得设置在高压线下，不得设置在滑坡、泥石流等灾害地质带上和山洪可能冲击的区域。行政办公临时设施的位置，要兼顾场内指挥和场外联系的需要，一般布置在场区入口附近，工人生活用房尽可能利用永久设施或采用活动式、装拆式结构。

临时设施面积指标见表5-14，临时设施的面积等于面积指标乘以对应的人数。

表5-14　临时设施面积指标

临时设施名称	面积指标/（m²/人）	备　　注
办公室	3.0～4.0	按行政技术管理人员人数
宿舍 双层床 单层床	 2.0～2.5 3.5～4.0	扣除不在工地住宿人数
食堂	0.5～0.8	按工地高峰人数
开水房	10.0～40.0	—
厕所	0.02～0.07	按工地平均人数
工人休息室	0.15	按工地平均人数

7）布置仓库的位置

①工地物资储备量的确定。工地材料储备一方面要保证工程的施工连续性，另一方面要避免材料大量的积压。对于经常或连续使用的材料，可按储备期计算：

$$P = KT_eQ/T \tag{5-19}$$

式中　P——材料储备量；

K——材料使用不均衡系数，见表5-15；

T_e——储备期，见表5-15；

Q——材料、半成品等总需要量；

T——有关项目施工总工作日（在施工总进度计划中累加）。

②仓库面积的确定。仓库面积的确定可按下式计算：

$$F = P/(qK') \tag{5-20}$$

式中　F——仓库总面积（m²）；

P——仓库材料储备量；

q——材料储存定额（每平方米仓库面积能存放的数量），见表5-15；

K'——仓库面积利用系数（考虑通道及车道所占面积），见表5-15。

临时仓库的间宽一般有4m和6m两种，根据所储物的多少或面积来确定所需间数，跨度常采用6m、9m、12m三种。如果所需库房面积较大，应分成若干栋，要求每栋宽长比在1∶2～1∶3之间。

③仓库的布置。施工用仓库应接近使用地点，位于平坦、宽敞、交通方便的地方，并有一定的装卸前线，其设置应符合技术要求和安全方面的规定。

表 5-15　确定仓库面积有关的系数

材料名称	单位	储备期 T_e/d	材料使用不均衡系数 K	材料储存定额 q	仓库面积利用系数 K'
水泥	t	40~50	1.2~1.4	2	0.65
砖	千块	25~35	1.4~1.8	3.33	0.8
电线器材	t	40~50	1.5	0.3~0.6	0.4~0.6
金属管材	t	35	1.8~2.0	0.6~1.2	0.4
卫生设备	t	40	1.5	0.7	1.5
小五金	t	30	1.2~1.5	1.5~2.5	0.5~0.6

8）确定施工用水量并进行管网的布置。施工用水包括生产用水、生活用水和消防用水三方面。

① 计算用水量。

生产用水量计算公式为

$$q_1 = K_1 \left[K_2 \sum (Q_1 N_1)/(8 \times 3600 \, T_1 \, b) + K_3 \sum (Q_2 N_2)/(8 \times 3600) \right] \tag{5-21}$$

式中　K_1——未预见的施工用水系数，取 1.05~1.1；

$\quad\quad K_2$——用水不均衡系数，见表 5-16；

$\quad\quad Q_1$——年（季）度工程量（以实物计量单位表示）；

$\quad\quad N_1$——施工用水定额，见表 5-17；

$\quad\quad T_1$——年（季）度有效工作日（天）；

$\quad\quad b$——每天工作班次（次）；

$\quad\quad K_3$——用水不均衡系数，见表 5-16；

$\quad\quad Q_2$——同种机械台数（台）；

$\quad\quad N_2$——机械用水定额，见表 5-17。

生活用水量计算公式为

$$q_2 = p_1 N_3 K_4/(8 \times 3600 b) + p_2 N_4 K_5/(24 \times 3600) \tag{5-22}$$

式中　p_1——高峰人数（人）；

$\quad\quad N_3$——施工现场生活用水定额，视当地气候、工种而定，见表 5-17；

$\quad\quad K_4$——用水不均衡系数，见表 5-16；

$\quad\quad p_2$——生活区人数（人）；

$\quad\quad N_4$——生活区生活用水定额，见表 5-17；

$\quad\quad K_5$——用水不均衡系数，见表 5-16。

表 5-16　用水不均衡系数

不均衡系数	用水名称	数值
K_2	施工工程用水	1.50
K_3	施工机械、运输机械 动力设备	2.00 1.05~1.10
K_4	施工现场生活用水	1.30~1.50
K_5	生活区生活用水	2.00~2.50

消防用水量 q_3 包括生活区消防用水和施工现场消防用水，用水量标准 N_5 见表 5-17。

表 5-17 用水定额

用水定额	用水名称	单 位	用水定额数值/L
N_1	浇筑混凝土全部用水	m³	1700 ~ 2400
	砌砖工程全部用水	m³	2800 ~ 3100
	装饰抹灰工程	m²	30
	楼地面工程	m²	190
	消化石灰	t	3000
N_2	内燃起重机	t·台班	15 ~ 25
	内燃挖土机	m³·台班	200 ~ 300
	汽车	台班	400 ~ 700
	空气压缩机	(m³/m)·台班	40 ~ 80
	动力装置（直流水）	kW·台班	120 ~ 300
	动力装置（循环水）	kW·台班	25 ~ 40
	锅炉	t·h	1000
N_3	施工现场	人·d	20 ~ 60
N_4	生活区	人·d	100 ~ 120
N_5	施工现场消防用水		
	在 25 公顷以内	L/s	10 ~ 15（火灾同时发生次数 2 次）
	每增加 25 公顷递增	L/s	5
	生活区	L/s	
	5000 人以内	L/s	10（火灾同时发生次数 1 次）
	10000 人以内	L/s	10 ~ 15（火灾同时发生次数 2 次）

总用水量 Q 一般分以下三种情况：

当 $q_1 + q_2 \leqslant q_3$ 时，则 $Q = (q_1 + q_2)/2 + q_3$

当 $q_1 + q_2 > q_3$ 时，则 $Q = q_1 + q_2$

当工地面积小于 5 公顷，且 $q_1 + q_2 < q_3$ 时，则 $Q = q_3$

供水管径计算公式为

$$D = \sqrt{\frac{4Q}{\pi v 1000}} \quad （取 \ v = 2.5 \text{m/s}） \tag{5-23}$$

式中　D——配水管管径（m）；

　　　Q——用水量（L/s）；

　　　v——管网内水流速度（m/s），对于施工用水管道，取 1.50 ~ 2.50。

②水源的选择。施工现场临时供水水源可采用城市供水管道供水，当施工现场附近没有城市供水管道或供水量难以满足施工要求时，才使用天然水源供水。水源的水质应能满足生活用水和生产用水的要求。

③给水管网的布置。给水管网布置时可与永久性管线相结合，应能保证供水不间断，尽量做到线路最短，土石方量最小，造价低，维护方便。通常给水管网可布置成枝状管网，对于不间断供水的用水点可采用环状管网，通常沿现有道路或规划道路敷设。

④排水管网的布置。在施工现场应针对不同的污水，设置相应的处理设施，如沉淀池、

隔油池、化粪池等。

施工现场污水干管可沿道路布置，尽可能使污水管道的坡度与地面坡度一致，管线布置应简捷，节约管道长度。

9）施工现场供电组织。施工现场供电组织包括计算总用电量，确定变压器型号，确定导线截面，布置配电线路。

①总用电量的计算。总用电量的计算公式为

$$S = K_1 \frac{\sum P_1}{\eta \cos\varphi_1} + K_2 \sum S_2 + K_3 \frac{\sum P_3}{\cos\varphi_3} + K_4 \frac{\sum P_4}{\cos\varphi_4} \qquad (5-24)$$

式中　　　　　　　S——施工现场总的用电量（kVA）；

$\sum P_1$——施工现场所有动力设备上的电动机额定功率之和（kW）；

$\sum S_2$——施工现场所有电焊机额定功率之和（kVA）；

$\sum P_3$——施工现场所有室内照明总功率（kW），参见表5-18；

$\sum P_4$——施工现场所有室外照明和电热设备总功率（kW），参见表5-19；

η——电动机的平均效率，一般取0.75～0.93，计算时可以采用0.85；

K_1、K_2、K_3、K_4——需要系数，主要考虑到用电设备不同时使用、有些动力设备和电焊设备也不同时满载，此系数视具体情况可能稍有差别，参见表5-20；

$\cos\varphi_1$、$\cos\varphi_3$、$\cos\varphi_4$——分别为电动机、室内和室外照明负载的平均功率因数，取值参见表5-20。

表5-18　室内照明用电定额参考数据

序　号	用电场所	容量 W/m²	序　号	用电场所	容量 W/m²
1	混凝土及灰浆搅拌站	5	13	锅炉房	3
2	钢筋室外加工	10	14	仓库及棚仓库	2
3	钢筋室内加工	8	15	办公楼/实验室	6
4	木材加工锯木及细木场	5～7	16	浴室、厕所	3
5	木材加工模板	3	17	理发室	10
6	混凝土预制构件厂	6	18	宿舍	3
7	金属结构及机电修配	12	19	食堂或俱乐部	5
8	空气压缩机及泵房	7	20	诊疗所	6
9	卫生技术管道加工厂	8	21	托儿所	9
10	设备安装加工厂	8	22	招待所	5
11	发电站及变电所	10	23	学校	6
12	汽车库或机车库	5	24	其他文化福利设施	3

表5-19　室外照明用电额定参考数据

序　号	用电名称	容量	序　号	用电名称	容量
1	人工挖土工程	0.8W/m²	7	卸车场	1.0W/m²
2	机械挖土工程	1.0W/m²	8	设备堆放、砂石、木材、钢筋、半成品堆放	0.8W/m²
3	混凝土浇灌工程	1.0W/m²	9	车辆行人主要干道	2 kW/km
4	砖石工程	1.2W/m²	10	车辆行人非主要干道	1kW/km
5	打桩工程	0.6W/m²	11	夜间运料（夜间不运料）	0.8（0.50）W/m²
6	安装及铆焊工程	2.0W/m²	12	警卫照明	1kW/km

表 5-20　建筑施工用电设备的功率因数 $\cos\varphi$ 及需要系数 K_x

用 电 设 备	数 量	需要系数 K_x	功率因数 $\cos\varphi$	备 注
电动机	10 台以下	0.7	0.68	
	11 ~ 30 台	0.6	0.65	
	30 台以上	0.5	0.60	
电焊机	10 台以下	0.6	交直流电焊机分别为 0.45、0.89	
	10 台以上	0.5	交直流电焊机分别为 0.40、0.87	
室内照明		0.8	1.0	
室外照明 电热设备		1.0	1.0	

如果照明用电量所占有的比重较小，也可以不计后面两项，而直接用前两项动力用电量之和乘以 10% 当作所需的照明用电量即可。

②施工工地的电源要求。为了保证施工现场合理用电，既安全可靠，又节约电能，首先应按施工工地的用电量以及当地电源状况选择好临时电源。

较大工程的建设单位均将建立自己的供电设施，包括送电线路、变电所和配电室等，因此，可以在施工组织设计中先安排这些永久性配电室的施工，这样就可利用建设单位的配电室引接施工临时用电。

当施工现场的用电量较小，而附近又有较大容量的供电设施时，施工现场可完全借用附近的供电设施供电，但这些供电设施应有足够的余量满足施工临时用电的要求，并且不得影响原供电设备的运行。

当施工现场用电量大，而附近的供电设施又无力承担时，就要利用附近的高压电力网。向供电部门申请安装临时变压器。

对于取得电源较困难的施工现场，如道路、桥梁、管道等市政工程以及一些边远地区，应根据需要建立柴油发电站、水力或火力发电站等临时电站。

总之，当低压供电能满足要求时，尽量不再另设供电变压器，而且可根据施工进度合理调配用电，尽量减少申报的需用电源容量。

③施工现场变压器的选择。根据施工现场总用电量 S（kVA）选择变压器容量 S_e（kVA），可按下式计算：

$$S = \frac{S_e}{\beta} \tag{5-25}$$

β 为变压器负荷率。一般 $\beta = 60\%$，即变压器运行在额定容量的 60%（国产 SL7 型变压器最佳负荷率为 40%）时效率最高。对于单台全天运行的变压器，因负荷时有变化，建议 β 取 70% ~ 80%。

一般情况下，变电所中单台变压器（低压侧为 0.4kV）的容量不宜大于 1000kVA，而且要至少留有 15% ~ 20% 的富裕容量。

变压器位置的选择应力求兼顾以下因素以选择最佳安装地点：变压器应尽量靠近负荷中心或接近大容量用电设备；高压进线方便，尽量靠近高压电源；变压器二次绕组（低压侧）电压为 0.4kV 时，其供电半径以 500m 以内为宜，最大不超过 800m；选择地势较高而干燥、运输方便、易于安装的位置；要远离交通要道和人畜活动中心，远离有剧烈震动、多尘或有腐蚀性气体的场所；应符合爆炸和火灾危险场所电力装置的相关规定。

④供电线路的敷设及其要求。施工现场的配电线路，其主干线及重要支线一般都采用架空敷设方式，个别情况因架空存在困难时亦可考虑采用电缆敷设。其具体要求如下：

a. 为了保证对用电设备可靠和不间断地供电，线路应尽量架设在道路的一侧，但不得妨碍交通，同时应考虑塔式起重机的装拆、进出和运行（架空线路应在臂杆回转半径及被吊物 1.5m 以外，达不到要求的应采取有效防护措施）。

b. 尽量使线路取直线并保持线路水平，以免电杆受力不均而倾斜。

c. 电杆应完好无损，不得倾斜、下沉，杆基不得有积水现象。电杆间距为 25～60m，分支线和进户线必须由电杆处接出，不得由两杆间接出。终点杆和分支杆的零线应采取重复接地，以减小接地电阻和防止零线断线而引起的触电事故。

d. 架空线路与施工建筑物的水平距离一般不得小于 10m，与地面的垂直距离不得小于6m，跨越建筑物时与其顶部的垂直距离不得小于 2.5m。

e. 施工现场内一般不得架设裸导线。小区建筑施工如利用原有的架空线路为裸导线，应根据施工情况采取防护措施。各种临时配电线禁止敷设在树上。

f. 各种绝缘导线均不得成束架空敷设。无条件做架空线路的工程地段，应采用护套缆线。缆线易受损伤的线段应采取防护措施。

g. 所有固定设备的配电线路不得沿地面明设，低埋敷设必须穿管（直埋电缆除外）。

h. 遇大风、大雪及雷雨天气时，应立即进行配电线路的巡视检查工作，发现问题及时处理。

i. 高层建筑施工用的动力及照明干线垂直敷设时，应采用护套缆线。当每层设有配电箱时，缆线的固定间距每层不应少于两处。直接引至最高层时，每层不应少于一处。

j. 施工用电气设备的配电箱要设置在便于操作的地方，并切实做到单机单闸。露天配电箱应有防雨措施。

⑤导线型号的选择原则。电缆的额定电压应大于等于所在回路的额定电压；施工现场的架空线不允许使用裸导线，其架空线和进户线必须选用 BXF 或 BLXF 型氯丁橡皮绝缘电线；敷设在有剧烈震动场所的电线、电缆应为铜芯导线，经常移动的导线应为橡套铜芯软电缆。有腐蚀作用或外部冲击作用的场所敷设的电线和电缆应有保护套管。

⑥导线截面积的选择。导线截面积的选择须满足允许载流量、电压损失和机械强度最小截面三个基本要求，取截面面积最大的作为现场使用的导线。

【提交成果】

完成此任务后，需提交如下成果：施工平面图，用水量计算和管网水力计算书，用电量、变压器容量计算书。

建筑设备安装工程施工组织设计实例

实例1　某综合楼建筑设备安装工程施工组织设计

1. 工程概况

（1）给水排水系统工程概况　本工程给水排水系统包括生活给水系统、生活污水系统、雨水系统、消火栓给水系统、自动喷淋给水系统、直饮水系统、七氟丙烷气体灭火系统。

1) 生活给水系统。生活给水系统与消火栓给水系统分开，办公楼内的所有生活给水由厂区内生活给水泵供水。厂房内生活给水干管采用钢塑复合管，$DN \leqslant 50$ 采用螺纹连接，其余采用卡箍连接；卫生间给水管采用 PE 塑料管，热熔连接。

2) 生活污水系统。本工程采用污、废水分流制，室内外污水重力自流经化粪池处理后排入厂区污水处理站。卫生间内排水管采用排水硬聚氯乙烯（PVC-U）管，粘接连接；室外检查井之间采用硬聚氯乙烯（PVC-U）管，粘接连接。

3) 雨水系统。本工程雨水系统采用虹吸压力流雨水排水系统。雨水管采用 HDPE 高密度聚乙烯管，焊接连接。雨水斗采用不锈钢虹吸雨水斗。

4) 消火栓给水系统。消防给水管道采用热浸镀锌钢管，$DN \geqslant 100$ 采用卡箍连接，其余采用螺纹连接。管道工作压力为 1.0MPa。

5) 自动喷淋给水系统。自动喷水泵设在厂区内消防水泵房内，供水压力不低于 0.5MPa。泵房内设置了有效容积不小于 $3m^3$ 的气压给水设备，使供水能力能够满足室内自动喷水灭火系统用水水量和压力要求。室外一套地下式水泵接合器，与自动喷水泵出水管相连。自动喷淋给水管道采用热浸镀锌无缝钢管，卡箍连接，管道工作压力为 1.6MPa。

6) 直饮水系统。本综合楼内茶水间的给水采用直饮水。直饮水管道采用薄壁不锈钢管，$DN \geqslant 100$ 采用卡箍连接，其余采用螺纹连接，管道工作压力为 1.0MPa。

7) 七氟丙烷气体灭火系统。所有灭火区域采用全淹没式设计，系统保护四个防护区，均采用组合分配方式设计。

(2) 电气工程概况　电力及照明电源分别引自综合楼变配电间，采用三相五线制，电压为 380/220V。采用 ZRA-SF-YJV-0.6/1 电缆沿电缆桥架或穿钢管敷设。

电力照明线路均穿焊接钢管沿墙、地、吊顶内暗敷，由变配间引至配电箱的主干线沿电缆桥架敷设，电缆桥架竖向沿墙安装，水平沿吊顶内安装。二层大办公室内电力线路由二层总配电箱 PAD2 沿桥架引来，在办公室内的电力线路沿预留沟槽金属线槽暗敷。大面积区域内照明均采用二总线制。

应急照明灯具光源为荧光灯或节能灯，应急照明灯采用三线制，平常由开关控制启闭，停电时自动点亮，其应急时间为 1h。

要求高出屋顶面的所有金属物应与避雷带可靠搭接，要求接地电阻不大于 1Ω，接地系统为 TN-S 系统。

所有电线管及桥架的穿墙、穿楼板的洞口，施工后需用防火材料封堵。

(3) 通风与空调工程概况　本工程空调总面积为 $18000m^2$，夏季逐项逐时计算冷负荷为 4672kW。新风量按每人 $50m^3/h$ 计算。厨房预留的冷量为 510kW。

1) 空调水系统

①更衣室、餐厅、厨房、室内球场的空调冷源由风冷式螺杆式机组供给，供水温度为 7℃，回水温度为 12℃。

②其他空调冷源由 VRV 系统提供。

2) 制冷站。空调冷源选用风冷式螺杆式机组共 4 台，总装机容量为 4220kW。

3) 空气系统

①送、排风管采用镀锌钢板制作，加工方法按《通风与空调工程施工质量验收规范》

确定。空调风管的保温采用玻璃棉毡。

②风管与通风机进出口相接处、风管经过建筑伸缩缝的两边均应设置长度为 200～300mm 的（SR24110 型）防火型软管，软管接口应牢固、保证严密。

③风管上的可拆卸接口不得设置在墙体或楼板内。

④所有送排风、新风系统与外界大气相通处需加钢丝网。

4）系统测定与调整

①测定通风机的风量、风压。

②调整系统的风量分配，确保与设计值一致。

③调整好风量后，应将所有风阀固定，并在调节手柄上用油漆刷上标记。

2. 施工部署与组织机构

（1）工程特点、重点与难点分析　综合楼工程建筑工期紧、规模较大、任务重、专业多、工作面繁杂，必须合理规划，协调好各部分工作的交叉与衔接。

（2）施工总体目标

1）保修回访目标。保修期自竣工验收签字之日起计。保修期内达到无责任零投诉工程标准。

2）工期目标。施工工期计划 142 个日历天（开工日期暂定为 2011 年 9 月 7 日），完成招标文件规定的全部施工任务。

3）质量目标。工程质量达到优良的工程标准，争创市样板工程，工程质量验收标准按国家颁发的有关规定执行。

4）安全施工目标。无死亡事故、无重伤事故、无火灾事故、无倒塌事故，月度安全轻伤事故频率控制在 1.2‰以内。

5）文明施工目标。文明施工是本项目施工管理重点，严格按照"市建设工程现场文明施工管理办法"文件精神执行，施工期间确保达到"市级文明工地标准"，争创文明施工样板工地。

6）环境影响控制目标。做好施工噪声、废气、废水、废弃物等的控制，按照国家及省市相关规定做好建筑垃圾的处理，杜绝投诉。

（3）施工部署

1）施工区段划分。本工程具有"工程量大、专业复杂，工期短"的特点，根据这一特点，大部分主体项目要组织同时开工，这势必需要投入更多的劳动力和周转材料。因此，施工部署必须着眼于全局，抓住主要矛盾，本着加快工程进度，充分利用工作面的原则。预留预埋工作按结构施工划分的流水段及时跟进施工，安装施工在立面上分楼层，平面上每楼层不再分区，以与土建施工协调、及时穿插施工为原则。

2）项目部管理机构。项目经理部组织结构图如图 5-4 所示。

3）各职能部门的责任范围。略。

3. 施工进度计划与工期保证措施

（1）施工进度计划图　施工进度计划图如图 5-5（见书后插页）所示。施工工期计划142 个日历天，本工程开工日期暂定为 2011 年 9 月 7 日，完工日为 2012 年 1 月 26 日。

（2）工期保证措施

1）施工进度目标控制程序。施工进度计划的控制是一个循环渐进式的动态控制过程，

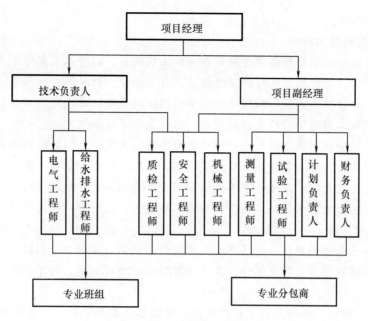

图5-4　项目经理部组织结构图

项目经理部要及时了解和掌握与施工进度有关的各种信息，不断将实际进度与计划进度进行比较，一旦发现进度拖后，要分析原因，并系统分析对后续工作产生的影响，在此基础上制订调整措施，以保证项目最终按预定目标实现。其进度动态控制循环图如图5-6所示。

　　2）保证工期的技术措施

　　①编制工程综合计划。在施工进度综合计划编制时，需考虑其与资源（包括设备、机具、材料及劳动力）保障计划之间及外部协调条件的延伸性计划之间的综合平衡与相互衔接问题。建立主要的工程形象进度控制点，围绕总进度计划，编制季、月、周的施工进度计划，做到各分部分项工程的实际进度按计划要求进行。每期根据前期完成情况和预测变化情况，对当期计划和后期计划、总计划进行重新调整和部署，确保按原定合同期限交工。

　　②优化施工技术方案。对影响和控制工期的关键工序优化施工技术方案，精心组织，精心施工。加强监控，及时做好信息反馈，正确指导施工。

　　③进度动态控制。推行进度计划动态管理技术，采用计算机对施工进度实施动态管理与控制。

　　④合理安排施工工序。合理安排工序，在满足质量要求和施工安全的前提下，开展工序间的平行作业或交叉作业，相互创造施工条件。各管线单位同步施工，遵循先深后浅，交叉部位同步施工的原则，不占用关键工期，合理安排雨期

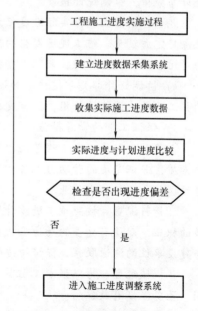

图5-6　进度动态控制循环图

施工。

3）保证工期的组织措施

①工程例会制度。项目部每周定期召开一次工程例会，核查工程实际进度情况，针对可能影响进度的因素，制订切实可行的预防措施，对于资金、材料等外部因素，及时主动与工程监理部协商、制订解决办法。加强对分包单位的协调管理，每周定期召开协调会议，解决施工中互相穿插施工问题和滞后工期的控制，保证总体进度如期完成。

②周、月计划管理制度。项目经理部同时要按总进度网络计划的时间要求，将施工总进度计划分解成季度、月度、旬期及天数进度计划，达到具有更加明确、集中的阶段性努力目标。项目经理部还需督促、审核分包单位编制周、月计划，将具体工作内容及总计划调整逐一落实到施工中去，及时掌握施工动态，确保工期受控，并按预定时间计划完成。

4）经济管理措施

①实行经济承包责任制。多劳多得，优质优价，调动员工的工作积极性。

②实行经济奖罚制。对各个工种、工序制订严厉的奖罚制度，对工期有重大影响的工序实行重奖重罚。

5）合同管理措施。保持总进度控制目标与合同总工期相一致，分包合同工期与总合同工期相协调，供货、运输、构件加工等合同对施工项目提供服务配合的时间与有关进度控制目标相一致。

6）信息管理措施

①做好现场通信联络，管理人员和主要工种配置无线电对讲机。

②跟踪检查形象进度，对工程量、总产值，耗用的人工、材料和机械台班等的数量进行统计与分析，编制统计报表。

③在计划图上进行实际进度记录，并跟踪记载每个施工过程的开始日期、完成日期，记录每日完成数量、施工现场发生的情况、干扰因素的排除情况等。做好实际进度与计划进度的对比分析，找出差距，采取调整措施。

7）协调好外部关系措施。加强与业主、监理和设计单位的联系和沟通，协调好交接处的施工及场地道路的使用，互相支持。

8）保证工期的资源措施

①劳动力配置。本工程劳动力配置定人定任务，按定额承包。优化工人的技术等级和身体素质，保证充足的劳动力配备。对关键工序、关键环节和必要工作面，根据施工条件及时进度调整并实行双班作业。

②材料配置。按照施工进度计划要求及时进货，做到既满足施工要求，又要使现场无太多的积压，以便有更多的场地安排施工。建立有效的材料市场调查和采购、供应部门。加强与建设单位的沟通联系，保证甲方供货材料按时进场。

③机械配置。为保证本工程按期完成，配备足够的中小型施工机械，不仅满足正常使用，还要保证有效备用。

④资金配备。根据施工实际情况编制月进度报表，根据合同条款申请工程款，并将预付款、工程款合理分配于人工费、材料费等各个方面，使施工能顺利进行。

⑤后勤保障。按计划组织好物资配件的采购、供应，做好供应周期计划和采购运输方案，保证及时供应。合理配置机械设备，搞好设备配套，提高设备完好率，充分发挥机械效

能。在工地设机械设备修理站，配足常用维修机具和熟练修理工人，对故障机械及时修理，保证机械设备处于良好的状态。

4. 劳动力配备计划

劳动力配备计划见表5-21。

表5-21 劳动力配备计划

序号	年度 天 工种	2011～2012 年										
		15	30	45	60	75	90	105	120	125	130	132
1	电气安装工	0	0	0	0	30	30	50	50	50	35	30
2	给水排水安装工	0	0	0	0	20	20	25	25	25	25	15
3	空调安装工	0	0	0	0	0	0	35	35	35	25	20
4	架子工	0	10	20	30	30	30	30	30	30	20	0
5	杂工	50	50	50	50	50	50	50	50	50	50	0
6	合计	50	60	70	80	130	130	190	190	190	155	65

5. 设备与施工材料投入计划

（1）给水排水工程主要施工机械计划　给水排水工程主要施工机械计划见表5-22。

表5-22 给水排水工程主要施工机械计划

序号	名称	规格	单位	数量
1	交流电焊机	17～21kVA	台	4
2	液压弯管机	DN25～75	台	4
3	试压泵（电动）	—	台	3
4	套丝机	DN15～80	台	4
5	打夯机	—	台	3
6	手动液压叉车	3t	台	1
7	双排座汽车	1.25t	台	1
8	砂轮切割机	$\phi300～400mm$	台	4
9	台式砂轮机	$\phi200～250mm$	台	3
10	手提磨光机	$\phi100～125mm$	台	2
11	台式钻床	0.5～13mm	台	1
12	两用钻	TE-22	台	1
13	冲击钻	TE-22	台	5
14	电动玻口机	$\phi159～273mm$	台	1
15	环链手拉葫芦	1t	台	2
16	环链手拉葫芦	2t	台	2
17	环链手拉葫芦	5t	台	2
18	液压千斤顶	1t	个	2
19	液压千斤顶	5t	个	2
20	油压接钳	$16～240mm^2$	把	2
21	移动式升降台	$H=6m$	台	2
22	对讲机	15W	台	4
23	电动煨管器	15～32mm	台	4
24	液压弯管机	DN25～75	台	2
25	砂轮切割机	$\phi300～400mm$	台	2

（2）建筑电气工程主要施工机械计划　建筑电气工程主要施工机械计划见表5-23。

表5-23　建筑电气工程主要施工机械计划

序　号	名　称	规　格	单　位	数　量
1	交流电焊机	14kVA	台	2
2	环链手拉葫芦	1t	台	5
3	液压千斤顶	1t	个	2
4	行灯变压器	380V/12-36V　3kW	台	2
5	万用表	—	台	12
6	兆欧表	500V	台	6
7	兆欧表	1000V	台	2
8	接地电阻测试仪	ZO-8 型	台	1
9	钳型电流表	—	台	3

（3）施工材料供应计划　施工材料供应计划见表5-24。

表5-24　施工材料供应计划

序　号	主要材料名称	型 号 规 格	单　位	数　量	首批进场时间
1	配电箱	PXT-3/1CM　悬挂嵌入式	台	112	2011-10-28
2	落地式配电箱	XL-21 落地式	台	15	2011-10-28
3	等电位箱（板）		台	22	2011-10-28
4	灯具	各式	套	2815	2011-10-28
5	开关	各式	只	169	2011-10-28
6	插座	各式	套	1088	2011-10-28
7	热镀锌桥架		m	34922.00	2011-10-28
8	镀锌电线管		m	80909.00	2011-10-28
9	接线盒		个	7140	2011-10-28
10	铜芯电力电缆		m	38250.00	2011-10-28
11	电缆	ZR-YJV	m	19185.00	2011-10-28
12	绝缘导线	ZR-BV	m	89033.00	2011-10-28
13	数字锁定平衡阀 -16 $DN250$	SP-4M	个	31	2011-10-28
14	三偏心双向流防结露阀 $DN300$	HM452MK-G	个	77	2011-10-28
15	铜截止阀	J11W-16	个	250	2011-10-28
16	室内塑料 PP-R 给水管（热熔接）	PP-R	m	1780.00	2011-10-28
17	镀锌钢管	（螺纹连接）	m	1350.00	2011-10-28
18	橡塑保温套管	（难燃 B1 级）	m	2850.00	2011-10-28
19	保温型防火软管	保温型	m	1358.00	2011-10-28
20	非保温型防火软管	非保温型	m	600.00	2011-10-28
21	PE 塑料给水管（热熔接）	PE 塑料	m	750.00	2011-10-28
22	钢塑给水管	钢塑	m	700.00	2011-10-28
23	室内管道 PVC-U 塑料排水管（粘接）	PVC-U 塑料排水管	m	1020.00	2011-10-28
24	压力排水管 镀锌钢管（螺纹连接）	镀锌钢管	m	388.00	2011-10-28

6. 降低成本措施

（1）实行项目成本核算制度　对单位工程或分部工程做到施工前有预算，施工中有核算，施工后有决算。开工前首先编制预算成本，与中标价比较盈亏，找出盈亏因素，明确管理重点，制订相应对策措施；在施工过程中按季或月归集单位工程的成本，与预算成本比较进行核算分析。单位工程完工后，及时进行财务决算，合理合规地摊入间接成本，进行盈亏分析，找出盈亏原因，总结经验教训。

（2）优化施工组织，编好预算　在深入勘察施工现场、调查施工环境条件的基础上，编制实施性施工组织设计。优化施工方案是降低工程成本的重要措施，是项目经理部进场后要抓的第一项技术经济工作。充分认识到计划的浪费是最大的浪费，方案的优化是最大的节约。在编制施工组织设计过程中，发现可以优化的设计方案，就主动与设计、监理和业主沟通，坚持变更设计，争取双赢，既便于组织施工，又利于经济效益的增加。

在制订好详细周密科学合理的实施性施工组织设计基础上编制责任预算，作为项目开支的计划成本和向劳务层分包的依据。决不能用中标单价作为成本单价控制，也不可用设计概算加降低系数作为分包单价。一定要根据施工组织和现场实际，采用实际施工方案的工、料、机单价编制好各个单位工程的责任预算，摊入整个工程项目可能发生的管理费用、现场经费，计算出整个项目的责任预算成本，分割为工料机运管各项费用，明确成本管理重点，由项目部有关部门分别控制，确保各项费用的节约和计划成本不超支。

（3）加强材料管理，杜绝浪费

1）根据物资的最低储备量和最高储备量求出物资的最佳订购量，制订出既合理又经济的计划，努力避免物资积压，尽量加速流动资金周转。

2）建立完整的采购程序。从提出供应要求、编制采购计划、审批购买至财务付款，建立一套完整的程序。

3）建立材料供应信息库，统一采购的材料和设备，一律采取社会公开招标方式，比质、比价、比服务择优选择供应商，尽可能邀请生产厂商参加，并与厂家直销单位签订合同，避免中间环节而提高价格以及供货质量、供货时间、售后服务出现问题时给解决带来困难。

4）加强材料管理，各种材料执行限额领料，对工地所进材料按实收数，签证单据。

5）材料供应部门应按工程进度安排好各种材料的进场时间，减少二次搬运。

6）加强工具管理，采取租赁制度，防止丢失，加快周转速度。

（4）采用强制式机械管理，提高设备利用率　机械设备维修保养采取定期、定项目的强制保养法。这种方法是对各种设备均按其厂家的要求或成熟经验制订一套详细的保养卡片，分列出不同的保养期以及不同的保养项目。各使用单位必须按期、按项目的要求更换零配件，即使这些配件还可以使用也必须更换，以保证在下一个保养期之间设备无故障运行。

（5）加强现场管理

1）加强质量控制，一次验收合格，减少质量成本。

2）合理安排综合施工进度计划，缩短工期，减少人工、机械等费用的支出。

3）各工种要"活完脚下清"，减少清理用工。

4）加强技术管理，推广计算机应用、网络技术、全面质量管理、目标管理等现代管理方法，以提高效率，缩短工期，节省工程和管理费用。

7. 临时设施施工平面布置图

临时设施施工平面布置图如图5-7所示。

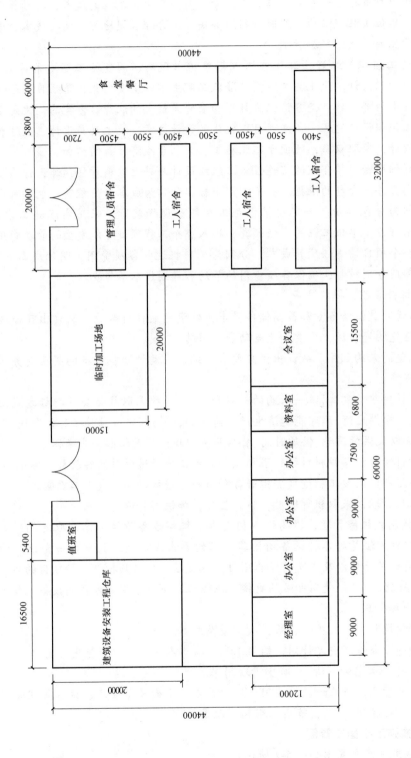

图5-7 临时设施施工平面布置图

8. 主要项目施工方法

（1）给水排水工程

1）给水排水工程施工流程。给水排水施工流程如图5-8所示。

2）施工方法（略）。

（2）建筑电气工程

1）建筑电气工程施工流程。建筑电气施工流程如图5-9所示。

2）施工方法（略）。

（3）空调工程

1）设备安装主要施工程序。设备安装主要施工程序如图5-10所示。

2）风管施工主要程序。风管施工主要程序如图5-11所示。

3）空调水管道施工主要程序。空调水管道施工主要程序如图5-12所示。

4）调试流程。调试流程如图5-13所示。

5）施工方法（略）。

9. 季节性施工措施

（1）雨期施工措施

1）建立健全组织机构。项目经理部成立防大风暴雨及防洪小组和抢险救灾队，领导小组定期检查防雨防风准备工作和措施落实情况。

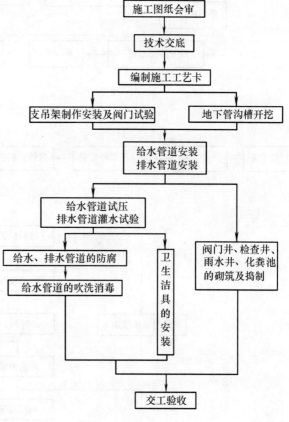

图5-8　给水排水施工流程

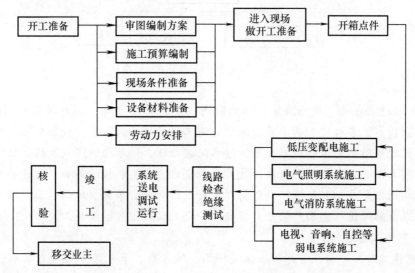

图5-9　建筑电气施工流程

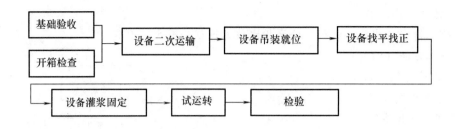

图 5-10　设备安装主要施工程序

图 5-11　风管施工主要程序

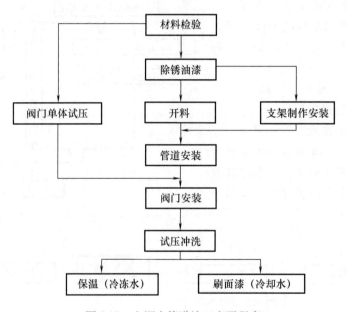

图 5-12　空调水管道施工主要程序

2）防备措施。在施工现场准备足够的防雨应急材料（油布、塑料薄膜）。场地挖排水沟进行有组织排水。在台风和雨季前后保护好施工现场的临建房屋，设备加固，尤其加固塔吊。加强施工现场防水沟道管理，并进行污水沉淀处理，严禁向沟道倒垃圾，任何时候排水沟道都要畅通无阻。检查机械防雷接地装置是否良好，各类机械设备和电气开关应做好防雨准备，大风雷雨天气应切断电源，以免引起火灾或触电伤亡事故。风雨过后，要对现场的临时设施、用电线路等进行全面的检查，当确认安全无误后方可继续施工。

（2）冬期施工措施

1）冬期施工时，现场应备好防冻保暖物品、防冻剂、草包等，临时自来水管应做好防冻保温工作，消防灭火器均包裹专用防冻外套，现场严禁烤火，宿舍内严禁使用电炉。

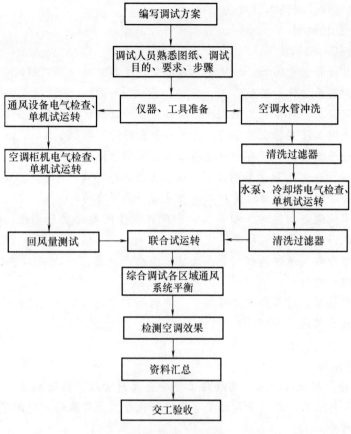

图 5-13　调试流程

2）冬季来临前，及早安排做好室外湿作业工作，转入室内施工时，在窗口、预留洞口处做好防风御寒工作，对于必须在冬季施工的室外湿作业工作，必须做好围挡封闭等防冻措施。

10. 质量保证措施

（1）质量管理控制程序　质量管理控制程序如图 5-14 所示。

（2）保证质量的技术措施

1）严格执行质量标准。

2）加强技术管理。

3）加强原材料管理。

4）严格工序管理。

5）建立质量预控体系、设置质量控制点。

6）制订质量计划。

（3）保证质量的组织措施

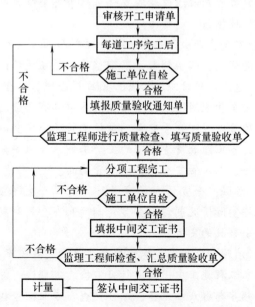

图 5-14　质量管理控制程序

1）加强全员管理，提高工作质量。

2）建立健全监控机制。

3）严格坚持"八项制度"

①坚持质量目标管理责任制。按质量总目标分解成各分部分项工程的分目标，并落实到人，各质量责任制层层挂牌，层层落实。

②坚持质量奖罚制。对各施工班组作业项目质量等级按优良与合格分别定价，并加大其单价的差距，对关键工序实行重奖重罚，建立一个良好的激励机制。

③坚持材料进场检验制。所有材料进场必须有出厂合格证。

④坚持"三检"制。加强质量的控制，确保上道工序不合格不进入下道工序。

⑤坚持质量否决制。专职质检员对工程质量有一票否决的权利。

⑥坚持质量事故调查制。对工程施工中出现的质量问题要进行调查，分析其产生的原因，制订改进措施，该追究责任的要追究责任。

⑦坚持工程例会制。通过工程例会，及时掌握生产动态，解决施工中存在的质量问题，确保施工生产的顺利进行。

⑧坚持技术交底制。对各分部分项工程，特别是重要的施工难度较大的工序，在施工前应向班组长进行技术交底。

4）增强员工质量意识。

11. 安全保证措施

（1）安全措施费用投入承诺　为加强工程安全生产管理，预防施工过程中安全事故的发生，在该项目投标的投标总价中包括安全生产措施费用，并承诺该费用完全用于本工程项目的安全生产工作中。

（2）安全保障措施

1）根据本工程的规模，成立以项目经理为首的安全生产管理小组，配置1～2名专职安全员，各生产班组设兼职安全员从事安全情况监督与信息反馈工作，从而建立起一套完整有效的管理体系。

2）安全生产小组每周进行一次全面的安全检查，对检查的情况予以通报，严格奖罚。对发现的问题，落实到人，限期整改，并在现场设立《昨日谁违章》专栏。

3）建立以项目经理为首，项目副经理、安全总监、专职安全员、工长、班组长、生产工人的安全管理网络。每个人在网络中都有明确的职责，项目经理是项目安全生产的第一责任人，项目副经理分管安全，每位工长既是安全监督，也是所负责分项工程施工安全的第一责任人，各班组长负责该班的安全工作，专职安全员协助安全总监工作，这样就形成了人人注意安全、人人管安全的齐抓共管局面。

4）加强安全宣传和教育是防止职工产生不安全行为，减少人为失误的重要途径。为此，根据实际情况制订安全宣传制度和安全教育制度，以增强职工的安全知识和技能，尽量避免安全事故的发生。

5）消除安全隐患是保证安全生产的关键，而安全检查则是消除安全隐患的有力手段之一。在本工程施工中，将进行日常检、定期检、综合检、专业检等四种形式的检查。安全检查坚持领导与群众相结合、综合检查与专业检查相结合、检查与整改相结合的原则。检查内容包括：查思想、查制度、查安全教育培训、查安全设施、查机械设备、查安全纪律以及劳保用具的使用。

6）安全生产管理原则

①"预防为主、综合考虑"的原则。从施工开始就把人力、物力综合加以考虑，防患于未然，着眼于事先控制，特别是安全问题，要有专门机构和人员负责抓安全工作，要相应地设置安全设备和必要的安全设施。

②"安全管理贯穿项目施工全过程"的原则。事前要做充分的调查研究，针对现场的实际情况，对施工中可能出现的安全问题、不安全因素加以认真分析，制订施工方案，采取对策措施。

③"全员管理，安全第一"的原则。树立安全第一的思想，"生产必须安全、安全促进生产"。在整个安全管理过程中，使全体参与施工的人员自觉地共同努力，保证安全施工。

7）坚持"三级安全教育"，规范"三级安全交底"制度，施工中坚持"班组安全活动"制度。

8）积极改进施工工艺和操作方法，改善劳动环境条件、减轻劳动强度，消除危险因素。

9）施工用电安全保证措施。

10）机械安全保证措施。

11）电（气）焊作业安全保证措施。

12）高空作业安全保证措施。

13）消防措施。

14）处理突发事故的措施。

12. 文明施工与环境保护措施

（1）文明施工措施

1）施工现场总平面布置要在满足施工生产的条件下，充分地考虑到文明施工的各项要求，合理地利用现场的地形和地貌，做到科学利用、合理布置。

2）施工现场的场容。施工现场围墙封闭严密、完整、牢固、美观、上口要平、外立面要直、高度不得低于2.2m并设压顶，在大门的明显处设置统一式样的施工标牌，大门口设置"五牌一图"，内容详细、准确，字迹工整规范、清晰。现场内做好排水措施，现场道路要平整坚实、畅通。

3）区域划分明确。施工区域和生活区域划分明确，并要求划分责任区，设标志牌分片包干到人。施工现场的各种标语牌统一加工制作，字体要书写正确规范、工整美观，并经常保持整洁完好。

4）保洁工作是施工现场文明施工的一个重要组成部分，定保洁区域、定责任人员、定工作内容。

5）食堂管理。食堂分为操作间、贮藏室、售饭厅、伙房四部分。内部墙面全部贴瓷砖，做纤维板吊顶，地面满铺防滑地砖，操作间地板中间设一条地沟，上盖栅板，食品加工操作严格按《食品卫生法》进行，每周进行一次扫除，当班炊事员每天打扫、冲洗，食堂内设大型冰箱一台，生熟食料分开存放，还设有专门的防鼠、防蝇措施。食堂从业人员必须持有健康证，食堂必须取得饮食业许可证。

6) 宿舍管理。员工分别按工种、班组安排住宿，将实行标准化管理，每间宿舍选出一名卫生负责人和一名消防责任人，挂牌于门上，坚决杜绝赌博、酗酒事件的发生，项目保安员每天对宿舍卫生进行检查，奖勤罚劣。宿舍区卫生由宿舍卫生责任人和保洁员共同负责。

7) 现场要设有明显的防火宣传标志，定期组织保卫防火工作检查，建立保卫防火工作档案。

（2）环境保护措施

1) 加强环境保护思想意识，使每一个人都认识到保护环境的重要性，树立"保护环境，人人有责"的思想观念。定期开展环境保护教育活动，划分施工责任区，分片包干，责任到人，团结合作，营造一个整洁有序、文明卫生的施工环境。

2) 成立以项目经理任组长的环境领导小组，配备一定量的环保设施和技术人员，认真学习环保知识，共同搞好环保工作。

3) 防止水污染措施

①生活区污水处理。工地卫生间必须设置足够容量的化粪池，厨房等生活废水须经过滤处理后方可排入市政排污系统。

②洗车槽处必须设沉淀池，并随时清理。

③机械废油用容器收集，不得随意乱倒。

④泥浆池污水经四级过滤净化方可排出。

4) 防止尘埃污染措施

①坚持工完场洁，施工垃圾随出随运，适时洒水，并严禁直接从楼上往下抛掷垃圾杂物，减少灰尘对周围环境的污染。

②外运建筑垃圾杂物时，车顶必须加覆盖物，加强门前三包和入口处清扫，施工范围路段应经常洒水，减少灰尘污染。

③现场装卸砂石料等多灰尘物时，必须尽量控制粉尘的扩散或适量洒水。

④现场搅拌水泥、石灰等拌合物尽量选择无大风或背风地带。

5) 防止噪声污染措施

①采用性能良好的机械设备，认真做好机械的维护和保养工作，减少施工中发出的噪声。

②合理安排机械设备的工作时间，夜间施工严禁使用噪声大的设备，必要时应采取消音、隔音措施。

③合理安排施工车辆出入线路，尽量避开人流较多的公共场所，车辆行驶要求平稳慢速，不得长时间鸣笛。

6) 防止光污染措施。电弧焊作业、夜间施工时严格控制光线对周围环境的干扰，合理调整灯光照射方向，尽量避免直射教学楼或居民楼，或采取有效的遮挡措施。

7) 防止废气污染措施。所有施工机械（汽车、发电机等）必须做好废气排放检测工作，对不符合废气排放检测标准的机械不得使用。

实例2　某公共建筑智能建筑工程施工组织设计

1. 工程概况和施工特点、难点分析

（1）工程概况　本工程为公共建筑，包括三栋主体和两座配套用房。具体工程内容包括：

1）综合布线系统。

2）室外通信管沟工程。

3）会议区机房工程。

4）公共广播及消防广播。

5）有线电视系统。

6）会议区的 BMS 系统和配套用房区的 BMS 系统。

7）会议区及配套用房区 BMS 系统总集成。

8）智能化系统工程预埋：负责智能化系统管道预埋。

（2）施工特点、难点分析

1）重点工程、影响大。

2）工程量大，专业交叉多，工期紧，现场管理人员需具备比一般工程更强的协调能力。

3）工程量大，投入的资源多而广。

4）智能化系统工程涵盖的子系统多，需要大量的深化设计人员及调试工程师。

5）设备量大，供货周期短。

6）资料员需具备丰富的经验。

2. 施工部署和组织协调

（1）施工部署　本工程配套用房区智能化系统工程竣工日期为 2016 年 7 月 10 日。基于上述工期要求，根据企业自身实力，制订了如下工期目标：

确保本工程配套用房区智能化系统工程在竣工日期前完工。

整个智能化系统工程的施工分系统、分栋、分层、分阶段地进行，施工过程依照先隐蔽后明设、先主干管网后分支、先尾端后前端、先外围后机房的顺序进行。通过平衡协调、紧密地组织成一体。

在施工安排时将确保重点，照顾一般，全面完成。从人力、材料、设备、机具、资金等诸多方面，确保重点环节及部位的连续施工和均衡施工。有意识地找出工序间歇或施工前准备等空隙时间，充分利用施工空间，采取见缝插针的方式，全面铺开，争取时间全面完成。

1）项目管理机构。根据项目实际情况，本项目的项目管理机构将由两个主要管理分部组成：深化设计及智能化工程总承包管理项目分部及施工管理项目分部。

为保证工程进度，充分调动和利用项目经理部的资源，发挥集体攻关的能力，项目经理部内设以下职能部门：质量安全组、工程施工组、系统调试组、材料设备组、后勤保障组。

①项目经理部全面负责本项目的联络、沟通、设计、协调、设备供货、现场施工、调试、服务等工作。

②质量安全组主要负责质量检查、安全检查、消防监督、临电管理、文明施工、环境保护。

③工程施工组主要负责现场安装、综合协调、成本核算、计划调度、工程资料、计量管理、检测试验、施工技术、道路运输、起重吊运。

④系统调试组主要负责控制组调试、安防组调试、信息组调试、联合调试。

⑤材料设备组主要负责材料设备管理、机具管理、仪器仪表管理。

⑥后勤保障组主要负责生活后勤、宣传保卫、财务管理、信息管理、公共关系。

2）项目经理部组织机构图。项目经理部组织机构图如图5-15所示。

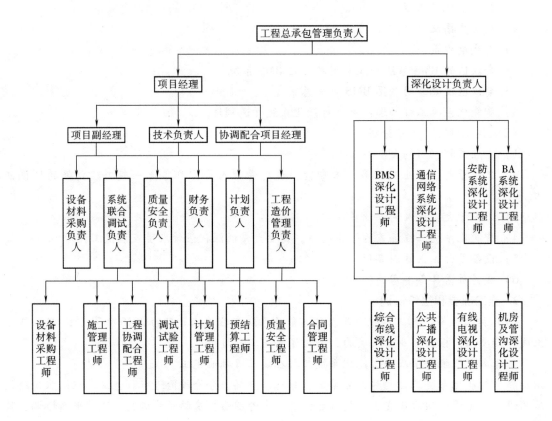

图5-15　项目经理部组织机构图

3）各部门主要人员的职责

①深化设计及智能化工程总承包管理项目分部的职责

a. 项目分部负责人全面负责进场后的深化设计工作及智能化分项专业工程分包单位的协调管理。

b. 通信网络深化设计管理及总承包管理负责人对口负责通信网络系统工程分包单位的深化设计管理工作及施工管理协调工作。

c. BA系统工程深化设计管理及总承包管理负责人对口负责BA系统工程分包单位的深化设计管理工作及施工管理协调工作。

d. 安防系统工程深化设计管理及总承包管理负责人对口负责安防系统工程分包单位的深化设计管理工作及施工管理协调工作。

e. 会议系统工程深化设计管理及总承包管理负责人对口负责会议系统工程分包单位的深化设计管理工作及施工管理协调工作。

f. 酒店管理系统深化设计管理及总承包管理负责人对口负责酒店管理系统工程分包单位的深化设计管理工作及施工管理协调工作。

g. 施工总承包范围内各系统深化设计统筹管理负责人整体统筹协调智能化系统各子系统深化设计过程相关工作。

②施工管理项目分部的职责

a. 工程总承包管理负责人整体负责调度公司内部的人力、设备、材料、资金，为工程施工管理项目经理部完成各项计划在资源调配上起到完全保障作用。

b. 项目经理负责严格履行《项目合同》，确保工程质量；负责文件和资料的控制和管理；组织编制和实施项目组织设计、质量计划、最终检验和试验方案，审批具体项目的作业指导书；参与物资供方评审，组织编制物资需用计划，参与竞价和采购；统筹劳动力、物资等资源，做好项目质量、安全、进度和成本控制；负责物质（包括顾客提供产品）进货检验和试验，不合格品评审处置，物资搬运、储存，产品标识和状态标示；负责项目过程质量控制，过程检验和试验，最终检验和试验，工程防护和交付以及服务的实施、管理；负责图纸设计联络沟通。

c. 项目副经理协助项目经理严格履行《项目合同》，确保工程质量；协助项目经理负责项目的全面管理；负责项目技术、质量、安全目标控制和管理；负责检查、落实各类台账和质量记录的建立、完善，保证与工程进度同步；协助项目经理开好有关会议，做好记录，负责监督会议决定的执行情况；负责组织每周安全质量巡检，并做好检查记录，落实整改措施；掌握各类人员工作表现，为项目经理制订分配方案提供参考依据；负责现场协调、现场施工工作。

d. 项目技术负责人负责整体项目的技术问题；协助项目经理完成组织编制和实施项目组织设计、质量计划、最终检验和试验方案；配合项目经理进行图纸设计联络沟通；组织设计组进行图纸深化设计；组织调试组进行整个项目的调试、测试工作；组织项目的技术培训工作。

e. 协调配合项目经理专门负责解决协调与土建施工单位、机电施工单位及其他相关施工单位的工程协调配合过程中产生的问题。

4）施工整体部署规划。本工程共分为施工准备、管线预埋、安装、调试、交工验收与保修五个阶段。每个阶段的施工部署如图5-16所示。

（2）施工组织协调

1）与业主、监理的协调配合。质量第一、用户至上是我们的施工宗旨，24小时随叫随到提供优质服务是我们的服务承诺。在严格遵守合同条款的前提下，在图纸深化、场地使用、临时用水用电、施工进度、完成工期、安装质量、产品保护、整体协调等各方面处理好与业主代表、监理工程师、总承包方的关系，也是保证智能化系统安装工程顺利实施的关键之一；在工程施工过程中，密切配合业主代表、驻场监理、总承包方的管理工作，并与其建立良好的工作关系，为业主、监理、总承包方排忧解难，同心同德，确保本工程各单体建筑智能化系统工程顺利完成。

2）与设计单位的联系。施工图纸是工程施工的最原始依据，施工图纸的合理及完整与否直接关系到施工的正常进行。我公司将积极、主动地和设计相关单位沟通、配合，认真完成施工图的深化设计工作并递交审核，保证施工图纸的全面、合理和完善，避免因设计施工图与实际施工的配合不佳而拖延时间，从而造成对工期的影响。

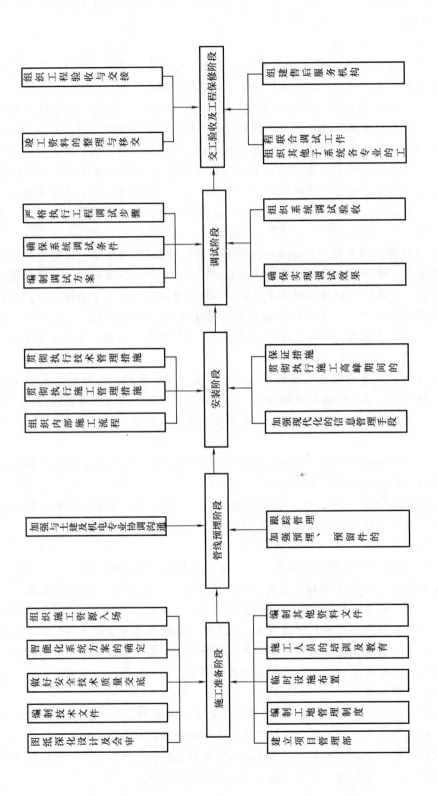

图5-16　整体施工部署

3）与总包单位的协调

①施工进度管理

a. 配合土建总承包方对施工进度的管理，当总承包方提出建议时，及时洽商及解决。

b. 配合土建总承包方根据项目实施计划、具体要求向智能化施工单位的详细交底、施工进度组织和部署。

c. 进场后，及时向土建总承包方提交智能化专业工程的各类进度计划并报监理审批。

d. 配合土建总承包方检查智能化施工进度，纠正进度负偏差，确保项目总工期。

e. 根据土建总承包方项目总进度计划调整各专业工程的施工进度计划和施工配合，确保主体工程及各专业工程关键节点工期按计划完成。

f. 配合土建总承包方对智能化协调施工与机电、装修等交叉作业施工协调配合，通过组织协调，有效解决不同专业工程、不同工序交叉作业的配合施工问题。

g. 积极参加由土建总承包方组织的每周或不定期召开的工程协调例会、施工进度会议，并书面汇报上周的进度情况及需协助解决的问题。

②施工质量管理

a. 配合土建总承包方对施工质量的管理，当土建总承包方提出建议时，及时洽商及解决。

b. 配合土建总承包方进行工程质量目标的交底。

c. 配合土建总承包方对施工组织设计、施工方案的审核和建议，当总承包方提出建议时，及时洽商及解决。

d. 在施工过程中，对土建总承包方等单位提出的工程质量问题，做到及时整改，杜绝隐患。

f. 积极参加由土建总承包方组织的每周或不定期召开的工程质量会议、每月或每季质量巡检活动等，并书面汇报上周的施工质量情况及需协助解决的问题。

g. 配合土建总承包方对进场材料进行监督，防止使用不合格品。

h. 配合总承包方对施工工序进行监督控制和验收。

4）与相关单位（土建、机电、装修等）的协调

①主动搞好各专业工程之间及各专业工程与相关单位（土建、机电、装修等）之间交叉作业的配合、工序之间的衔接。

②积极协调各专业工程与相关单位（土建、机电、装修等）之间的接口配合工作。

③督促各专业工程图纸会审，特别是管线开始（预埋开始）施工前，各专业工程图纸应进行全面会审，明确专业工程施工范围及施工责任。同时积极考虑土建、机电、装修专业施工配合，包括工序的衔接、工艺的配合、成品的保护等。

5）对分项工程施工单位的施工管理组织协调

①进度计划管理

a. 搞好各专业工程之间及各专业工程与其他机电工程之间交叉作业的配合、工序之间的衔接，使整个工程施工重点突出，施工展开有序，进度平衡、合理，达到施工总体计划要求。

b. 按照施工总进度计划控制网络和各专业工程单位进场计划，及时为各专业工程协调

施工电源，以便各专业工程安装单位顺利进行施工。

c. 积极协调各专业工程之间的接口配合工作。

d. 督促各专业工程图纸会审，特别是管线开始（预埋开始）施工前，各专业工程图纸应进行全面会审，明确专业工程施工范围及施工责任。

e. 督促专业工程单位，使其要求产品供应商定期或不定期到现场检查施工质量是否符合其产品的特殊要求，确保及时发现和处理与其本系统不相符的问题。

f. 根据项目实施计划、具体要求，向各专业工程施工单位进行总体施工进度交底，明确施工进度组织和部署。

g. 积极协调配合 AE 栋机电施工项目部进行管线综合布置：将各专业工程纳入 AE 栋机电项目部拟实施的电气工程、通风空调工程、消防给水排水工程等进行统一协调和统一的管线综合布置，使各专业管线综合布置力求在相对有限的空间里更科学、合理、美观，高效地布置各专业管线，实际地反映设备、管道、缆桥等在空间的排列走向。

②对各专业工程施工资源管理

a. 施工材料管理。根据图纸及网络进度计划的需要，督促各专业单位及时编制出材料设备进场总计划和分期使用计划；督促各专业工程单位及时提供甲供材料设备的采购计划和进场计划，保证甲供材料设备的到货期；对于进口的材料设备，督促各专业单位提前组织货源，及时协调有关单位办理报关、商检等各种手续，以保证此部分材料设备的及时供应；督促各专业工程材料设备进场报验，督促其材料设备的储存和搬运需遵守土建总承包单位的统一规定。

b. 施工机具管理。根据图纸及进度计划的需要，督促专业单位及时编制出施工机具进场总计划和分期使用计划。

③对各专业工程计划管理

a. 对专业工程计划管理须把握好三个要素：连续地均衡施工；全面完成各阶段的各项计划任务或指标；以最小的消耗取得最大的效益。

b. 根据总网络计划和关键路线计划，将各个专业工程进度计划插入总体实施计划，并督促各专业工程按总体进度计划实施。

c. 督促专业工程单位参与我司的定期计划协调例会，收集现场施工和计划落实等各种信息，总结经验、研究问题，下达下周的施工任务。

d. 当计划与实际出现偏差时，督促专业单位及时调整进度计划，实行动态控制管理。

e. 配合监理及业主对各专业工程现场施工进度检查。

f. 督促专业工程单位劳动力计划应具有合理性，对劳动力进行合理的调配。

g. 督促专业工程单位物资供应计划和施工机械计划应具有及时性和合理性。

h. 在督促专业工程各项计划管理中，做到确保重点，照顾一般，全面完成。督促其在人力、材力、物力、机械等诸方面，确保重点环节及部位的连续施工和均衡施工。

3. 主要安装施工方法

（1）综合布线系统

1）综合布线主要提供以下系统的使用服务：电话系统、计算机网络系统（包括外网和专网）、电子公告显示与查询系统、电子会议系统网络布线部分、数字视频会议系统网络布线部分；综合布线系统除了布线外，还须完成智能化管沟的室内部分，包括建筑群间室内部分的主干、建筑垂直主干、水平主干、综合布线自身的工作区管槽。

2）系统施工程序与施工方法

①系统施工程序：线管线槽敷设→清理管槽→穿引线→选择双绞线→编号→放线→引线与线缆绑扎→穿线→剪断双绞线→外观及导通检查→做标签。

②系统施工方法（略）。

（2）公共广播及消防广播

1）系统简介。广播系统平时播放背景音乐和业务广播，火灾和其他紧急情况时播放疏散通知。背景音乐和火灾事故广播共用功放、线路、扬声器等全套设施。

2）系统施工程序与施工方法

①系统施工程序。广播系统设备主要由节目源设备、功放设备、监听设备、分路广播控制设备和末端设备等组成，包括喇叭、主控机、主控器、功放、CD机、卡座、机柜等设备。

施工程序：施工准备→线管线槽安装（线管预埋→管槽安装、接地→管槽配线）→设备安装→设备接线→调试（各区域单点调试→集中调试→模拟联动调试→各专业联合调试）→试运行→交工验收。

②系统施工方法（略）。

（3）有线电视系统

1）系统简介。系统是由频道调制器、混合器、干线放大器、分配器、分支器、视频同轴电缆和用户插座组成。由电视转播机房配出的电视电缆经由弱电间的分配箱引至各用户。

2）系统施工程序与施工方法

①施工程序：管槽安装→穿线放缆→放大器安装→终端插座、分配器及分支器安装→系统调试→工程交验。

②系统施工方法（略）。

4. 施工总进度计划

根据工期的要求，我司将整个工程施工过程划分为施工准备阶段、管线施工阶段、设备安装阶段、系统调试阶段和系统验收阶段。工序流程为：配合土建预留预埋→线管线槽安装→线缆敷设→线缆测试→设备安装→系统测试→交工验收。施工进度计划如图5-17（见书后插页）所示。

5. 施工资源需用量计划

（1）劳动力需用量计划

1）劳动力选择。施工劳动力是施工过程中的实际操作者，是施工质量、进度、安全、文明施工的最直接的保证者。我司选择劳动力的原则为：具有良好的质量、安全意识；具有较高的技术等级；具有丰富的智能化系统工程施工经验的施工人员。

2）制订劳动力配置计划。根据深化实际图纸的工程量清单以及甲方要求的工期，我司制订合理可行的施工进度计划，根据进度计划制订相应的劳动力计划，由公司统一进行调配。劳动力配置量计划见表5-25和图5-18。

（2）各施工阶段材料设备进场计划表 本工程施工各系统的主要材料设备进场计划见表5-26。其中各系统所涉及的进口设备的供货周期较长，具体进场计划将根据现场实际进度需要进行合理调整。

表 5-25　劳动力需用量计划　　　　　　　　　　　　（单位：人）

工种	2015 年																				
	6 月			7 月			8 月			9 月			10 月			11 月			12 月		
	上旬	中旬	下旬	上旬	中旬	下旬	上旬	中旬	下旬	上旬	中旬	下旬	上旬	中旬	下旬	上旬	中旬	下旬	上旬	中旬	下旬
电工		30	30	50	60	60	60	80	80	80	80	70	70	70	70	70	70	70	40	40	40

工种	2016 年																				
	1 月			2 月			3 月			4 月			5 月			6 月			7 月		
	上旬	中旬	下旬	上旬	中旬	下旬	上旬	中旬	下旬	上旬	中旬	下旬	上旬	中旬	下旬	上旬	中旬	下旬	上旬		
电工	40	30	30	30	30	40	40	20	20	20	20	20	20	20	20	20	10	10	10		

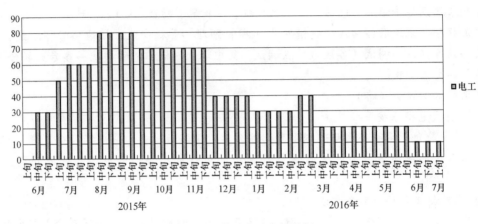

图 5-18　劳动力需求量计划

表 5-26　材料设备进场计划表

序号	系 统 名 称		进 场 时 间	备 注
1	综合布线系统	线管线槽材料	2015 年 6 月	
		线缆材料	2015 年 7 月	
		系统设备	2016 年 2 月	
2	公共广播及消防广播系统	线管线槽材料	2015 年 6 月	
		线缆材料	2015 年 7 月	
		系统设备	2016 年 2 月	
3	有线电视系统	线管线槽材料	2015 年 6 月	
		线缆材料	2015 年 7 月	
		系统设备	2016 年 2 月	

（3）施工机具和测量、检测设备使用计划　本工程施工机具和测量、检测设备使用计划见表 5-27。

表 5-27　施工机具和测量、检测设备使用计划

序号	机械或设备名称	2015 年								2016 年					
		5月	6月	7月	8月	9月	10月	11月	12月	1月	2月	3月	4月	5月	6月
1	台式电脑	15	15	7	7	7	7	7	7	7	7	7	7	7	7
2	手提电脑	3	3	3	3	3	3	3	3	3	3	3	3	3	3
3	绘图仪	1	1												
4	打印机	3	3	3	3	3	3	3	3	3	3	3	3	3	3
5	交流电焊机	1	1	2	2	2	2	2	2	2	1	1	1	1	0
6	砂轮切割机	1	1	2	2	2	2	2	2	2	1	1	1	1	0
7	台钻	1	1	2	2	2	2	2	2	2	1	1	1	1	0
8	冲击钻	2	2	10	15	15	15	15	15	15	10	10	10	10	0
9	兆欧表	1	1	1	1	10	10	10	10	10	10	10	10	10	1
10	接地电阻摇表				1	1	1	1			1				1
11	万用表						15	15	15	15	10	10	10	10	2
12	打线工具	1	1	1	10	10	10	30	30	30	20	20	20	20	2
13	对讲机			6	6	6	6	6	6	6	6	6	6	6	6
14	铝合金梯	10	10	30	30	30	30	30	30	30	20	20	20	20	10
15	综合布线测试仪						3	3	3	3	3	3	3	3	1
16	以太网测试仪						1	1	1	1	1	1	1	1	1
17	协议分析仪						1	1	1	1	1	1	1	1	1
18	网络流量/性能分析仪						1	1	1	1	1	1	1	1	1
19	IP 电话语音质量测试仪						1	1	1	1	1	1	1	1	1
20	100M 示波器						1	1	1	1	1	1	1	1	1
21	有线电视场强测试仪						1	1	1	1	1	1	1	1	1
22	有线电视信号发生器						1	1	1	1	1	1	1	1	1
23	图像质量分析仪						1	1	1	1	1	1	1	1	1
24	音频综合测试仪						1	1	1	1	1	1	1	1	1
25	视频综合测试仪						1	1	1	1	1	1	1	1	1

注：具体进场计划将根据现场实际进度需要进行合理调整。

6. 全场性的施工准备工作计划

现场已具备施工条件，而工期要求较紧迫，所以给予施工准备阶段的时间很短，该段主要工作有：

1）临设及施工平面的布置实施。

2）深化设计联络及图纸深化设计。

3）了解现场进度并编制各项项目管理计划，安排各种资源进场。

4）现场测量、预留孔洞的清理复核工作，与机电等相关专业确定管槽走向。

5）编制其他监理、甲方需要的文件。

6）组织员工学习有关标准、规定、法律、法规等。其中要包括本工程的特殊安装要求、业主的管理制度等。

7. 质量、工期、安全、现场文明施工保证措施

略。

8. 施工总平面

（1）施工总平面布置说明　详细智能化系统工程临时设施规划如图 5-19 和图 5-20 所示。

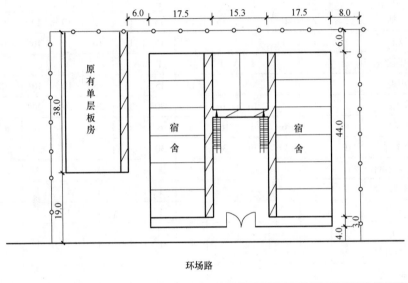

图 5-19　住宿区平面布置图（单位：m）

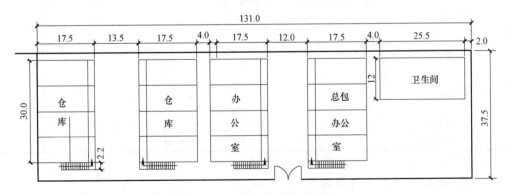

图 5-20　办公室平面布置图（单位：m）

（2）施工总平面布置具体情况

1）现场临时用水布置。临时用水的布置主要考虑到供临时区的生活/办公用水、现场人员用水、消防用水及现场的施工用水。临时用水利用总包单位提供的现场接入点引管。

2）临时用电布置。根据施工总平面布置图利用总包单位提供的现场接入点接电，主要考虑供临时区的生活/办公临时用电。

3）临时设施布置

①临时设施区域应与其他区域分隔开来，为更好地减少对周围公众生活的影响，同时防止外来人员随意进出和加强对施工人员的管理。临时设施总体外墙采用围墙围蔽。

②临时设施大门内外通道、室内地面、材料堆放场地、仓库地面等采用硬底，四周设置顺畅排水渠道，其他地面如绿化大道及临时宿舍等之间道路地面铺石粉或砾石。

③根据使用功能，智能化系统工程安装临时设施设置生活住宿区、办公区两大区域。

④办公、员工宿舍采用可重复使用的钢结构活动板房系列，共分二层结构，宿舍床铺采用上下铺形式。

9. 主要技术经济评价指标

（1）质量目标 工程质量一次合格率100%，达到省优良样板工程标准，并争创国家优质工程"鲁班奖"。

（2）安全生产目标 坚决杜绝重大伤亡事故，轻伤事故控制在1.1%以下，创建安全生产文明施工样板工地。

（3）工期目标 工程竣工日期为2016年7月10日，通过初步验收并交付正式使用，并达到预定的工程质量目标。

（4）优质服务目标 我们将秉着认真主动负责的态度，为本工程提供前、中、后的优质服务，并一如既往地向本工程提供安装工程方案、施工技术、系统维护培训、设备性能咨询，从经济角度出发为业主提供优化方案，以及工程细化设计，施工中工期与工程配合方案等服务。发挥我司的综合优势，全力协调好与其他施工单位的关系，尽量减轻业主与监理负担，让业主与监理满意。

（5）文明施工目标 成立以项目经理为组长的文明施工管理小组，监督现场的文明生产，并努力和其他施工单位一起，共同搞好文明施工工作，争创文明样板工地。

（6）成本管理目标 通过合理安排人力、材料、机具资源，积极应用"四新"，提高生产效率，以低成本、高质量完成本工程的施工任务，达到低耗高效，为业主节省投资。

（7）资料管理目标 落实资料管理岗位制，确保工程技术资料从项目开始至结束与工程建设同步，并做到完整、准确，满足业主的需要，满足档案馆的归档要求，并达到优良工程的编制水平。

（8）信息管理目标 项目部实行信息化、智能化管理，项目经理和有关人员可以及时地了解和掌握施工、资料、材料、资金等实际情况，对提高工程质量、加快进度和降低成本起到监控的作用；并能按业主及监理要求，及时上报工程进度和质量等情况，达到高信息网络管理目标。

练 习 题

5.1【背景材料】

某大型设备安装工程，由于技术复杂和施工难度大，施工单位对实施设备工程的各项活动做出周密的计算，为使设备安装在合同规定的期限内完成，分别编制了设备工程总进度计划和单体设备进度计划。

【问题】

1）就该工程而言，施工单位编制的施工进度计划是否齐全？如不齐全，请补充。

2）设备工程进度计划编制的依据有哪些？

3）说明设备工程进度计划的编制步骤。

5.2【背景材料】

某建筑设备安装工程项目，合同工期为180天，现需编制施工组织设计。

【问题】

该施工组织设计应包括哪些基本内容？施工组织设计在施工管理中有什么作用？

5.3【背景材料】

某建筑总平面图如图5-21所示。

【问题】

说明施工平面图设计的内容。

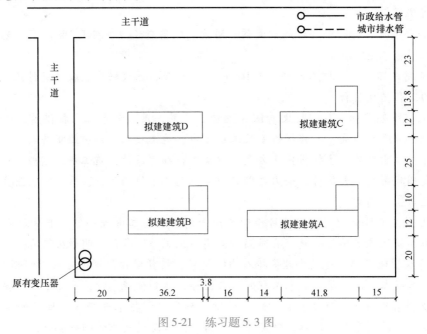

图5-21　练习题5.3图

5.4【背景材料】

某建筑工程，地下1层，地上15层。总建筑面积为27500m²，首层建筑面积为2400m²，建筑红线内占地面积为6000m²。该工程处于市中心区，现场场地狭小。施工单位为了降低成本，现场只设置了一条3m宽的施工道路兼任消防通道。现场平面呈长方形，在其斜对角布置了两个消火栓，两者之间相距86m，其中一个距拟建建筑物3m，另一个距路边3m。

【问题】

该工程设置的消防通道是否合理？该工程设置的临时消火栓是否合理？该工程还需考虑哪些类型的临时用水？在临时用水总量中，起决定作用的是哪种类型临时用水？

附录 建筑设备安装工程施工
管理与施工组织设计用表

附表1

设计图纸会审记录（一）

工程名称			建设单位	
施工单位			监理单位	
设计单位			勘察单位	
建筑面积		m²	工程造价	万元
结构类型 层数			会审地点	
承包范围			会审时间	

图纸编号	

	单 位 名 称	参加人姓名(签字)
参 加 会 审		

附表 2

设计图纸会审记录（二）

序号	审 图 意 见	会 审 确 定

设计人员签名：

（盖章）

记录人：

附表3

设备开箱检查记录

单位（子单位）工程名称				
分部（子部分）工程名称				
安装单位		项目经理（负责人）		
设备名称		施工图号		
生产厂家		出厂编号		
规格型号				

包装情况：

说明书、合格证、检验证、装箱单等检查：

设备外观检查（损伤、损坏、锈蚀情况，零件是否齐全）：

随箱附件配件、工具检查记录：（按装箱单检查）

对设备缺陷的处理意见：

备注：

生产厂（供应商）检查结果		代表：　年　月　日
安装单位检查结果	检查人： 专业工长（施工员）　　　　　　年　月　日	
监理（建设）单位检查意见	专业监理工程师 （建设单位项目专业技术负责人）：　　年　月　日	

附表4

_____分部工程设备及主要材料产品质量证明文件汇总表

单位（子单位）工程名称					
所属子分部（系统）/ 分项（子系统）工程名称					
安装单位					

序号	设备及主要材料 名称、型号、规格	产品质量证明文件（含出厂 合格证及检验报告等）名称	份数 代表数量	安装系统、 部位、区、段	卷内页码

填表人：　　　　　　　　　　 年　月　日	项目专业质量检查员：　　　　　　　 年　月　日	项目质量技术负责人：　　　　　　　　 年　月　日

附表 5

分部（子分部）工程设备及主要材料进场监理检查记录表

单位（子单位）工程名称						
安装单位				项目经理（负责人）		
序号	名称	规格型号	数量	质量证明文件名称	检查日期	检查结论
安装单位检查评定结果		专业工长（施工员）			材料管理员	
		项目专业质量检查员：				年　月　日
监理（建设）单位验收结论		专业监理工程师： （建设单位项目专业技术负责人）：				年　月　日

附表 6

施 工 日 志

年　　月　　日　　星期

温度：2 时＿＿＿℃，8 时＿＿＿℃，20 时＿＿＿℃，日平均＿＿℃。天气：上午＿＿＿下午＿＿＿

施工内容	分项工程	层段位置	工作班组	工作人数	进度情况

主要记事	1. 预检情况(包括质量自检、互检和交接检存在问题及改进措施等)：
	2. 验收情况(参加单位、人员、部位、存在问题)：
	3. 设计变更、洽商情况：
	4. 原材料进场记录(数量、产地、标号、牌号、合格证份数和是否已质量复试等)：
	5. 技术交底、技术复核记录(对象及内容摘要)：
	6. 归档资料交接(对象及主要内容)：
	7. 原材料、试件、试块编号及见证取样送检等记录：
	8. 外部会议或内部会议记录：
	9. 上级单位领导或部门到工地现场检查指导情况(对工程所做的决定或建议)：
	10. 质量、安全、设备事故(或未遂事故)发生的原因、处理意见和处理方法：
	11. 其他特殊情况(停电、停水、停工、窝工等)：

施工员：　　　　　记录员：　　　　　　第　　页

附表7

技术交底记录

编　号：

工程名称		交底日期	
施工单位		分项工程名称	
交底提要			

交底内容：

负责人		交底人		接受交底人	

附表8

室内消火栓系统安装工程检验批质量验收记录表

单位(子单位)工程名称		
子分部(系统)工程名称		
验收部位、区、段		
安装单位		项目经理(负责人)
施工执行标准名称及编号		

施工质量验收规范的规定				施工单位检查评定记录								监理(建设)单位验收记录
主控项目	1	室内消火栓试射试验	设计要求									
一般项目	1	室内消火栓水龙带在箱内安放	第4.3.2条									
	2	栓口朝外,并不应安装在门轴侧										
		栓口中心距地面1.1m	允许偏差 ±20mm									
		阀门中心距箱侧面允许偏差140mm,距箱后内表面100mm	允许偏差 ±5mm									
		消火栓箱体安装的垂直度	允许偏差 3mm									

安装单位检查评定结果	专业工长(施工员)		施工班组长	
	项目专业质量检查员:		年 月 日	
监理(建设)单位验收结论				
	专业监理工程师(建设单位项目专业技术负责人):		年 月 日	

附表9

卫生器具及给水配件安装工程检验批质量验收记录表

单位(子单位)工程名称										
子分部(系统)工程名称										
验收部位、区、段										

安装单位				项目经理(负责人)						
施工执行标准名称及编号										

施工质量验收规范规定					施工单位检查评定记录					监理(建设)单位验收记录
主控项目	1	排水栓与地漏安装		第7.2.1条						
	2	卫生器具满水试验和通水试验		第7.2.2条						
	3	卫生器具给水配件		第7.3.1条						
一般项目	1	卫生器具安装允许偏差	坐标 单独器具	10mm						
			坐标 成排器具	5mm						
			标高 单独器具	±15mm						
			标高 成排器具	±10mm						
			器具水平度	2mm						
			器具垂直度	3mm						
	2	给水配件安装允许偏差	高、低水箱,阀角及截止阀水嘴	±10mm						
			淋浴器喷头下沿	±15mm						
			浴盆软管、淋浴器挂钩	±20mm						
	3	浴盆检修门、小便槽冲洗管安装		第7.2.4条 第7.2.5条						
	4	卫生器具的支、托架		第7.2.6条						
	5	浴盆淋浴器挂钩高度距地1.8m		第7.3.3条						

安装单位检查评定结果	专业工长(施工员)		施工班组长	
	项目专业质量检查员:		年 月 日	

监理(建设)单位验收结论	
	专业监理工程师(建设单位项目专业技术负责人): 年 月 日

附表10

成套配电柜、控制柜（屏、台）和动力、照明配电箱（盘）安装
检验批质量验收记录表
照明配电箱（盘）

单位(子单位)工程名称						
子分部(系统)工程名称						
验收部位、区、段						
安装单位				项目经理(负责人)		
施工执行标准名称及编号						

施工质量验收规范的规定				施工单位检查评定记录	监理(建设)单位验收记录
主控项目	1	金属箱体的接地或接零	第6.1.1条		
	2	电击保护和保护导体的截面积	第6.1.2条		
	3	箱(盘)间线路绝缘电阻测试	第6.1.6条		
	4	箱(盘)内接线及开关动作	第6.1.9条		
一般项目	1	箱(盘)内检查试验	第6.2.4条		
	2	低压电器组合	第6.2.5条		
	3	箱(盘)间配线	第6.2.6条		
	4	箱与其棉板间可动部位的配线	第6.2.7条		
	5	箱(盘)安装位置、开孔、回路编号等	第6.2.8条		
	6	垂直度允许偏差	≤1.5‰		

安装单位检查评定结果	专业工长(施工员)		施工班组长	
	项目专业质量检查员：		年　月　日	
监理(建设)单位验收结论	专业监理工程师(建设单位项目专业技术负责人)：		年　月　日	

附表11

开关、插座、风扇安装检验批质量验收记录表

单位(子单位)工程名称			
子分部(系统)工程名称			
验收部位、区、段			
安装单位		项目经理(负责人)	
施工执行标准名称及编号			

施工质量验收规范的规定				施工单位检查评定记录	监理(建设)单位验收记录
主控项目	1	交流、直流或不同电压等级在同一场所的插座应有区别	第22.1.1条		
	2	插座的接线	第22.1.2条		
	3	特殊情况下的插座安装	第22.1.3条		
	4	照明开关的选用、开关的通断位置	第22.1.4条		
	5	吊扇的安装高度、挂钩选用和吊扇的组装及试运行	第22.1.5条		
	6	壁扇、防护罩的固定及试运行	第22.1.6条		
一般项目	1	插座安装和外观检查	第22.2.1条		
	2	照明开关的安装位置、控制顺序	第22.2.2条		
	3	吊扇的吊杆、开关和表面检查	第22.2.3条		
	4	壁扇的高度和表面检查	第22.2.4条		

安装单位检查评定结果	专业工长(施工员)		施工班组长	
	项目专业质量检查员:		年 月 日	

监理(建设)单位验收结论	
	专业监理工程师(建设单位项目专业技术负责人): 年 月 日

附表 12

工程款支付申请表

工程名称：_____

致：_____（监理单位）

我方已完成了_____工作，按施工合同的规定，建设单位应在_____年_____月_____日前支付该项目工程款共（大写）_____（小写￥_____），现报上_____工程付款申请表，请予以审查并开具工程款支付证书。

附件：

1. 工程量清单。
2. 计算方法。

承包单位_____

项目经理_____

日　　期_____

附表 13

工程月计划表 _____年_____月

单位工程	结构形式	层数	开工日期	竣工日期	上月末进度	本月形象进度	工作量/万元

附表 14

材料配置计划表 _____年_____月

单位工程名称	材料名称	型号规格	单位	数量	计划需要日期	备注

附表 15

劳动力配置计划表 _____年_____月

工种	计划工日数	计划工作天数	计划人数	现有人数	余差人数（+）（−）	备注

附表 16

旬进度计划表

_____年_____月_____旬

分部分项名称	工程量		本旬分日进度									
	月计划量	本旬计划	1	2	3	4	5	6	7	8	9	10

附表17

施 工 任 务 书

_____公司

第___号 ___工种 ___分公司 第___施工队 施工现场：_____ 组长姓名：_____

编号：_____ 栋号工程名称：_____

简要技术安全交底： 安全质量鉴定情况：

单位工程名称：_____ 年 月

序号	定额编号	工程项目	计量单位	计划				实 际				
				工程量	每工产量	时间定额	定额工日	工程量	额定用工	定额达到	节约超出	质量评定

施工员 核算员 质量员

附表18

安全技术交底记录表

施工单位：

工程名称		分部分项工程		工种	
安全技术交底内容					
交底人签名		职务		交底时间	

接受交底人签名

班组长：　　　　　工人：

附表 19

项目部（第二级）安全教育记录

工程名称：　　　　　　　　　　　施工单位：

教育等级	学时	教育内容	授课地点	授课人
第二级				

教育内容：

受教育人签名：

　填表人：　　　　　　　　　　　　　　　　　　　　　　　年　月　日

附表 20

"三宝、四口"防护检查评分表

序号	检查项目	扣分标准		应得分数	扣减分数	实得分数
1	安全帽	有一人不戴安全帽的扣 5 分		20		
		安全帽不符合标准的每发现一顶扣 1 分				
		不按规定佩戴安全帽的有一人扣 1 分				
2	安全网	在建工程外侧未用密目式安全网封闭的扣 25 分		25		
		安全网规格、材质不符合要求的扣 25 分				
3	安全带	每有一人未系安全带的扣 5 分		10		
		有一人安全带系挂不符合要求的扣 3 分				
		安全带不符合标准,每发现一条扣 2 分				
4	楼梯口、电梯井口防护	每一处无防护措施的扣 6 分		12		
		每一处防火措施不符合要求或不严密的扣 3 分				
		防护设施未形成定型化、工具化的扣 6 分				
		电梯井内每隔两层(不大于 10m)少一道平网的扣 6 分				
5	预留洞口、坑井防护	每一处无防护措施的扣 7 分		13		
		防护设施未形成定型化、工具化的扣 6 分				
		每一处防护措施不符合要求或不严密的扣 3 分				
6	通道口防护	每一处无防护棚的扣 5 分		10		
		每一处防护不严的扣 2～3 分				
		每一处防护棚不牢固、材质不符合要求的扣 3 分				
7	阳台、楼板、屋面等临边防护	每一处临边无防护的扣 5 分		10		
		每一处临边防护不严、不符合要求的扣 3 分				
	检查项目合计			100		

检查人员:

年 月 日

附表21

施工用电检查评分表

序号	检查项目		扣分标准	应得分数	扣减分数	实得分数
1		外电防护	小于安全距离又无防护措施的扣20分		20		
			防护措施不符合要求,封闭不严的扣5~10分				
2		接地与接零保护系统	工作接地与重复接地不符合要求的扣7~10分		10		
			未采用TN-S系统的扣10分				
			专用保护零线设置不符合要求的扣5~8分				
			保护零线与工作零线混接的扣10分				
3	保证项目	配电箱开关箱	不符合"三级配电两级保护"要求的扣10分		20		
			开关箱(末级)无漏电保护或保护器失灵,每一处扣5分				
			漏电保护装置参数不匹配,每发现一处扣2分				
			电箱内无隔离开关每一处扣2分				
			违反"一机、一闸、一箱"的每一处扣5~7分				
			安装位置不当、周围杂物多等不便操作的每一处扣5分				
			闸具损坏、闸具不符合要求的每一处扣5分				
			配电箱内多路配电无标志的每一处扣2分				
			电箱无门、无锁、无防雨措施的每一处扣2分				
4		现场照明	照明专用回路无漏电保护的扣5分		10		
			灯具金属外壳未做接零保护的每一处扣2分				
			室内线路及灯具安装高度低于2.4m未使用安全电压供电的扣10分				
			潮湿作业未使用36V以下安全电压的扣10分				
			使用36V安全电压照明线路混乱和接头处未用绝缘布包扎的扣5分				
			手持照明灯未使用36V及以下电源供电的扣10分				
	小计				60		
5	一般项目	配电线路	电线老化、破皮未包扎的每一处扣10分		15		
			线路过道无保护的每一处扣5分				
			电杆、横担不符合要求的扣5分				
			架空线路不符合要求的扣7~10分				
			未使用五芯线(电缆)的扣10分				
			使用四芯电缆外加一根线替代五芯电缆的扣10分				
			电缆架设或埋设不符合要求的扣7~10分				
6		电器装置	闸具、熔断器参数与设备容量不匹配,安装不合要求的每一处扣3分		10		
			用其他金属丝代替熔丝的扣10分				
7		变配电装置	不符合安全规定的扣3分		5		
8		用电档案	无专项用电施工组织设计的扣10分		10		
			无接地电阻测试记录的扣4分				
			无电工巡视维修记录或填写不真实的扣4分				
			档案乱、内容不全、无专人管理的扣3分				
	小计				40		
	核查项目合计				100		

检查人员:

年　月　日

附表 22

安全管理检查评分表

序号	检查项目		扣分标准		应得分数	扣减分数	实得分数
1	保证项目	安全生产责任制	未建立安全责任制，扣 10 分		10		
			各级各部门未执行责任制，扣 4～6 分				
			经济承包中无安全生产指标，扣 10 分				
			未制订各工种安全技术操作规程，扣 10 分				
			未按规定配备专(兼)职安全员的扣 10 分				
			管理人员责任制考核不合格，扣 5 分				
2		目标管理	未制订安全管理目标(伤亡控制指标和安全达标、文明施工目标)，扣 10 分		10		
			未进行安全责任目标分解的扣 10 分				
			无责任目标考核规定的扣 8 分				
			考核办法未落实或落实不好的扣 5 分				
3		施工组织设计	施工组织设计中无安全措施，扣 10 分		10		
			施工组织设计未经审批，扣 10 分				
			专业性较强的项目，未单独编制专项安全施工组织设计，扣 8 分				
			安全措施不全面，扣 2～4 分				
			安全措施无针对性，扣 6～8 分				
			安全措施未落实，扣 8 分				
4		分部(分项)工程安全技术交底	无书面安全技术交底的扣 10 分		10		
			交底针对性不强，扣 4～6 分				
			交底不全面，扣 4 分				
			交底未履行签字手续，扣 2～4 分				
5		安全检查	无定期安全检查制度，扣 5 分		10		
			安全检查无记录，扣 5 分				
			检查出事故隐患整改做不到定人、定时间、定措施，扣 2～6 分				
			对重大事故隐患整改通知书所列项目未如期完成，扣 5 分				
6		安全教育	无安全教育制度，扣 10 分		10		
			新入厂工人未进行三级安全教育，扣 10 分				
			无具体安全教育内容，扣 6～8 分				
			变换工种时未进行安全教育，扣 10 分				
			每有一人不懂本工种安全技术操作规程扣 2 分				
			施工管理人员未按规定进行年度培训的扣 5 分				
			专职安全员未按规定进行年度培训考核或考核不合格的扣 5 分				
		小计			60		
7	一般项目	班前安全活动	未建立班前安全活动制度，扣 10 分		10		
			班前安全活动无记录，扣 2 分				
8		特种作业持证上岗	有一人未经培训从事特种作业，扣 4 分		10		
			有一人未持操作证上岗，扣 2 分				
9		工伤事故	工伤事故未按规定报告，扣 3～5 分		10		
			工伤事故未按事故调查分析规定处理，扣 10 分				
			未建立工伤事故档案，扣 4 分				
10		安全标志	无现场安全标志布置总平面图，扣 5 分		10		
			现场未按安全标志总平面图设置安全标志的，扣 5 分				
		小计			40		
	核查项目合计				100		
检查人员：							
					年 月 日		

附表 23

项目部安全检查及隐患整改记录表

工程名称：　　　　　　　　　　施工单位：　　　　　　　　　　编号：

检查人员签名	姓　　名				
	部　　门				
	职务(职称)				

检查情况及存在的隐患

整改要求

检查日期：

整改期限		整改班组(部门)	
整改责任人		项目安全员	

复查意见	
	复查人签名：　　　　　　　　　　　　　　复查日期：　年　月　日

填表说明：《项目部安全检查及隐患整改记录表》一式两份，项目部、受检班组(部门)各一份。

参 考 文 献

［1］ 刘春泽，韩俊玲. 建筑电气施工组织管理［M］. 北京：中国建筑工业出版社，2012.

［2］ 全国二级建造师执业资格考试用书编写委员会. 建设工程施工管理［M］. 北京：中国建筑工业出版社，2011.

［3］ 全国二级建造师执业资格考试用书编写委员会. 市政公用工程管理与实务［M］. 北京：中国建筑工业出版社，2011.

［4］ 王洪健. 施工组织设计［M］. 北京：高等教育出版社，2005.

［5］ 全国注册执业资格考试指定用书配套辅导系列教材编写组. 全国注册设备监理师执业资格考试案例分析100题［M］. 北京：中国建材工业出版社，2006.

［6］ 樊伟樑. 智能建筑（弱电系统）工程施工组织设计［M］. 北京：中国电力出版社，2006.

［7］ 刘小平. 建筑工程项目管理［M］. 北京：高等教育出版社，2005.

［8］ 陈翼翔. 建筑设备安装识图与施工［M］. 北京：清华大学出版社，2010.

［9］ 全国一级建造师执业资格考试用书编写委员会. 建筑工程项目管理［M］. 北京：中国建筑工业出版社，2011.

［10］ 于英武. 建筑施工组织与管理［M］. 北京：清华大学出版社，2012.

［11］ 李君宏. 建筑施工组织与项目管理［M］. 北京：中国建筑工业出版社，2012.

［12］ 黄桂林. 建筑工程管理与实务［M］. 北京：机械工业出版社，2012.

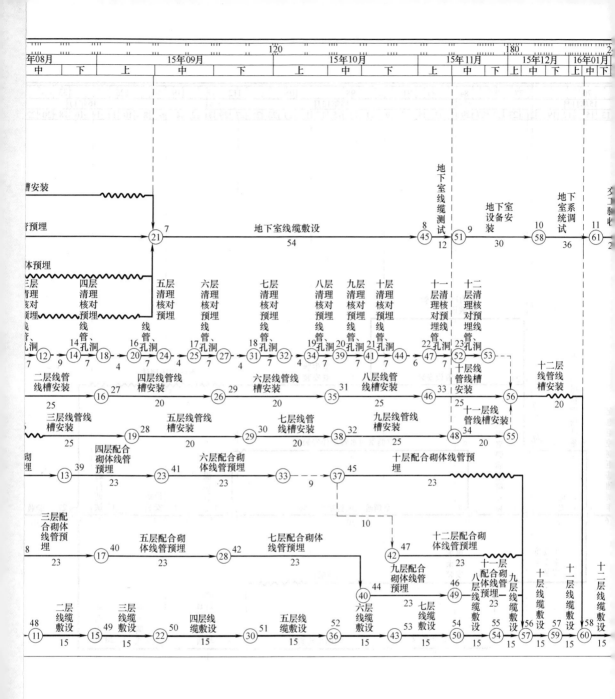

图 5-17　实例 2 施工进度计划

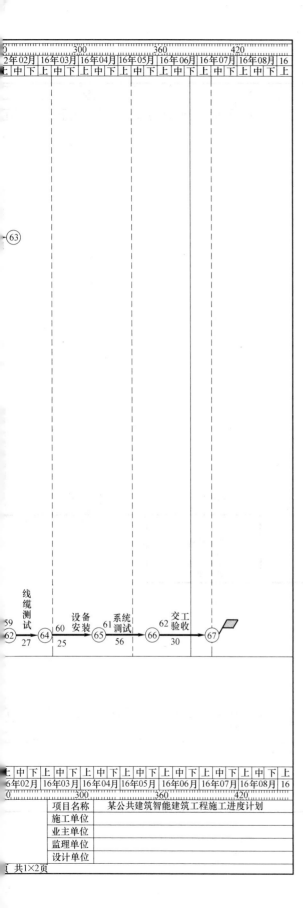

中 下 上 中 下 上 中 下 上 中 下 上 中 下 上 中 下 上 中 下 上

16年02月 16年03月 16年04月 16年05月 16年06月 16年07月 16年08月 16

0　　　300　　360　　420

项目名称	某公共建筑智能建筑工程施工进度计划
施工单位	
业主单位	
监理单位	
设计单位	

共1×2页